NF文庫
ノンフィクション

新装版

タンクバトル
エル・アラメインの決戦

大戦の趨勢を決めた英・独アフリカ激突

齋木伸生

JN149467

潮書房光人新社

本書は第二次世界大戦勃発後の快進撃から一転、苦戦を強いられつつあったドイツ機甲師団の戦車戦史です。イギリス軍の猛攻に窮地に立たされた北アフリカのイタリア軍を救援すべく電撃戦を挑んだロンメルとモントゴメリーの両将による戦いが展開されます。

同じくモスクワ攻略に失敗しつつつも態勢を立て直し、南部ロシアの要所・スターリングラード攻略を目指したドイツ機甲部隊の戦いも取り上げています。

タンクバトル

エル・アラメインの決戦

——目次

【第1部　北アフリカの戦い】

写真提供／「グランドパワー」デルタ出版
雑誌「丸」編集部
イラスト／上田信

タンクバトル

エル・アラメインの決戦

――大戦の趨勢を決めた英・独アフリカ激突

【第1部　北アフリカの戦い】

第1章　不死鳥「ロンメル戦車軍団」の逆襲

極端な戦力消耗により、一度はキレナイカから放逐されたロンメルだが、貴重な補給物資をトリポリで受け取ると、時を移さずふたたびベンガジをめざして進撃を開始、リビア砂漠を東方へと突き進んだ！

一九四二年一月二一日〜二月六日　キレナイカ再奪取戦

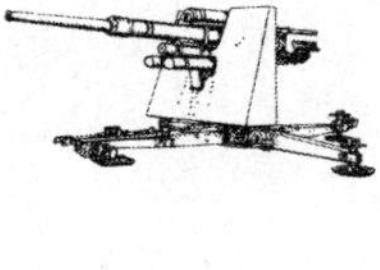

ロンメル反撃を開始する

クルセーダー作戦の結果、ロンメルはキレナイカを追われたが、トリポリタニアに撤退したロンメルの戦略的ポジションは、けっして悪いものではなかった。

ドイツ軍は地中海の制空権を回復しており、一九四一年一二月一八日と四二年一月五日には、ロンメルの待望していた補給物資を満載した船団がトリポリに入港していた。燃料、弾薬に戦車四コ中隊の到着は、アフリカ軍団の戦力を大きく向上させた。

これに対してイギリス軍は、損耗した第七機甲師団を後方に下げ、前線には実戦経験にとぼしい第一機甲師団が進出していた。その他、インド第四歩兵師団がベンガジにおり、ニュージーランド第二歩兵師団、イギリス第七〇歩兵師団は前線には出ていなかった。

このため西キレナイカの戦力バランスは、ドイツ・イタリア軍側に有利となっていた。しかし、これは一次的なもので、現在「休息中」のイギリス軍が再編成を終えれば、ふたたびイギリス軍有利となる見込みであった。

アフリカ軍団を指揮したロンメル将軍。

ロンメルは座してイギリス軍の攻撃を待つ気はなかった。彼はドイツ軍有利のこの時期に、敵の機先を制して攻撃を開始することを決意した。しかし、この攻撃には大きなリスクをともなうことも承知していた。

成功の鍵は奇襲である。奇襲に成功するいがいにドイツ軍に勝ち目はない。ロンメルは、イタリア軍はもちろんのこと、ドイツ軍最高司令部にさえ、攻撃の決断を秘密にした。

イギリス軍の偵察を逃れるため、攻撃のための再編成はすべて夜間におこなわれ、

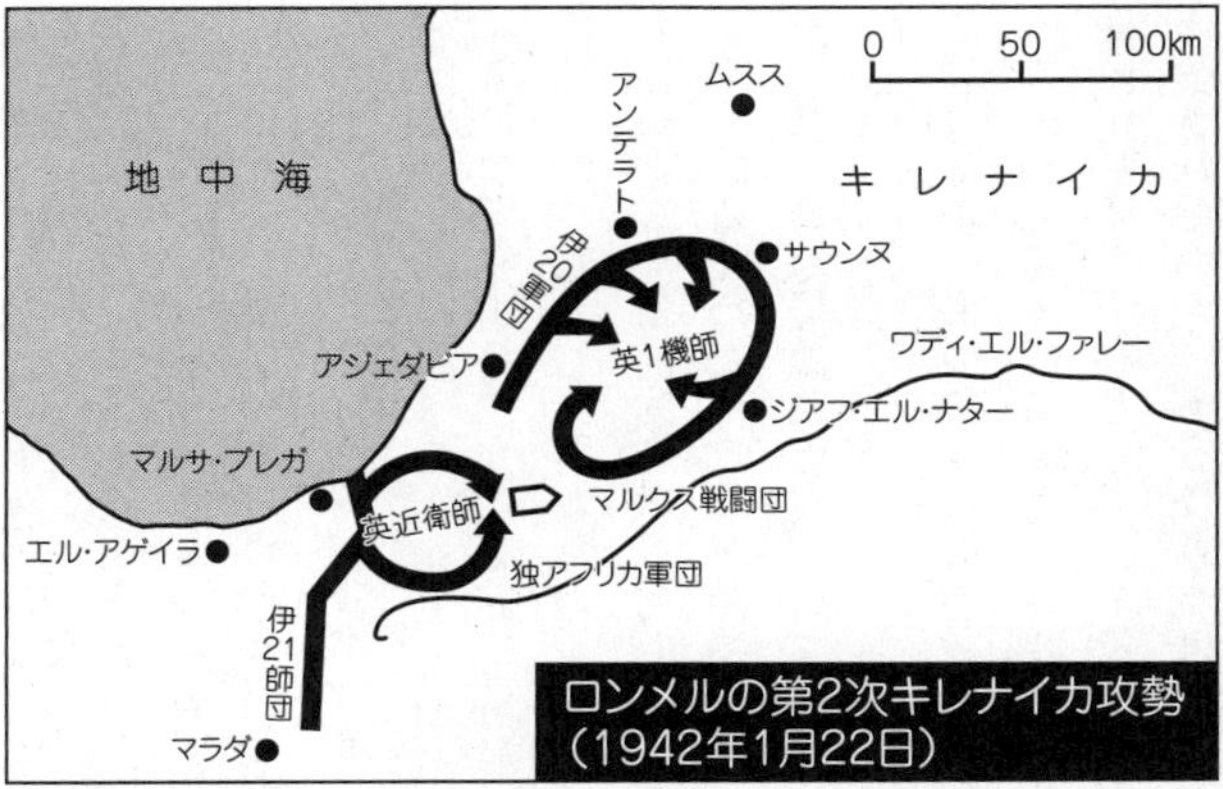

激しい砲火を犯して戦車とともにイギリス
軍陣地に迫るドイツ・アフリカ軍団兵士。

スパイに知られないため、部隊の兵員にも退却のうわさがばらまかれた。各師団長に攻撃計画が知らされたのは、攻撃開始二日前の一月一九日になってからだった。

二〇日夜、メルサ・ブレガの村の家屋と港の船に火が放たれた。これはイギリス軍に、ロンメルが退却するつもりだと思わせるためだった。

一月二一日、ドイツ・イタリア軍の各部隊兵士に対して、ロンメルの一般命令が発せられた。

「ドイツ、イタリア兵士諸君、君たちは数でまさる敵に対して、きびしい戦いをつづけてきた。しかし、君たちの士気はけっしてくじけることはなかった。現在、われわれは最前線で対峙する敵に対して、数で優越している。それゆえ戦車部隊は本日、敵を撃ち破るために、攻撃を開始する。わたしはこの決定的な数日間に、すべての兵士がベストを尽くすことを期待する。イタリア万歳！　ドイツ万歳！　ヒトラー総統万歳！」

ロンメルは二つの攻勢軸で、イギリス軍を撃破しようとした。

ひとつは海岸線に沿ってバルビア街道沿いに前進するマルクス戦闘団で、第九〇軽機械化師団を中心として、第二一機甲師団およびアリエテ師団から抽出された兵力で増強されていた。もうひとつは内陸をワディ（涸れた川床）・エル・ファレーを前進するアフリカ軍団主力である。

二つの部隊はそれぞれ前進したのち、やっとこの刃のように敵を切断して、包囲、殲滅する。

午前六時半、前衛の偵察大隊は行動を開始した。ロンメルはマルクス戦闘団の先頭に立って前進した。

戦闘団は装甲車を先頭に、戦車、歩兵を満載したトラック、対空砲を牽引したハーフトラックがつづき、左右をオートバイが固めていた。まだ戦闘に突入していないため、隊列は堅く組まれた密集隊形で前進する。

前方には、見なれたイギリス軍装甲車のシルエットが見える。イギリス軍装甲車はドイツ軍大部隊発見の報告を無線で送り、必死で戦車部隊の応援を求めている。イギリス軍戦車部隊はアジェダビア方面に集結しているようだ。

マルクスはイギリス軍の地雷原を避けて、慎重に進路を選んだ。やがてイギリス軍の防御陣地に到達する。

「戦闘隊形をとれ！　戦車前進！」

マルクス大佐はイギリス軍陣地に砲火を浴びせるとともに、戦車を突進させて、突破蹂躙することにした。防御陣地に戦車を突進させるというのは、ドイツ的な戦車の

砂漠を疾走する、BMW R75 サイドカー付オートバイ。

用法ではない。

しかし、いまはそんなことを言ってはいられない。たいせつなのはスピードである。スピードで敵を圧倒し、突破口を開き、前進しなければならないのだ。

戦車が前進し、左右からは下車したオートバイ兵が歩兵として追従する。迫撃砲と機関銃は絶えまなくイギリス軍陣地に砲撃を浴びせる。すぐにオートバイ兵がイギリス軍陣地にとりつき、無線でもっとも危険な対戦車砲の位置を報告してきた。

迫撃砲火が指向され、対戦車砲は弾着につつまれる。やがてオートバイ兵のあけた穴は拡大され、敵の対戦車砲はほとんど撃破されたようだ。戦車は敵陣に躍りこみ、蹂躙攻撃をおこなう。

「敵戦車！」

しかし、すぐに撃破された。

II号戦車A～C改修型、Sd.kfz223軽装甲無線車フンクとサイドカーつきオートバイからなる偵察部隊。ロンメルは軽装備の偵察部隊を有効に活用した。

「我につづけ！」

マルクスは命令を発すると、敵前線にあけられた穴の中に飛び込んだ。つづいて、トラックとハーフトラックの縦列。戦闘団は残敵をそのままに、前進を再開する。

目標はアジェダビア。こんなところで、ささいな敵とかかずらっている場合ではないのだ。オートバイ兵もふたたび乗車して、本隊を追い掛ける。

あとには、撃破されたマチルダやバレンタインが、そのまま残された。

マルクス戦闘団の前進は、ジオフィアまでなにもさえぎるものなくつづいた。ジオフィアでは、イギリス軍砲兵連隊が砲列を敷いて、ドイツ戦車を迎え撃った。しかしマルクスは、この砲列にも掛かり合うつもりはなかった。

「止まるな、このまま前進せよ！」

彼はいさいかまわず戦車を全速力で走らせて、そのままイギリス軍の砲列に突っ込ませた。

二五ポンド砲弾の破片が戦車の装甲板を叩いたが、かまわずに前進した。戦車は走りながら榴弾を乱射し、イギリス軍の防衛線は突破された。

どうやらこれが、イギリス第八軍の最後の抵抗線のようだった。その後に出会ったのは、燃料や補給物資のトラックばかりだった。

これらの車両はきびすを返して逃げ出したが、一部は捕獲され、ドイツ軍にとってはありがたい追加給与となった。

作戦開始後、わずか四時間しかたってはいなかったが、いまやアジェダビアへの道は完全に開かれた。

アフリカ軍団主力も順調な前進をつづけていた。彼らの前面には、あわてふためいて逃げまどうイギリス軍があふれていた。野砲、牽引車両、ガンポーティ、そして多数の補給車両が戦わずしてドイツ軍に捕獲され、多くのイギリス兵が捕虜となった。

各所では捕獲を逃れるため、イギリス軍が放火した車両や物資が黒煙を上げていた。

彼らにとっても、アジェダビアはすぐに手の届くところにあった。

壊滅した英第一機甲師団

マルクス戦闘団は暗闇となる一時間前に、前進を停止した。戦闘団は、いまやイギリス軍戦線の後方深く入りこんでいた。彼らはイギリス軍とほとんど隣りあった場所で、孤立したまま円陣を組んで野営した。

遠く近く、不気味な戦闘騒音が響きわたった。しかし、多くの兵士は何事もなかったかのように、ぐっすりと寝いってしまった。

二二日早朝、すぐに戦闘行動は再開された。マルクス戦闘団は目標であるアジェダビアをめざして前進を開始した。

一一時、マルクス戦闘団はアジェダビアに突入した。アジェダビアの戦いは、恐れていたような激しいものにも、長いものにもならなかった。イギリス軍はほとんど抵抗せず、町はわずか一時間の戦いで占領された。

しかし、戦闘団に休息は許されなかった。ロンメルはマルクスに新しい目標を指し示した。

「目標は北東六〇キロのアンテラトだ」

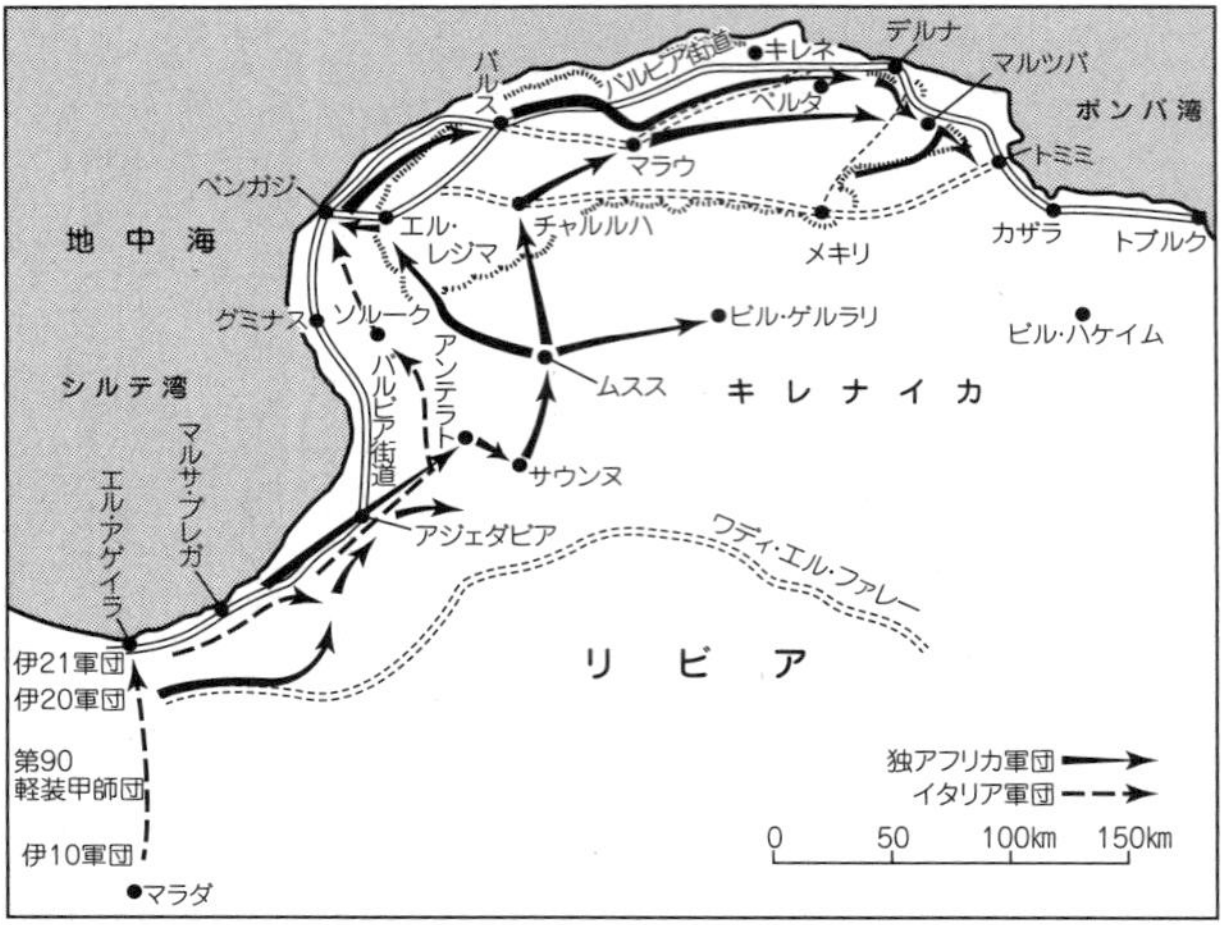

マルクス戦闘団はすぐさま前進を開始した。彼らの先遣部隊は、イギリス軍の補給部隊に追いすがり、激しい乱戦を演じて、これを破壊するか捕獲した。戦闘団は一五時三〇分には、アンテラトに到達した。マルクス戦闘団はその日の一九時三〇分にはサウンヌを落とし、ふたたび敵の真っ只中で野営した。

ロンメルは戦闘団にアンテラトから南東に機動して、アブド・エル・ギアラへ行くことが命じられた。アブド・エル・ギアラはワディ・エル・ファレーの方向で、現在南方から進撃するアフリカ軍団の先鋒が前進しており、その前方にはイギリス第一機甲師団がいた。

マルクス戦闘団はアフリカ軍団と呼応

して、アジェダビアとジアフ・エル・ナター戦区で包囲鐶を形成して、イギリス軍主力を殲滅しようというのだ。マルクス戦闘団には第一一四高射砲大隊の一コ中隊が、その場で機械化されて配属されることになった。

二三日、イギリス軍を包囲するためのドイツ軍の機動がつづけられた。いっぽう、イギリス軍もドイツ軍の包囲から逃れるため、脱出口を捜してあがいていた。

二四日の夜明け、包囲は完成し、ロンメルの攻撃が開始された。マルクス戦闘団は八八ミリ砲の壁をつくり、さらにこれを戦車で補強して、包囲鐶を脱出しようとする敵部隊を迎え撃った。

待ちかまえるドイツ軍に対して、イギリス軍の絶望的な反撃が開始された。

「高射砲射撃用意、撃て！」

八八ミリ砲につづいて、戦車隊の射撃も開始される。八八ミリ砲の威力は圧倒的だ。つづく七五ミリ、五〇ミリの戦車砲も、イギリス戦車相手には十分に有効だ。

それだけでなく、戦車隊はいわば八八ミリ砲の同軸機銃の役割りを果たし、榴弾と機関銃射撃で合いの手を入れた。

命中弾を受けたイギリス戦車はつぎつぎと燃え上がり、非装甲のトラックや生身の歩兵は、ひとたまりもなく撃ち倒される。

戦闘は一日中つづき、イギリス軍第一機甲師団は大打撃を受けた。ドイツ軍は一〇〇〇人以上の捕虜を得て、イギリス軍は一一七両の戦車が破壊された。

しかし、兵力に劣るドイツ軍の包囲網は、実際は薄っぺらな網でしかなく、多くのイギリス軍部隊が脱出に成功した。彼らはムススに向かって、必死の逃走をはかっていた。

ロンメルはイギリス軍部隊の追撃を決意した。さらに砂漠をムススに向かって前進し、ふたたび敵を挟み撃ちにして、包囲、殲滅するのだ。マルクス戦闘団は西側の腕となり、アフリカ軍団とイタリア第二〇軍団が東側の腕となった。

包囲が完成するころ、ロンメルがマルクスの司令部にあらわれ、イギリス軍部隊を弱体化するため、ひとつの罠を仕掛けることを命じた。

それは、マルクス戦闘団が餌となって、イギリス軍にとつぜん遭遇して、驚きあわてて逃走するように見せかけ、敵を対戦車砲陣地におびき寄せて撃滅しようというものだ。

マルクス戦闘団の戦車は、わざとイギリス戦車の隊列の前をうろつき、脱兎のごとく逃げ出した。騎兵の伝統である狩猟精神に旺盛なイギリス戦車兵は、この餌に飛びついた。

彼らはドイツ戦車を追い掛け、たくみに偽装された八八ミリ砲の列に気づかなかった。逃げ出すドイツ戦車の蹴たてた土煙が消えると、イギリス戦車は射的のまとのように、八八ミリ砲のまえに並んでいた。

たちまち七両のイギリス軍戦車が燃え上がり、残りはきびすを返してムススへと逃げ帰った。

ムスス攻略はロンメルの大勝利であった。二五日一一時、アフリカ軍団主力の第一五機甲師団は、ムススの飛行場に突入し、イギリス軍の補給隊列を蹂躙した。なんと、発進準備中の飛行機一二機まで捕獲した。

この日、ドイツ軍はイギリス軍の戦車九六両、火砲三八門、トラック一九〇両を捕獲した。最大の敵、イギリス軍第一機甲師団は文字どおり粉砕された。

さらなるロンメルの突進

ムスス占領までのキレナイカ侵攻作戦は、イギリス軍部隊の戦力をそぎ、当面の危険をなくすというロンメルのもともとの作戦目的からすれば、大成功であった。しかし、このようなちっぽけな勝利で満足するロンメルではなかった。

ロンメルはさらに戦果を拡大し、一九四一年前半と同様な、キレナイカ電撃戦を模索した。彼はメキリに進撃し、ベンガジとその北方でインド第四歩兵師団を切断することを計画した。

しかし、これまでの快進撃で、ドイツ軍部隊は補給不足に陥っていた。そのうえ、つねに攻勢作戦に反対するイタリア軍が足を引っ張った。

イタリア軍参謀総長カヴァレロ将軍はアフリカまで飛んで来て、ロンメルからイタリア軍部隊の指揮権を剥奪し、イタリア軍を後方のマルサ・ブレガ陣地にとどめるよう命令した。しかし、こんなことでくじけるロンメルではなかった。ロンメルはドイツ軍単独でのベンガジ占領案を練った。

一九四一年にも、ロンメルはベンガジを電撃的に占領している。このときは海岸沿いに南方から侵攻したが、おなじ手は二度とは使えないだろう。こんどは内陸から攻撃を仕掛けることにした。

内陸から海岸に到達し、ベンガジを攻略するとともに、イギリス軍の退路を切断する。攻略部隊はふたたびマルクス戦闘団である。マルクス戦闘団には、増援として第三三オートバイ大隊が増強された。

前進は一月二六日の夕刻に開始された。戦闘団主力は密集隊形をとり、キレナイカ山地を斜めに横断してベンガジへと向かう。いっぽう、ガイスラー大佐の戦闘団は、メキリを通過してマラウを占領して、マルクス戦闘団のあけた東側面を、イギリス軍の攻撃から防御する任務にあたった。

作戦開始後三〇分も経たないうちに、砂嵐が戦闘団を包み込み、進撃速度はほとんど這うような速度に低下した。

「はやくベンガジへ行くのだ」

ロンメルはドライバーに命令して、車をマルクス戦闘団の先頭に立たせた。

「右だ！」

「左だ！」

ロンメルはみずから指揮して、戦闘団をみちびく。ロンメルの動物的な勘は、アフリカの大地では大いに役立った（もっとも、しばしば道に迷い、イギリス軍のまっ只中に入り込むことも多かったが）。

しかし、悪いことにアフリカにはめずらしい豪雨が襲い、ワディを進んでいた部隊は、ぬかるみのなかで完全に身動きがとれなくなってしまった。

なんとか脱出できた車両が高台にあがり、スタックした車両をウインチで引っ張り上げて前進を再開し、一月二八日朝に、ようやくリドットに到着できた。そして、ベニナにたどり着いたのは、同日の午後となった。

飛行場を急襲して占領した。しかし、目のまえをイギリス軍の捕獲したＪｕ52（！）の編隊が飛び去っていく。ちくしょう、惜しい獲物を逃がした。

いまは、そんなことにかまっている場合ではない。ベンガジへの前進を再開する。しかし、ベンガジからの退路を遮断されたインド旅団は、マルクス戦闘団の攻撃に頑強に抵抗した。

マルクスは戦車を先頭に、インド旅団陣地を強襲することにした。マルクス大佐自身が先頭の装甲車に乗車する。

「パンツァーフォー！」

戦車の前進が開始された。敵陣からは雨あられと銃砲弾が注がれる。

「ガン」という衝撃とともに、車内が煙に包まれた。

「脱出！」

マルクスの乗車が敵弾をうけて擱座する。マルクスはそんなことは気にせず、後続する装甲車によじ登ると、前進を再開した。

すでに、町のあちこちからは激しい火の手が上がり、立ちのぼる黒煙で視界がさえぎられる。敵が物資に火を放ったのだ。

ドイツ・アフリカ軍団のⅢ号戦車H型。キューポラ上に半身を出した車長が前方をうかがっている先では、イギリス軍のトラックが炎上している。撃破したものか、あるいはイギリス軍がドイツ軍に捕獲されることを恐れて、自ら放火したのかもしれない。

砂漠を全速力で走るⅢ号戦車H型。濛々たる砂煙が立っているが、砂漠では部隊の進撃を秘匿することが困難なことがよくわかる。ただ場合によっては、これをもロンメルは欺瞞に使用した。周囲には何本もの轍の跡が見え、すでに大部隊が通り過ぎているようだ。

敵はすでにベンガジからの脱出を開始した。装甲、非装甲の各種車両が街路にあふれ、砂漠へと走り出していく。

マルクス戦闘団の戦車は、羊を集める牧羊犬のように砂漠を走りまわって、逃げ出したインド旅団の車両をかり集めた。多数の車両がドイツ軍に捕獲され、町には捕虜の大群があふれだした。

一月二九日、ベンガジは陥落した。

ベンガジ陥落後、イタリアの統領ムッソリーニから愉快な電報が、ロンメルのもとに舞い込んだ。ムッソリーニは、ロンメルが「好機のありしだいベンガジを占領する」ことを許可したのだ。ただし、イタリア軍の手をわずらわさないことを条件に。

ロンメルは、すでにベンガジを占領したことを打電した。

一月三〇日、ロンメルは部隊の先頭に立ってベンガジへの入城式をおこなった。アフリカ軍団がベンガジを放棄したのは、わずか一ヵ月前であった。

いまや勝者となり、イギリス軍とドイツ軍の立場は完全に逆転した。ロンメルはベンガジの占領だけでは満足することなく、さらに勝利を拡大することを望んだ。

ベンガジに突入したマルクスに、次の任務があたえられた。イギリス軍を追って前進せよ。

マルクス戦闘団は、先行するガイスラー戦闘団を追って前進を再開した。トクラ、バルス、マラウとバルビア街道に沿って前進がつづいた。イギリス軍の抵抗は粉砕され、マルクス戦闘団の前進はつづく。

イギリス軍の機先を制したロンメルの攻勢が発動されてから一六日、二月の第一週の終わりには、全キレナイカはドイツ軍のものとなった。

しかし、ロンメルの進撃もここまでだった。キレナイカはあまりに広大で、ロンメルの快進撃に補給部隊が追いつくのは、まったく不可能だった。

実際、キレナイカを疾走したのは、ドイツ軍のごくわずかに過ぎず、補給不足からアフリカ軍団主力とイタリア機械化軍団は、ムススとアジェダビア周辺から動くことはできなかったのだ（イタリア軍は動く気もなかったが）。

勝利はしたものの、ドイツ軍は長駆の追撃に疲労し、戦力は枯渇しかかっていた。ドイツ軍はトミミ、メキリまで前進して進撃を停止した。

イギリス軍は戦力を失ったものの、ガザラ、ビル・ハケイム、トブルク地区に軍を後退させることに成功した。イギリス軍はガザラ地区に、濃密な地雷原と強力な防御陣地を構築して、ドイツ軍にそなえた。

ドイツ軍も砂にもぐり、アフリカの砂漠には静寂がもどった。

ロンメルの「小」攻勢と、それにつづくドイツ・イギリス軍の激突は、こうして終息した。イギリス軍はふたたびキレナイカから駆逐され、ドイツ軍はトブルク前面にせまった。

だが、イギリス軍はいまだ強力で、とてもドイツ軍にそれを打ち破る力はなかった。ドイツ軍が勝つか、イギリス軍が勝つか、アフリカ戦線一九四二年の戦いは、まだはじまったばかりであった。

第2章　再開されたロンメル軍団の攻勢

マルタ島攻略作戦間に大量の補給物資を受け取ったロンメルは、イギリス軍の牙城トブルクを占領すべく、ふたたびアフリカ軍団に攻撃を命じ、戦車部隊は砂塵を巻き上げて進撃を開始する！

一九四二年五月二六日〜六月一日　ガザラの戦い　その1

「ヘルクレス作戦」発動す

一九四二年二月、ロンメルの小攻勢によってイギリス軍はふたたび敗走し、全キレナイカはドイツ軍のものとなった。しかし、ロンメルにはそれ以上、攻勢をつづけることはできなかった。

補給不足が最大の原因であったが、それはつまるところ、最高司令部のアフリカ戦に対する無理解、というより無関心が原因であった。

二月から三月にかけてロンメル自身が飛んで駆けつけ、ベルリンとローマで何度も開かれた会議の結果、ようやくしぶしぶながらヒトラーの許可が得られ、これまで北

イギリス軍の新兵器グラント戦車。75ミリ砲を車体脇のスポンソンに装備した間に合わせ兵器であったが、ドイツ戦車にとっては大きな脅威となった。

アフリカへの補給を阻害しつづけてきた不沈空母マルタ島の占領作戦が認められた。

マルタ島占領作戦は「ヘルクレス作戦」と命名された。計画では、ケッセルリンクの第二航空軍によって三、四、五月とマルタ島への激しい空爆をつづけ、無力化したうえで、六月の満月の夜に空と海からの上陸作戦で占領する。

そして、この機に乗じて北アフリカに大量の補給物資を送り込み、前面のイギリス軍を撃破してトブルクを占領することとなっていた。しかし、作戦はここまでで、ヒトラーはロンメルにエジプトへの進撃を認めてはいなかった。彼は結局、アフリカの戦略的重要性には気がついていなかったのである。

最高司令部の無関心を呪いつつも、ロンメルはみずからに与えられた任務にベストを尽くすことにした。ケッセルリンクの爆撃のおかげでマルタ島の脅威は減少し、ロンメルへの補給は順調に届きはじめていた。

五月末には彼の戦車戦力は三二二両に増え、そのうちⅢ号戦車は二四二両で、長砲身の新型Ⅲ号戦車も一九両あった。

戦力をたくわえつつあるのは、イギリス軍も同様であった。イギリス軍にはアメリカから援助された七五ミリ砲を装備した新型のＭ３グラント戦車や、これまでの二ポンド対戦車砲より、はるかに威力の大きい六ポンド対戦車砲が装備されるようになっていた。

ロンメルはイギリス軍の新兵器については知らなかったが、その戦力がちゃくちゃくと増強されていることは知っていた。このまま待ちつづければ、戦力の天秤はどちらに有利に振れるのか、答えは明らかだった。

ロンメルのもとに悪いニュースが入った。イタリア軍は六月末以前には、マルタ島攻略の準備ができないというのだ。またしてもイタリア軍に足をひっぱられるとは……。奴らがはじめた戦争なのに。

「マルタをあとまわしにして、先にトブルクを占領するのだ！」

このまま待ちつづけることには、なんの意味もない。ロンメルはアフリカ軍団の戦力に自信をもっていた。

「イギリス軍など、四日間で撃破できる」

イギリス軍を撃破してしまえば、マルタ島の占領などわけない話である。その後、ヒトラーを説得してエジプトへの進撃を果たすのだ。ロンメルは五月二六日を攻撃開始日に定めた。

イギリス軍のオーキンレックも、ロンメル同様に攻勢作戦を計画していた。彼は最初、五月中旬に攻勢に移ることを計画していたが、ロンメルへの戦車の補給を知り、自軍の戦力的優位が十分ではないと考えた。このため攻勢開始は、六月中旬に延期されたが、この決定は致命的な結果をまねくことになった。

どのようにして、ガザラのイギリス軍陣地を攻撃するか。ロンメルは考えをめぐらせた。イギリス軍はガザラの海岸から内陸に向かって、ビル・ハケイムまで六五キロにわたって、蜿蜒《えんえん》とつらなる防御陣地を構築していた。

防御陣地は、鉄条網と地雷原に囲まれた要塞のような「ボックス」という拠点によって構成されていた。機甲部隊は後方に配置され、敵が「ボックス」に足をとられて

ドイツ・アフリカ軍団のⅣ号戦車Ｆ型。Ⅳ号戦車はグラントが出現するまでは、アフリカで唯一の75㎜砲装備戦車だった。ただし、もともと火力支援戦車として設計されたため、短砲身の75㎜砲しか装備しておらず、対戦車能力は高くなかった。しかし、ドイツ戦車兵は手練の技で、イギリス軍戦車を打ち破った。操縦手以外の全員が立ち上がってポーズをとった記念写真のようだ。

いるうちに反撃を掛ける。

この陣地に正面攻撃を掛けるなど、愚の骨頂である。そんなやり方はロンメルらしくない。

ロンメルはイギリス軍の裏をかくことにした。ガザラ陣地をはるか南方に迂回して防衛線の背後をつき、イギリス機甲兵力を撃破したのち、陣地の兵力を各個

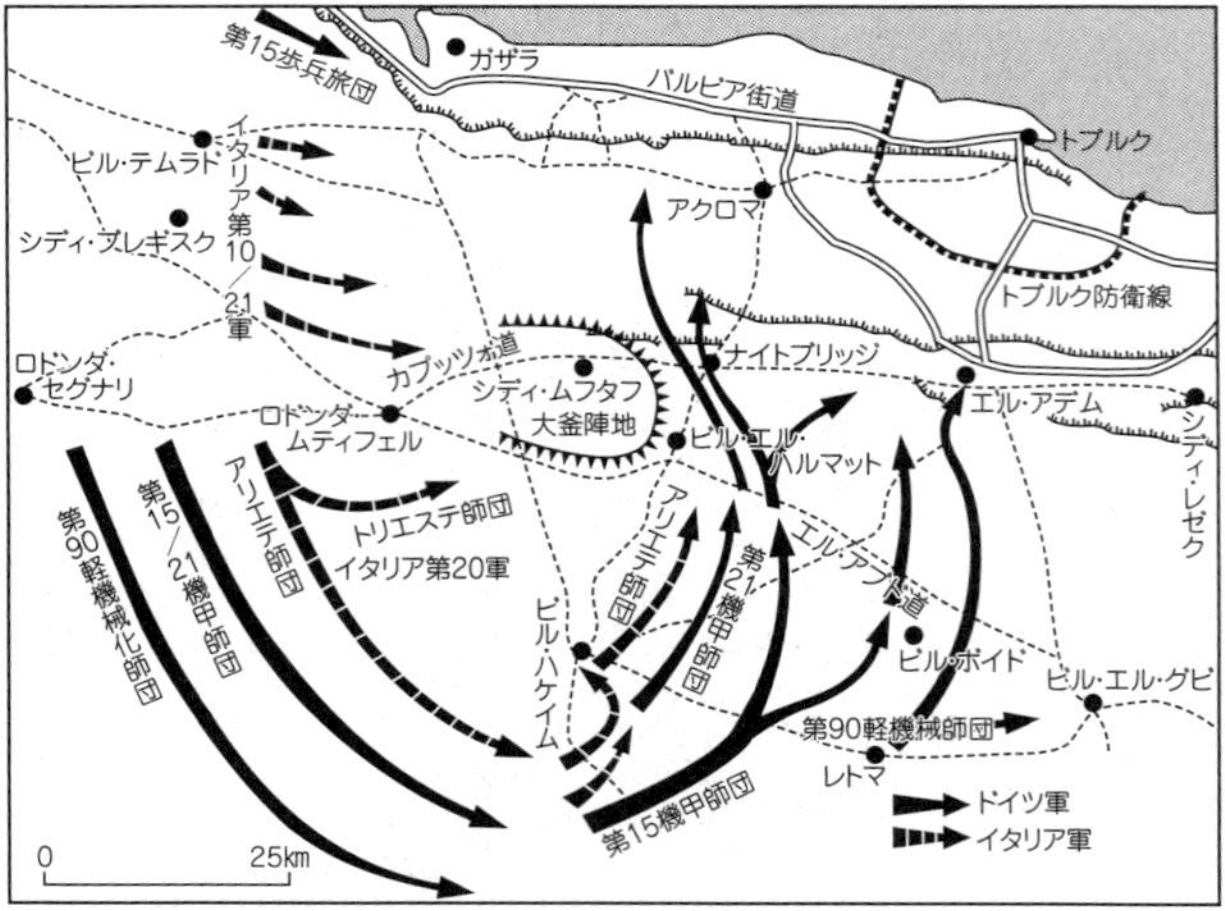

撃破するのである。イギリス軍でも第八軍司令官のリッチーは、この可能性に気づいていた。しかし、中東戦域総司令官のオーキンレックは、ロンメルがトブルクに向かって、まっすぐ中央突破をはかるものと決めて掛かっていたのだ。

イギリス軍をだますため、偽の攻撃が準備された。攻撃部隊はクールウェル将軍がひきいた。兵力は第一五歩兵旅団にイタリア第一〇軍と第二一軍の歩兵たち。彼らはガザラ陣地に正面攻撃を掛けるのである。

本物の攻撃と誤認させるため、部隊の後方からは偽の戦車と砂塵発生機がつづいた。砂塵発生機は航空機用エンジンとプロペラを登載したトラックで、もうも

アフリカ軍団のⅢ号戦車Ｌ型。長砲身50㎜砲を装備したⅢ号戦車Ｌ型は、1942年7～8月の輸送船団でアフリカに送られた。隣はイタリア軍のM13/40またはM14/41戦車。

うたる砂塵をたてて、一大戦車部隊の攻撃を捏造《ねつぞう》するのである。

五月二六日、なんと真っ昼間の午後二時に攻撃は開始された。これはもちろん攻撃を目立たさせて、イギリス軍の気を引くためであった。砲兵は一斉砲撃を加え、スツーカはイギリス軍陣地に爆弾を落とし、イギリス軍前哨陣地にはドイツ軍歩兵が侵入した。

イギリス軍偵察機は、後方にもうもうと舞い上がる砂塵を目にして、ドイツ軍の本当の攻撃と思い込んだ。

この間、ロンメルはロトンダ・セグナリ東方に、第一五、第二一機甲師団、第九〇軽機械化師団、アリエテ師団、トリエステ師団からなる機甲部隊を集結させた。

夜八時三〇分、ロンメルから攻撃開始の命令「ヴェネチア」が発せられた。九時、機甲部隊の攻撃が開始された。

「パンツァー、マールシュ！」

ロンメルは機甲部隊の先頭に立ち、進撃を指揮した。月光の下、ドイツ、イタリアの戦車六〇〇両と数千両の装甲、非装甲車両が発進した。

部隊はイギリス軍に発見されることもなく――実際には南アフリカ第四装甲車連隊の触接を受けていたが、その報告はイギリス軍司令部には真剣にとりあげられなかったらしく、ビル・ハケイムを迂回し、砂漠のなかの燃料補給地点に集結した。もっとも左翼を行くはずのトリエステ師団は道に迷い、ビル・ハケイムの北へと進撃してしまった。

二七日の夜が明けた。ロンメルの攻撃が開始された。

左翼のアリエテ師団はその隣を行く第二一機甲師団と協力してビル・ハケイム南のインド第三自動車化旅団を押し潰した。いっぽう右翼では第九〇軽機械化師団と偵察大隊群がレトマへと進み、第七自動車化旅団を蹴散らしていた。中央をいく第一五機甲師団はビル・ハケイムとレトナの間隙部を、順調に前進していった。

第一五機甲師団の先頭を行くのは、レーゲ中佐のひきいる第八戦車連隊である。こ

夜間射撃中のドイツ軍の装甲車。手前がSd.kfz232 8輪重装甲車（無線機型）で向こう側がSd.kfz222軽装甲偵察車。どちらも武装には20㎜機関砲を装備している。

のとき連隊の装備する戦車は、Ⅱ号戦車が二九両、Ⅲ号戦車の短砲身型が一三一両、長砲身型が三（！）両、Ⅳ号戦車（すべて短砲身型）が二二両、指揮戦車が四両であった。

連隊はパンツァーカイル隊形をとって前進する。第一大隊は前、横三キロ、縦一キロから一・五キロに散開して進む。第二大隊はその右後方からつづく。大隊の前方を行くのはⅢ号戦車を装備した軽中隊、うしろからⅣ号戦車を装備した中中隊がつづく。

しかし、第三三偵察大隊がトブルク周辺での特別任務に派遣されていたため、師団の偵察能力は低下していた。偵察機からはなんの連絡もはいらない。しかし、どこかにかならず敵がいるはずだ。第八戦車連隊の乗員たちは、全員が目を皿のようにしてイギリス軍戦車を探した。

新型戦車M3グラント

「敵戦車一二時の方向！」

第八戦車連隊第一大隊長のキュンメル大尉のヘッドフォンに敵発見の報告がとどいた。

「各車、散開して攻撃せよ！」

命令がでるや否や、各車は全速力で接敵をはかる。敵戦車はまだはるか彼方で、陽炎《かげろう》のたつ水平線上に黒い点がぽつりぽつりと見えるだけである。敵は巧妙に小さな砂丘の陰に車体を隠している。

イギリス戦車の装備する二ポンド砲にくらべ、ドイツ戦車の装備する五〇ミリ砲の方が、射程が長いし威力が大きい。キュンメルは安心してイギリス戦車に近づいていった。一〇〇〇メートルを越える距離で、まずⅢ号戦車が発砲した。

「ドーン」

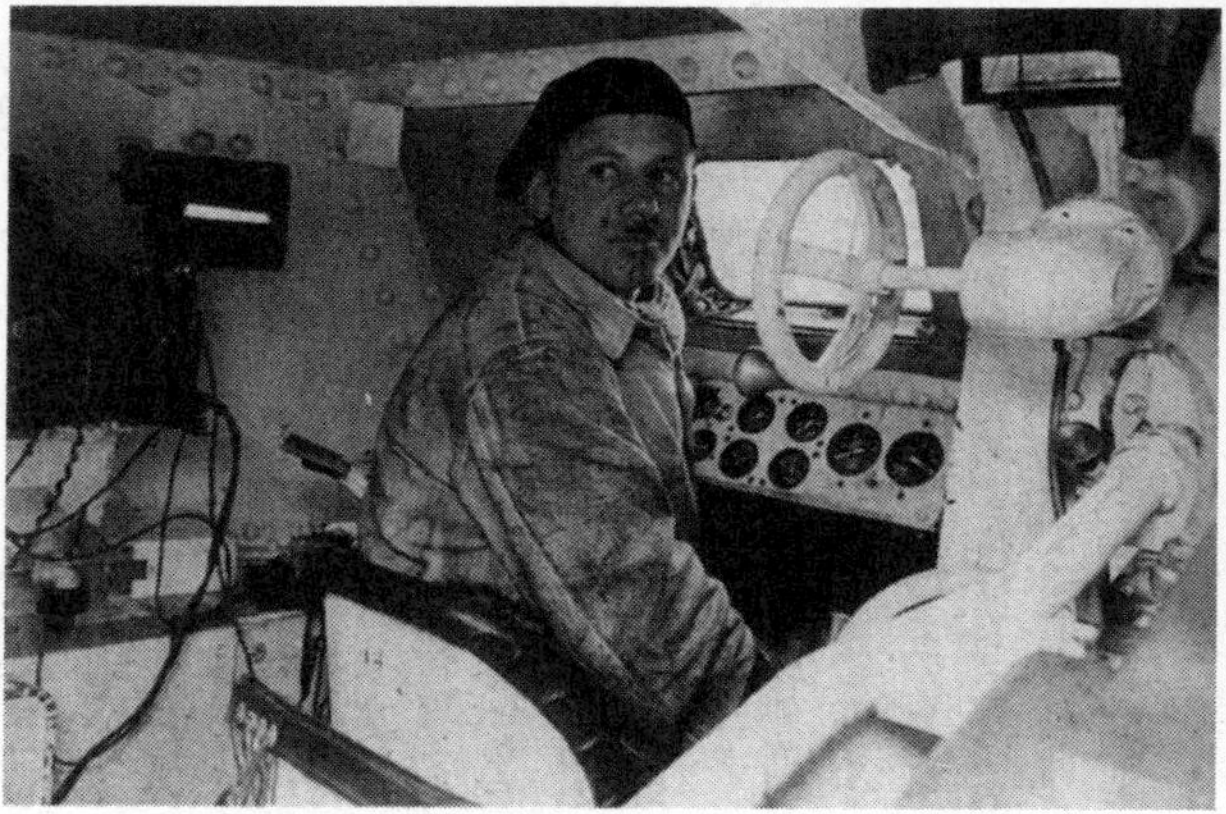

イギリス軍のグラント戦車の内部。こちらを向いているのが操縦手で、広々とした操縦室前方には大きな視察窓が口を開いている。右側手前に見えるのが75㎜砲の砲尾である。

耳なれた発砲音が腹に響く。このような遠距離では、容易に命中弾が得られるものではない。イギリス戦車の近くに土煙が上がる。

「チカ、チカ」となにかが光った。なんと、イギリス戦車が発砲してきたのだ。

「バカな！　トミーがこんな遠距離から撃ってくるなんて」

キュンメルは驚愕した。

Ⅲ号戦車は、機動、停止、射撃のくり返しで、しだいに正確な射撃を浴びせていく。しかし、敵はひるむことなく射撃をつづける。やがて、付近にいたⅢ号戦車に射弾が命中した。

Ⅲ号戦車の五〇ミリの前面装甲板が、

イワシ缶のように撃ち破られ、貫徹した弾丸が内部で炸裂した。こんな遠距離から命中させてしかも装甲を貫徹させるなんて、これまでのイギリス戦車ではありえないことである。しかし現実に目の前では、僚車が一両、また一両と擱座していく。

ドイツ戦車長たちは、みな双眼鏡で一心にイギリス軍の戦車を凝視した。はるかかなたの戦車は、見なれないシルエットをしている。

やがて敵戦車は、それまで車体を覆いかくしていた偽装網を脱ぎすてた。そこには、これまでまったく見たこともない新型戦車があった。小山のようにずんぐりとした巨大な車体から突き出した大砲、二階建ての車体の上にちょこんと帽子のようにのっかった小さな砲塔。これこそが、アメリカからイギリス軍に供与されたMグラント戦車であった。

ドイツ軍の第八戦車連隊と対峙したイギリス軍は、歴戦の第四機甲旅団であった。一九四一年一一月一八～二三日、シディ・レゼーの戦いで大損害を受けた旅団は、アメリカから潤沢に供給される新型装備を受領して、ふたたびアフリカ軍団の前に立ちあらわれたのである。

第四機甲旅団の目である第八軽騎兵連隊の偵察戦車は、いちはやくドイツ軍を発見して警報を発していた。

「ジェリー（ドイツ軍）の一コ旅団らしいです」

連隊本部に連絡が飛ぶ。この連絡はすぐに訂正された。

「旅団ではない。アフリカ軍団そのものです！　警報！」

軽騎兵連隊からの連絡を受けて、旅団の戦車は戦闘準備をととのえた。M3グラントは砂丘のうしろから稜線ちかくまで前進して、射界を確保する。ドイツ軍の前進方向はどっちだ。

グラントは七五ミリ砲をそなえているとはいえ、その装備方法は独特だった。全周旋回できる砲塔上にではなく、車体右側のスポンソンに限定旋回式に装備されていたのである。射界は左右一五度ずつ、つまり前方三〇度の範囲しかなく、きわめて限られていた。

敵がこの範囲から脱したら、車体全体を動かして対処しなければならない。上部には全周旋回できる砲塔があったが、そこに装備されているのは、威力のとぼしい三七ミリ砲で、これではとてもドイツ戦車に太刀打ちできない。

このため、グラントにとっては、敵がちょろちょろ動きまわる前に、遠距離から仕留めることが絶対に必要であった。いっぽうのドイツ戦車は、グラントとの間合いをつめて接近戦に持ちこめば、五〇ミリ砲の劣勢も挽回できるし、全周旋回できる砲塔

を生かして、すばやく有効な射弾を撃ち込むことができる。

キュンメルは、敵がどんなものか正確に知っていたわけではなかったが、歴戦の戦車兵として、なにをすればいいかよくわかっていた。

「全車、全速力で前進、敵との間合いを詰めるんだ」

キュンメルの命令にしたがって、第一大隊の全戦車が猛スピードで突進する。いっぽう連隊長のテーゲ中佐は後続する第二大隊に、迂回してイギリス戦車の側面を衝くよう命じた。

ドイツ、イギリス戦車の撃ち合いは激しさを増していた。戦場には両軍の撃ち合う砲弾が、さかんに弾着して砂煙を上げる。イギリス軍のグラントはしきりに遠距離射撃を加えるが、このような距離ではそうそう命中するものではない。

全速力で突っ走るⅢ号戦車は、たちまち八〇〇メートルから五〇〇メートルへと間合いを詰め、グラントへの砲撃を開始した。

グラントの前面装甲板は傾斜した五〇・八ミリ装甲板で、Ⅲ号戦車より強力だが、この距離ならⅢ号戦車の五〇ミリ砲でも、なんとか対抗することができる。

「ガーン」

命中弾で装甲板が裂ける。貫徹しなくとも、命中の衝撃でグラントの装甲板がきしみ、固定していたリベットが飛散し、車内の乗員を負傷させるのだ。たまらずイギリス戦車兵は、側面ドアを開けて車外にころがり落ちる。

やがて、第二大隊が戦場に加入した。新手の敵の出現は、イギリス軍にとって致命的であった。横合いからの射撃に、旋回砲塔をもたないグラントは、まったく対応することができなかった。

巨大なグラントは射撃の的のように、薄っぺらい側面装甲板を撃ち抜かれて、つぎつぎと擱座していった。イギリス第四機甲旅団第三機甲連隊は、この戦いで一六両のグラントを失って後退した。

ドイツ軍の損害も少なくはなかった。しかし、この戦いはイギリス軍の新型戦車に対する、歴戦のドイツ戦車兵の手練の技の勝利であった。

挫折したロンメルの突進

イギリス軍の戦線には大穴があいた。いまやロンメルの突進に青信号がともったのである。ロンメルはいつものように、彼の機甲部隊の先頭に立って前進を嚮導した。

右翼の第九〇軽機械化師団と偵察大隊群は、レトマから北のエル・アデムに向かい、

撃破されたグラント戦車をドイツ兵が検分している。多数の被弾の衝撃でスポンソン部が脱落してしまったようだ。

トブルクの包囲とイギリス軍の後方補給線を切断した。

ロンメルの主力、第一五、第二一機甲師団は、敵のガザラ陣地線の後方を、北へと攻めのぼっていった。左翼のアリエテ師団はビル・ハケイム攻略にてこずっていたが、ロンメルに不安はなかった。わが軍の勝利は確実である。

しかし、事態はとてもロンメルの勝利どころではなかった。二七日午後からは、イギリス軍の反撃は激しさを増し、前線からの報告は憂慮すべきものであった。

エル・アデムに到達した第九〇軽機械化師団は、たえずイギリス空軍の攻撃を受け、損害をこうむるとともに、後方連絡線を切断され孤立しつつあった。第二一機甲師団はアクロマの西方へと前進をつづけたが、たえずイギリス軍の攻撃をうけ、損害が累積していった。

師団は二八日未明、アクロマの西一〇キロのビル・テムラド〜アクロマ道に到達したが、二五日にはⅡ号戦車二九両、Ⅲ号戦車短砲身型一〇七両、長砲身型一五両、Ⅳ号戦車一九両、指揮戦車四両もあった稼働戦車は、二八日にはⅡ号戦車一三両、Ⅲ号戦車短砲身型四三両、長砲身型八両、Ⅳ号戦車短砲身型一二両、Ⅳ号戦車長砲身型四両（いつ増備されたのか不明）、指揮戦車三両へと減少していた。

いっぽう第一五機甲師団は、アクロマの南西ナイトブリッジ付近で燃料切れのため立ち往生していた。グラントを撃破したとはいえ、師団のこうむった損害は大きく、二八日未明の第八戦車連隊の稼働戦車数は、Ⅱ号戦車一三両、Ⅲ号戦車短砲身型二二両、長砲身型一両、Ⅳ号戦車三両、指揮戦車二両と、出撃時からは見る影もなくやせ細っていた。

修理部隊の活躍で、この戦力は同日の夕方には、Ⅱ号戦車二〇両、Ⅲ号戦車三一両、Ⅳ号戦車五両、指揮戦車二両へと増加するが、これでも一コ大隊には、はるかに満たない戦力であった。弾薬も不足し、各車あて六〇発の弾薬しか残っておらず、とくに徹甲弾が不足していた。

燃料、弾薬を補給するため、補給部隊は懸命に彼らの後を追ったが、二七日午後、補給部隊にたいへんな災難が降りかかった。

イギリス軍の第二機甲旅団の六五両もの戦車が襲い掛かったのである。戦闘力のな

前進するアフリカ軍団のIV号戦車F型。歴戦の車体のようで第2転輪が脱落している。塹壕線の通路を通過するところらしく無線手がハッチから体を乗り出して監視している。

い補給部隊のトラックは、イギリス戦車から逃れるため、クモの子を散らすように逃げまどった。補給隊列は各種の司令部部隊をまきこみ、大混乱となった。

イギリス戦車は一五〇〇メートルに迫っていた。危機を救ったのは第一三五対空砲連隊長のヴォルツ大佐であった。

ヴォルツは、付近にいた三門の八八ミリ対空砲を呼び止めると、すぐに射撃準備をととのえさせた。さらに、アフリカ軍団の重対空砲大隊の半分も集められた。ハチハチが吠えると、たちまち数両の敵戦車が火を吹き、驚いた敵戦車はいったん後退した。

しかし、危機は去ったわけではない。敵は再度の攻撃の機会をさぐっている。

混乱のなかには、視察中のネーリング将軍も巻き込まれていた。ネーリングは危機を切り抜けるため、フランスでも、ここ北アフリカでも、何度もドイツ軍を救った秘策をもちいた。八八ミリ対空砲である。

「砲をかき集めて、対空砲列をつくれ！」

ネーリングはヴォルツ大佐に命じた。

やがて、ギュルケ少佐が一コ対空砲大隊を連れてあらわれ、三〇分後には軍の副官が、ロンメルみずからが率いていた一コ大隊を連れて駆けつけた。こうして敵戦車の前面には一六門の八八ミリ砲による、三キロにわたる即席の対戦車砲の砲列がつくりだされた。

態勢をととのえた敵はふたたび襲って来たが、グラント戦車といえどもハチハチの敵ではなかった。たちまち陣前には二ダースものグラントが燃え上がり、敵の攻撃は潰《つい》えた。

しかし、ロンメルの危機が去ったわけではなかった。攻撃部隊は前進し、イギリス軍に痛撃を与えたものの、イギリス軍主力の完全撃破はならず、ガザラのイギリス軍陣地も健在なままだった。

このままでは、広く分散し、補給不足となったドイツ軍部隊は各個に撃破されてしまう。二八日夕刻、ロンメルは補給線を確保するため、ガザラ陣地に正面攻撃を掛けているクリューヴェルに、血路を切りひらいてロンメルのところまで補給路をひらくようせかした。しかし、クリューヴェルは前線視察の途中、乗機が撃墜されてしまい、攻撃はうまくいかなかった。

二九日、補給に悩むロンメルは、ついにイギリス軍後方に進出した全部隊を、エル・アブド道とカプッツォ道をまたいで、シディ・ムフタフ周辺に集めることにした。東から西に突破して補給線を確保するのだ。

しかし、ロンメルの後方シディ・ムフタフには、イギリス第一五〇旅団が頑張り、ロンメルの補給ルートを脅かしつづけた。ロンメルはアスラー丘とシドラ丘を中心に「コルドロン（大釜）」と呼ばれる防御陣地を設けて、全周防御態勢をとり、イギリス軍の反撃にそなえた。

戦闘の行方はまだ混沌としていた。ロンメルは部分的な勝利をおさめたものの、いまやイギリス軍陣地のなかに孤立し、補給に苦しめられていた。

イギリス軍は多数の戦車をうしなったものの、まだドイツ軍に勝る戦車戦力をもっており、ガザラ陣地もほとんど健在のままであった。ガザラの戦い第一ラウンドは引き分けに終わり、まだ戦闘の行方は混沌としたままであった。

第3章　「大釜」から飛び出した精鋭戦車軍団

イギリス軍のガザラ陣地攻略に失敗したロンメルは、コルドロン(大釜)と呼ばれる防御陣地にたてこもって補給を待ち、イギリス軍の戦術の失敗にも助けられて、一気に戦略目標へ迫っていった!

一九四二年五月三一日～六月一五日　ガザラの戦い　その2

たてこもった「大釜陣地」

イギリス軍のガザラ陣地攻撃に失敗したロンメルは、シディ・ムフタフ周辺に「コルドロン（大釜）」とよばれる防御陣地を設けて、いったん防御態勢をとった。これで当座のイギリス軍の攻撃からは身を守ることができたが、後方との補給ルートが途絶したままなのは、大問題だった。

戦車部隊が戦いつづけるためには、膨大な量の補給物資が必要だ。燃料がなければ動くことができないし、弾薬がなければ敵と戦えない。そして、ここアフリカでは、水がなければ戦車兵が生きつづけることができないのだ。補給ルートの確保、それが現在のロンメルに課せられた最大の課題であった。

問題は後方のゴト・エル・ウアレブで頑張りつづける、イギリス第一五〇旅団の陣地だった。

ロンメルは「大釜陣地」の構築とほとんど同時に、第一五〇旅団への攻撃を開始したのであった。

指揮官みずからが前線に立ち、即断即決によるすばやい行動、これがロンメルの勝利の鍵であった。

これに対してイギリス軍は、いつもながら後方の安全な司令部で、延々と小田原評定をくり返すばかりだった。

このときもイギリス軍のやり方は、いつもと同じだった。情勢がはっきりしないため、なんの決断も下されなかったのだ。こうしてロンメル撃滅の最大のチャンスは失われた。

五月三〇日から三一日の深夜、ロンメルの攻撃は開始された。まず、イギリス軍の地雷原に東西から突破口を開き、補給ルートを回復させる。東からはアフリカ軍団主力が、西からはトリエステ師団が攻撃を開始した。

「工兵！」

地雷を処理するのは工兵の役目。いちはやく鉄条網と地雷原にとりつき、敵砲火をおかして処理を開始する。進路が啓開されるや、歩兵が走り出し、戦車が援護して敵火点をだまらせる。

その夜のうちになんとか通行路はできたが、砂漠のなかの一本道はイギリス軍からは丸見えだった。

イギリス軍は八〇両のマチルダ歩兵戦車をくり出し、さかんにドイツ軍補給隊列に撃ち掛ける。とてもじゃないが、昼間の通行は不可能だった。

「ゴト・エル・ウアレブを奪取しなければならない。イギリス第一五〇旅団を追い出すのだ」

ロンメルの命令が下った。ロンメルはみずから第五戦車連隊をひきいて攻撃を開始した。

「パンツァー、フォー！」

敵陣前にならんだ戦車の前進が開始された。

「パシン、パシン」

戦車の装甲板に、敵の機関銃弾がはじける。戦車はかまわず前進をつづける。

「ズーン」

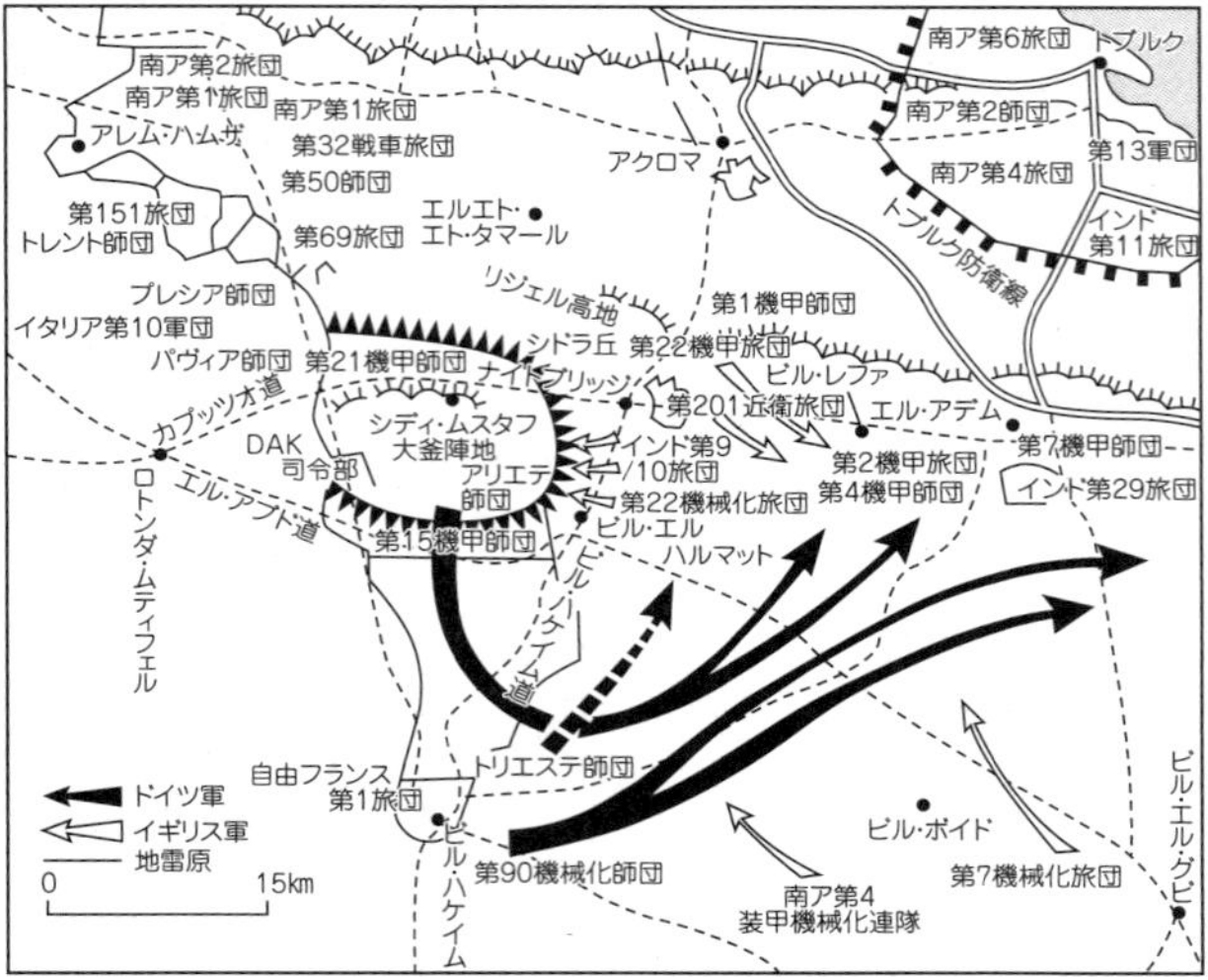

突然、あたりに鈍い衝撃音が響きわたった。地雷だ。

「地雷原だ、後退せよ！」

「ズーン」

ふたたびにぶい爆発音が響く。

「脱出！」

擱座した戦車から戦車兵が飛び出すと、あたりにはイギリス軍の機関銃弾が降りそそいだ。連隊はからくも脱出したものの、一二両もの戦車が擱座したまま、地雷原にとり残された。

どうすればいい。穴にこもった敵を叩き出すには、戦車ではだめだ。歴戦の歩兵に頼るしかない。第一〇四連隊第三大隊のオートバイ兵が呼び出された。

戦車のかわりに生身のオートバイ兵が全速力で突っ走り、敵の拠点に殺到して、これを落とすのだ。工兵が鉄条網と地雷を撤去すると、オートバイ兵は時速六〇キロでイギリス軍陣地に襲い掛かった。

「手を上げろ！」

飛び込んだオートバイ兵によって、イギリス軍の前哨陣地は陥落した。ここでロンメルは、大胆不敵なトリックを使った。

「白布を振るんだ。敵は降伏するぞ」

攻撃するドイツ兵たちはみな、白いハンカチやマフラー、シャツを振りはじめた。すると驚いたことに、今の今まで激しく弾丸を撃ちつづけていたイギリス兵が、手を上げて塹壕からゾロゾロとはい出して来たではないか。

わずか三〇〇人のオートバイ兵に、二〇〇〇人のイギリス兵が降伏したのだ。こうして六月一日の午前中で、ゴト・エル・ウアレブの第一五〇旅団陣地は片づけられ、ロンメルの危機は脱せられた。

イギリス軍のチャンスは永遠に消え去り、ロンメルの攻撃がすぐさま再開されることになる。

ビル・ハケイム攻撃開始

イギリス軍のガザラ陣地線には大穴があき、ロンメルはシディ・ムフタフを中心とする「大釜《おおがま》陣地」から東方への突破をねらった。

しかし、ロンメルにとって目の上のたんこぶとなったのが、ビル・ハケイムのイギリス軍陣地であった。ビル・ハケイムに展開していたのは、自由フランス軍第一旅団(主力は皮肉なことに大部分がドイツ人の外人部隊だった)とユダヤ人義勇兵一コ大隊で、その戦意はことのほか高かった。

五月二六日いらい、イタリア軍が攻撃していたが、こんな敵を腰抜けのイタリア軍が打ち破れるわけがない。六月二日、ロンメルは大釜陣地に主力の戦車部隊を残し、数両の戦車と第九〇アフリカ機械化師団、第三三偵察大隊、イタリア軍トリエステ師団を率いてビル・ハケイムの攻撃を開始した。

しかし、どうやらロンメルは、敵を甘く見ていたようだった。最初にとった白旗戦術には、機関銃弾が返って来ただけだった。仕方がない。あらゆる手立てを使って、敵を圧倒するしかない。

アフリカ軍団第15機甲師団のⅢ号戦車Ｈ型。
前方にもう1両見えるがタイプは識別不能。

スツーカの爆撃、歩兵の突撃、お得意の高射砲の砲列。攻撃につぐ攻撃。鎧袖一触で撃破できる敵だったはずが、ロンメルが何日も足止めされることになるとは、まったく予想外であった。

このロンメルの失敗を救ったのは、またまたイギリス軍だった。六月五日、イギリス第八軍のリッチー将軍は、数日間の不決断のあと、ようやく重い腰を上げてロンメルへの反撃を開始した。

しかし、イギリス軍のとった行動は、危機に瀕したビル・ハケイムを救うことでも、ロンメルの主力を撃滅すべく、全力で大釜陣地に立ち向かうことでもなかった。そのかわりに、彼らは出ししみした中途半端な兵力で、大釜陣地に散発的な攻撃をくり返すだけであった。

イギリス軍は大釜陣地の北側に第三二戦車旅団、東側にインド第九、第一〇旅団と第二二機甲旅団による攻撃をしかけた。これはリッチーの手持ち兵力の半分でしかなかった。

ドイツ軍にとってきわめて幸運だったことは、ロンメルが四日、たまたまビル・エル・ハルマット地区で放棄された戦車を回収するため、作戦せよと命じたことだった。このため、四〜五日の夜、第一五機甲師団はビル・エル・ハルマット地区に向かって、地雷原を啓開していた。これは、のちの反撃に、大いに役立つことになった。

五日午前二時五〇分、イギリス軍の攻撃が開始された。激しい砲撃が夜の闇をつんざく。しかし、イギリス軍にとって不運だったのは、彼らがドイツ軍陣地の位置を見誤り、砲弾はまったく無人の荒野に落下したことだった。

夜明けまえ、インド歩兵が前進を開始した。インド第一〇旅団はアスラ丘に全力で攻撃を加え、丘を守っていたイタリア軍アリエテ師団は、たまらずに退却した。

ドイツ軍の大釜陣地に大穴があいたように思えた。インド第一〇旅団のあとからは、インド第九旅団と第二二機甲旅団が続行する。ドイツ軍を大釜陣地から叩き出すのだ。しかし、ドイツ軍はイギリス軍の前進を待ちかまえていた。

アフリカ軍団第21機甲師団のⅣ号戦車Ｅ型。
多数搭載された装備品や乗員の防暑帽に注目。

「フォイエル！」

ドイツ軍の射撃が開始された。前進するイギリス軍の車列に、ドイツ軍の野砲と対戦車砲の砲撃が集中する。

「ズーン、ズーン」

着弾の音。

「ドカーン」

直撃弾でトラックが燃え上がり、兵士たちが逃げまどう。車両は全速力で走って逃げる。

突破したイギリス軍部隊は、アスラ丘から北方のビル・エ・タマールへと脱出をはかった。スコットランド第二軽歩兵連隊、第二西ヨークシャー連隊は全周防御陣地をつくって攻撃に対抗しようとしたが、大損害をこうむった。イギリス軍の戦車部隊と歩兵部隊の調整はなっておらず、戦車は歩兵を支援することも、守ることもできなかった。

いっぽう北方から攻撃した第三二戦車旅団は、もっと惨めだった。旅団はシドラ丘に向かって進撃したが、そこにはドイツ軍の第二一機甲師団が待ちかまえていた。

イギリス軍戦車はろくな準備砲撃もなしに、歩兵の支援もなしで、真っ昼間にのろのろとドイツ軍の眼前にあらわれたのだ。その結果が悲劇となることは、想像に難くない。

砂煙を上げて戦車は前進する。

「ズーン」

突然、空気がふるえた。陣地前面の対戦車地雷が爆発したのだ。

「地雷原！」

イギリス戦車は停止した。

「フォイエル！」

間髪を入れず、ドイツ軍の対戦車砲が火を吹いた。イギリス戦車は地雷原のなかで、もがき苦しんだ。前進、後退。しかし、一センチ先には地雷の恐怖。

彼らは回避機動もままならず、完全に射的の的のようなものであった。

昼までに旅団は七〇両の戦車のうち、なんと五〇両を撃破されて、なんらなすところなく撤退した。こうして北方からの脅威は消えてなくなった。ロンメルは、大釜陣地の真ん中で孤立したイギリス軍突破部隊の攻撃に専念できることになった。

ロンメルは即座に、防勢から攻勢戦闘に移るべく命令を発した。第二一機甲師団はビル・シドラ丘から南東にビル・エ・タマールに向かって前進し、第一五機甲師団はビル・エル・ハルマットから啓開された地雷原の間隙部をとおって、アスラ丘にたてこもるイギリス軍部隊に背後から攻撃を仕掛けるのだ。

第一五機甲師団の主力は第八戦車連隊。第一大隊長のキュンメル大尉は、ふたたび先頭に立って進撃を開始した。ロンメルはいつものように、戦車部隊と行動をともにした。

「右だ、もうすこし右」

キュンメルは慎重に戦車を前進させる。ビル・エル・ハルマットの啓開された地雷原の間隙部は、まだ幅も狭く、標識もまだ十分に用意されていなかった。第八戦車連隊の各車は、縦隊となって危険な地雷原をとおり抜けた。

イギリス軍はロンメルのこのようなすばやい反撃を、予想することができなかった。彼らは、すでにロンメルはグロッキーだと思っていたのだ。実際、それも無理はなかった。

つい数日前には、ロンメルはまさに敗北の瀬戸際に立っていたのだから。しかし、ロンメルはリッチーではなく、ましてやグラッツィアーニではなかった。

イギリス軍部隊の「処分」

第八戦車連隊はアスラ丘のイギリス軍の虚を突き、側背から奇襲することに成功した。イギリス軍左翼を守っていたのは、第一デューク・オブ・コーンウォール軽歩兵連隊であったが、彼らには戦車、砲兵の支援はなかった。

「止まるな、突っ走れ!」

キュンメルは連隊の戦車を全速力で突っこませると、思うぞんぶん、イギリス軍陣地を蹂躙《じゅうりん》させた。気の毒なイギリス歩兵たちは、たちまち圧倒されて、逃げ出すか降伏した。

戦車が突入し、メッサーヴィ将軍(第七機甲師団)とブリッグス将軍(インド第五師団)の連合司令部は蹂躙された。その結果、インド第一〇旅団、第二二機甲師団の支援群、野砲四コ連隊がドイツ軍に包囲された。

メッサーヴィ将軍は隷下の第四機甲旅団に、ドイツ第一五機甲師団に対する反撃を命令したが、命令はすぐには実行されなかった。実際、イギリス軍が第二、第四、第二一機甲旅団を集中して投入すれば、ドイツ軍の反撃は潰《つい》えただろう。しかし、そうはならなかった！

六月六日、包囲されたイギリス軍部隊の「処分」が開始された。

「フォイエル！」

戦車、歩兵、砲兵による射撃につぐ射撃。インド第一〇旅団とイギリス軍砲兵隊は、必死の抵抗をつづけたが、もはや勝敗の帰趨は明らかだった。インド第一〇旅団は壊滅した。生き残りは北方へ逃走をはかった。

北方で包囲を受け持っていたのは、第二一機甲師団第五戦車連隊のリーポルト中尉の指揮する一中隊であった。待ちかまえる連隊の戦車のまえに、逃げまどうイギリス戦車がおどり出る。

「フォイエル！」

リーポルトが命令を下し、中隊の各車は射撃を開始した。パニックにおちいったイギリス戦車に対して、ドイツ戦車は冷静に狙いをつける。射弾を受けて、あちこちでイギリス戦車が燃え上がる。

ネーリング将軍みずからも装甲車で攻撃に加わり、牽引していた五〇ミリ対戦車砲で、敵戦車に砲撃をおこなった。

上下とも撃破されたイギリス軍のMk. ⅣA巡航戦車で、ドイツ兵の検分を受けているところ。イギリス軍の巡航戦車は、武装が貧弱で装甲も薄く、その上、信頼性不足とあまりいいところがなかった。

乱戦のなかで、ネッカールスウルム出身のバイエル上等兵は、逃げ出そうとするイギリス兵をつかまえた。なんとその兵士こそは、戦後ロンメル伝を書くことになる、インド第一〇旅団長のデズモンド・ヤング准将その人であった。

夕刻には、アフリカ軍団は捕虜三一〇〇名を得て、火砲九六門、対戦車砲三七門を捕獲した。イギリス軍は包囲殲滅されたインド第一〇旅団だけでなく、インド第九旅団もほとんど戦力を失い、一〇〇両以上の戦車が失われ、野砲四コ連隊も全滅した。

インド第一〇旅団が全滅するのを、指をくわえて見ていた第二、第四、第二二機甲旅団も、大損害を受けた。彼らは一日中、右往左往したあげく、しぶしぶ大釜陣地への攻撃を開始したが、攻撃はばらばらで連携を欠き、各個に撃破されてしまった。破壊された戦車は一七〇両にのぼったという。

ロンメルついに勝利する

これだけの勝利を上げても、まだロンメルの完全勝利ではなかった。イギリス軍のガザラ陣地北部は健在のままであり、トブルク、ナイトブリッジ、エル・アデムにはまだ多数の部隊がいた。

第15機甲師団のⅣ号戦車F型。前方には黒煙が上がり、車長はキューポラから頭を出して前方を観察している。

これらの部隊が集中してロンメルに襲い掛かれば、これまでのロンメルの勝利など、水泡のごとく、あっという間に失われてしまう。

イギリス軍を撃破し、最終勝利をにぎるにはどうすればいいか。このとき、ロンメルを悩ませつづけていたのは、ビル・ハケイムであった。

ビル・ハケイムは大釜陣地での戦いのあいだも、頑として陥落をこばみ、ドイツ、イタリア軍戦線に突き刺さったトゲのままであった。

「ビル・ハケイムめ！」

ロンメルはふたたびビル・ハケ

イムへの攻撃作戦を再興した。

第九〇機械化師団、トリエステ師団にくわえて、第三、第二〇〇、第九〇〇工兵大隊に、北方から地雷原を越えて攻撃させたのである。

八日の朝、工兵隊はビル・ハケイムの北七、八キロに到達したが、それ以上の攻撃には兵力が不足していた。

このため、ロンメルは増援として、第二八八特別部隊の山岳兵中隊、機甲擲弾兵中隊、偵察小隊に、第一五機甲師団から、戦車一二両と装甲車、八八ミリ対空砲一コ中隊を送りこんだ。さらに、野砲一コ大隊、重砲一コ中隊、対空砲数門も側面援護に加えられた。

攻撃は一七時に開始された。工兵隊の指揮官ヘッカー大佐は、部隊をふたつに分けた。左側はヘッカー自身が指揮し、右側の一隊は第二〇〇工兵大隊長のフント大尉が率いた。大佐は装甲偵察車に乗って先頭に立った。

「前進!」

ヘッカーは片手を振った。激しい砲火のなか、攻撃はあるていど進捗したが、損害は大きかった。

ピカッと閃光が輝く。

る。


「敵対戦車砲！」

入念に偽装された対戦車砲が火を吹いた。

「ガーン」

命中弾を受けた戦車が停止する。乗員が脱出すると、ほとんど同時に火の手が上がる。

「ズーン」

対戦車砲を避けようと機動した戦車が、今度は地雷を踏んだのだ。

「カラカラカラ」

切断されたキャタピラが空まわりし、戦車は斜めに向きをかえて停止した。

結局、六両の戦車が敵の対戦車砲にやられ、四両が対戦車地雷を踏んで擱座し、この日もビル・ハケイムは陥落しなかった。

一〇日、バーデ中佐の指揮する第一一五機甲擲弾兵連隊の歩兵二コ大隊の増援をえて、ヘッカーの攻撃はつづけられた。歩兵中心の攻撃部隊は、機銃座をシラミつぶしにして、一歩一歩前進していった。

夕刻、ついに攻撃部隊は、自由フランス第一旅団の戦闘指揮所となっていた古い砦の廃墟の前にとりついた。自由フランス軍に脱出命令が下った。

一〇～一一日夜、夜陰にまぎれて自由フランス軍の脱出がはかられ、一一日早朝、ビル・ハケイムの残存部隊は降伏した。

いまいましいビル・ハケイムは陥落した。後方の危険がなくなった今、ロンメルは即座に攻撃に着手した。ロンメルは第二一機甲師団を大釜陣地北方にとどまらせ、イギリス軍のガザラ陣地北部に陽動攻撃を掛けさせる一方、ビル・ハケイムから第一五機甲師団と第九〇機械化師団、トリエステ師団を北東、エル・アデムめざして突進させた。

これまで大損害を受けたとはいえ、まだイギリス軍の戦力は大きかった。第二〇一近衛旅団はナイトブリッジ陣地を保持し、インド第二九旅団はエル・アデムの陣地にたてこもっていた。

イギリス軍の戦車戦力は、巡航戦車二五〇両、歩兵戦車八〇両を持っていたが、ドイツ軍は一六〇両の戦車しか持っていなかった（イタリア軍は七〇両）。

イギリス軍の行動は、またも不活発に終始した。ドイツ第一五機甲師団はイギリス軍の反撃を予想していたが、その側面ではイギリス第二、第四機甲旅団がなにもせずに、ぼんやり命令を待っていた。

しかし、命令すべき将官たちの意見は食いちがい、長ったらしい議論のあげく、必

要な命令は発せられなかった。

一二日、第一五機甲師団は待ちつづけることをやめて、こちらから攻撃することにした。

砂煙を利用して忍びよったドイツ軍の対戦車砲は、イギリス軍の戦車につぎつぎと命中弾をあたえた。

我に利ありとみたロンメルは、第二一機甲師団も投入して、イギリス軍の撃滅をはかった。イギリス第二、第四機甲旅団を救うべく、北方から第二二機甲旅団も駆けつけたが、ドイツ第二一機甲師団とトリエステ師団によって、大損害を受けて撃退された。この日、イギリス軍戦車部隊は一二〇両の戦車を失って潰走した。

一三日にはドイツ第一五、第二一機甲師団は、ナイトブリッジ陣地北方のリジェル高地に進撃し、スコットランド近衛連隊の抵抗を排除して占領した。

ナイトブリッジ陣地は孤立し、一三〜一四日の夜にナイトブリッジの近衛旅団は撤退した。一四日朝、イギリス第八軍司令官のリッチー将軍は敗北を認め、ガザラ線からの撤退を決定した。

ロンメルはアフリカ軍団に、海岸沿いのバルビア街道に進撃し、イギリス軍の退路を断つよう命じた。

ドイツ軍の捕虜となったイギリス軍兵士たち。多数の植民地出身らしい兵士が含まれているが、北アフリカの砂漠では、オーストラリア、ニュージーランド、南アフリカ、インドといった英連邦諸国兵士が数多く戦っている。

「パンツァー、フォー!」

第一五機甲師団第八戦車連隊の先頭に立つのは、第一大隊長のキュンメル大尉。しかし、第一五機甲師団の進撃は、リジェル高地北方のエルエト・エル・タマール付近で、生き残りの戦車に支援された南アフリカ第一師団と、ウォーセスターズ連隊第一大隊の混成一大隊の激しい抵抗で、半日にわたって遅滞《ちたい》された。

勝利したとはいえ、ドイツ軍の損害は大きく、その戦力は大きくダウンしていたのだ。ロンメルは夜間のうちに海岸へ進出するよう部隊をせかしたが、それは実行不可能な命令であった。

一五日早朝、キュンメルはついに海岸に到達した。「第一大隊は六両(!)の戦車とともに海岸に到達せり」

しかし、一歩遅かった。イギリス軍主力はロンメルの薄っぺらい包囲網を逃れ、すでに東方へ逃亡したあとだった。
イギリス軍のエジプト国境に向かっての総退却がはじまった。
ロンメルの次の一手は、どこに打たれるのであろうか、世界中が注目していた。

第4章　ロンメル元帥の新たなるトロフィー

北アフリカで戦うロンメル軍にとって最大の防壁となって立ち塞がるトブルク要塞であったが、ガザラの戦いに勝利した余勢をかって襲い掛かり、一気に防衛線を突破してしまった！

一九四二年六月二〇日〜二一日　トブルク攻略戦

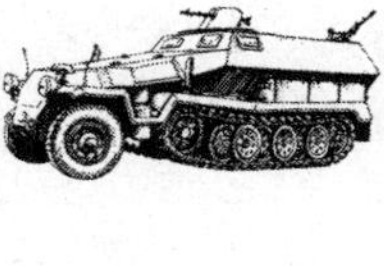

目的地トブルクへの進撃

ガザラの戦いに勝ったロンメルの次の目標となったのは、トブルク要塞であった。

「トブルク！」

——それは前年春、どうしてもロンメルが落とすことのできなかった要塞であり、このあと、リビアからエジプトへ進撃するためには、どうしても放置しておくことのできない要衝であった。トブルクをバイパスすれば、つねにドイツ軍の後方連絡線は危険にさらされ、またトブルクの港は補給の拠点としても役にたつ。エジプトとの国境にちかいトブルクを使えば、トリポリやベンガジにくらべて、はるかに補給ルートが短縮される（もっとも実際には危険を嫌ったイタリアの艦隊は、遠いトリポリにまわることが多く、それほど補給の役にはたたなかったのだが……）。

イギリス軍のオーキンレック将軍は、ガザラ線の放棄を決めたとき、リッチーに第八軍はトブルク～エル・アデムの線で戦線を再構築することを命令していた。ガザラを放棄したとしても、その後方の要衝トブルクは守られねばならない。

ロンドンのチャーチル首相はオーキンレックに対して電報を打ち、「必要なだけの部隊をトブルクに投入し、完全に守り抜く」よう命じていた。

しかし、オーキンレックの手元にチャーチルのいう「必要なだけの部隊」はなかった。彼が利用できる部隊は、すでにガザラの戦いで、ロンメルによってなかば撃破された敗残の部隊だけだった。

それでも、もしそれらを素早く、すべてかき集めて防衛線が構築できれば、イギリス軍にも勝ち目はあったかもしれない。しかし、実際にはそうはならなかった。またもたと決断のおそいイギリス軍に対して、こんどもロンメルの速度が勝利した。

六月一五日、ロンメルは先鋒部隊が海岸に到達し、イギリス軍の背後を切断すると、休むまもなく、すぐにつぎの手を打った。第九〇軽機械化師団を、エル・アデムめざして進撃させたのである。

79　目的地トブルクへの進撃

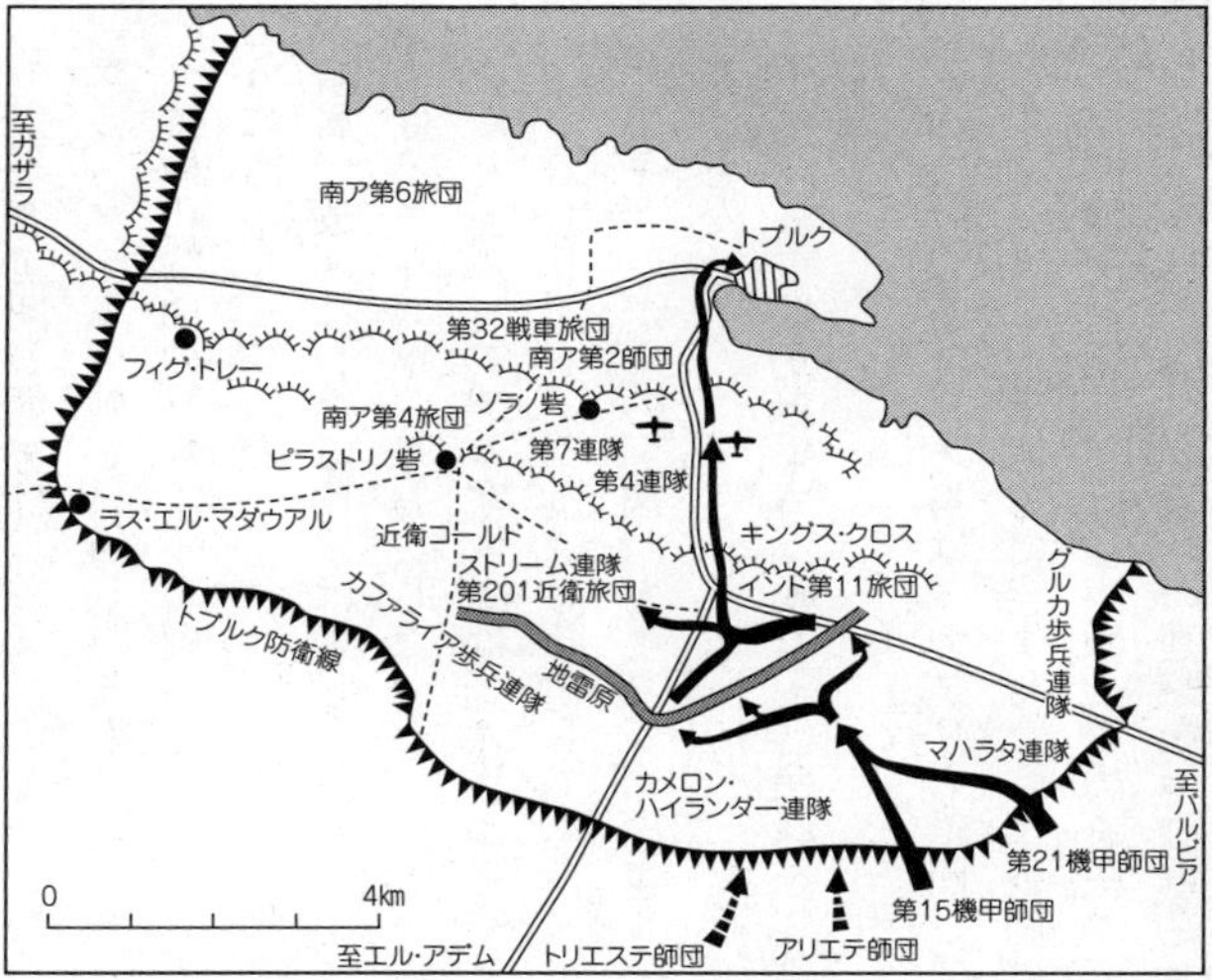

トブルクの南のエル・アデムには、トブルクを迂回して東西に通じる、枢軸バイパスとよばれた道路が通っており、ここを落とせば、ふたたびトブルクの包囲が完成する。

エル・アデムを守っていたのは、インド第二九旅団の二コ大隊であった。

一六日、ロンメルは第九〇軽機械化師団にエル・アデムの攻撃を命じた。そして、第二一機甲師団にはシディ・レゼーおよびベルハメットへの進撃、アリエテ師団と三コ偵察隊にはイギリス軍にそなえて南方の防御、第一五機甲師団には支援のため接近することを命じた。

トブルク包囲の態勢は、着々ととといつつあった。

エル・アデムの戦いは熾烈をきわめた。激しく抵抗するインド旅団に対して、第九〇軽機械化師団のブリール戦闘団は、いつものように勇敢に戦ったが、その戦力ではどうにも不足であった。

結局、数度にわたる攻撃は押し返され、いったん攻撃は中止された。しかし、苦しいのはイギリス軍側もおなじだった。

なんとエル・アデム守備隊は一六日から一七日にかけて、闇にまぎれて陣地を脱出したのである。ドイツ軍は労せずしてエル・アデムを占領することに成功した。

オーキンレックの意図したトブルク〜エル・アデムの防衛線は、あっという間に雲散霧消した。

イギリス軍はかき集めた戦車一〇〇両を装備する第四機甲旅団による反撃を企図した。

これに対してロンメルは、アフリカ軍団とアリエテ師団の戦車をならべて迎え撃った。シディ・レゼー南方で発生した戦車戦闘は、イギリス軍のみじめな敗北に終わった。第四機甲旅団は、ほぼ半数の戦力を失って南に敗走した。

ロンメルは部隊に、東への進撃をつづけさせた。一七日の夜半すぎには、第二一機甲師団はトブルクの東方のガンブートで、海岸線を走るバルディア街道を遮断した。

ベルハメットにあったインド第二〇旅団は、包囲を逃れるためエジプト国境への脱出をはかったが、ガンブートでアフリカ軍団に正面から突入し、文字どおり粉砕された。

これにより、エル・アデムからベルハメット、ガンブートにいたるドイツ軍の戦線が構築され、一八日夕刻には、トブルクは完全に包囲されるにいたった。トブルク包囲戦の再来か？

トブルクには、南アフリカ第二師団（第四、第六旅団）、インド第一一旅団、第二〇一近衛旅団、第三二戦車旅団（マチルダとバレンタインを装備し、キングス・クロスとピラストリノ砦付近に布陣）その他三〜四万人が閉じこめられた。

しかし、彼らの戦力としての価値は、一年前とは比べものにならないくらい低かった。あいつぐ敗戦に兵たちの士気はいちじるしく低下し、頼みとするトブルク要塞の火砲や防御資材その他は、ガザラ線構築のため、あらかた運び去られていたのだ。

トブルク要塞は以前と同じであったが、その内実はお寒いかぎりであった。すでにイギリス海軍も、トブルクへの補給は請け負えないことを表明していた。

一年前、地中海はイギリスの海であったが、ケッセルリンクのドイツ航空艦隊は、地中海の制海権をほとんどくつがえそうとしていた。補給もなく孤立した要塞の運命は、すでに定まったも同然だった。あとは、ロンメルがどう攻めるかだけである。

攻めるロンメルは、トブルク西方にイタリア第二一軍団、南方にイタリア第一〇軍団、南東および東方にトリエステ師団とドイツ軍偵察隊をおいた。アフリカ軍団主力とアリエテ師団はガンブート地区にあり、ロンメルはこれをトブルク攻撃に投入すべきか否か決めかねていた。

ロンメルに朗報が届いた。はるか東方、バルディアに進撃した第九〇軽機械化師団は、イギリス軍主力の生き残りははるかエジプトへと逃走しており、トブルク救援のための反撃はありそうにないことを確認したのである。

これでロンメルは、敵の反撃を気にすることなく、全力でトブルク攻略にあたることが可能となった。トブルクは強襲で落とす！

要塞に突入したドイツ軍

ドイツ軍はすでに、前年にトブルク要塞攻撃をこころみており、今回の攻撃にあたっても、以前の書類をひっぱりだして、現在の状況に合わせていくぶん修正するだけでよかった。そして幸運なことに、前年の攻撃時に集積した弾薬が、イギリス軍に発見されずに、そっくりそのまま残されていた！

ドイツ軍のトブルク要塞攻撃計画は、比較的に単純なものであった。攻撃正面となるのは、トブルク南東のインド第一一旅団守備地域であった。

午前五時二〇分に空軍の急降下爆撃機による爆撃と、砲兵による猛砲撃が、インド第一一旅団の陣地に対して集中される。あらかじめ工兵隊が外郭陣地の外側の地雷原に啓開しておいた通路をとおって、歩兵部隊が突破口をひらく。

工兵が突破口の対戦車障害物を処理し、その後に突破口から戦車が突入し、いっきに要塞内部に突入する、というものであった。

六月二〇日午前五時二〇分、甲高いサイレンの音を響かせてＪｕ87スツーカが急降下を開始する。爆弾は吸い込まれるように、トブルクを守るインド第一一旅団のコンクリート・トーチカに突き刺さり、おびただしい爆煙を上げてコンクリート片や砂煙を巻き上げる。予定どおり、空軍のスツーカによる爆撃が開始されたのだ。

スツーカは爆弾を落としては、すぐにガザラとエル・アデムにある飛行場に舞いもどり、ふたたび新しい爆弾を搭載しては戦場におもむく。まるでベルトコンベアーのように爆撃はくり返される。

ドイツ軍野戦重砲部隊の使用する15.5cm K419(f)カノン砲。(f)の記号でわかるように、もとはフランス製のCan 155GPF-T155mmカノン砲で、1940年のフランス戦で捕獲して自軍の装備としたものだ。

さらに、これに砲兵の激しい砲撃が合いの手をくわえ、要塞陣地は息もつかせぬ爆発で、阿鼻叫喚の地獄絵図となった。

「シュルルルー、ポン!」

しばらくすると、最前線からオレンジ色の信号弾が撃ち上げられるのが見えた。工兵からの射程延伸の信号である。突破準備がととのったのだ。

「五〇上げろ」

砲兵部隊は射程を延伸して、着弾地点を前方に移動させる。六時三五分、第六九トーチカ正面で鉄条網が切断され、メンニィ大佐の指揮する歩兵部隊による突撃が開始された。叩かれつづけたインド第一一旅団の抵抗は微弱で、たちまちトーチカは占領された。

七時半には、前線のインド軍中隊が捕虜となり、七時四五分には一〇コほどのトーチカが占領された。突破口はしだいに拡大される。

「工兵隊、前へ！」

工兵が躍進し、深く掘られた対戦車壕に仮設橋をかけた。

「パンツァー、フォー！」

ついに戦車の出番である。八時三〇分、第一五機甲師団第八戦車連隊のキュンメル大尉を先頭にした戦車群第一波が突入する。後方からは、第三三装甲猟兵大隊の対戦車猟兵の乗っ装甲兵員輸送車がつづく。

一年前のトブルク攻撃をおぼえている兵士も多数いた。キュンメルもそうだった。あのときはひどいことになった。なんとか外郭陣地線を突破したものの、激しい敵砲火で歩兵は追及できず、丸裸になって孤立した戦車は、敵からさんざんに叩かれて退却したのだ。

しかし今度は、あのときとは違う。ドイツ軍は一二五両もの戦車を集中して投入したのである。

左翼からクラーゼマン大佐の第一五機甲師団、右翼からフォン・ビスマルク将軍の

最前線の高射砲陣地を視察するロンメル将軍と幕僚たち。ロンメルはイタリア軍の将官と異なり、つねに兵とともに最前線にあって危険を顧みず指揮を執りつづけた。

第二一機甲師団が突入する。

さらに、その左翼にはアリエテ、トリエステ師団のイタリア戦車群約一〇〇両があって、トブルク守備隊に圧力を掛けつづける。

もちろん突破をはかったのだが、カメロンハイランダース連隊の反撃で、結局、対戦車壕を突破できなかった。

戦車はそろそろと仮設橋を乗り越えると、敵前におどり出た。たちまちイギリス軍の対戦車砲が、側面から射撃を開始した。砲火が戦車の進撃路を叩きつづける。

「全速力で突破せよ！」

キュンメルは一コ中隊ずつ敵射撃

撃破されたイギリス軍のマチルダⅡ歩兵戦車。遠方にはもう1両のマチルダとバレンタイン歩兵戦車も擱座しているのが見える。

ゾーンを突破して、前進させる。

「紫の発煙筒！」

これは爆撃機を呼ぶ合図だ。敵陣地の位置が紫の煙で示される。

「ズーン！」

爆弾が投下されて、砂煙とこなごなになった金属片が飛び散る。たちまち舞い降りたスツーカが、敵砲兵を沈黙させたのだ。

ドイツ軍の巧みな空地協力戦闘によって、イギリス軍は各個に撃破された。

トブルクからエル・アデム路とバルビア街道との交差点のキングス・クロスに近づく。一年前、ドイツ戦車部隊は、ここでイギリス軍に追い払われたのだ。今回もイギリス軍の防御部隊は果敢に戦ったが、その戦闘は統率がとれていなかった。

イギリス戦車の反撃は散発的で、お世辞にも練度が高いとはいえなかった。

「前方、丘のふもとに敵戦車！」

第二一機甲師団第五戦車連隊のコッホ中尉が、敵戦車を発見してインターコムに怒鳴る。イギリス戦車はおろかにも丘を斜めに駆け降り、こちらに装甲の薄い横腹を見せていた。

「一〇時の方向、距離八〇〇、敵戦車、射撃用意」

コッホの命令が第八中隊の各車に飛ぶ。コッホは、アンテナの先に三角形の旗をつけている敵の指揮官車を狙った。

「徹甲弾！」

「装塡完了！」

命令が飛び、各員は機械じかけのように、決められた作業を確実にすすめる。

「フォイエル！」

コッホの命令と同時に砲弾が飛び出したが、おしくも敵戦車の手前に着弾した。

「近すぎる、五〇追加」

「フォイエル！」

こんどは、うまくいった。

「命中！」

火の玉が敵戦車の車体に吸いこまれると、敵戦車はガクンとつんのめるように停止した。ハッチが開き、生き残りの乗員が飛び出す。残りの戦車は指揮官車の運命を見て、まわれ右をして逃げ出した。

一一時には、第一五機甲師団はイギリス軍戦車一五両を撃破し、捕虜一五〇人を得る。一二時には、師団は第二線地雷原に到達した。

ここでイギリス戦車と砲兵の反撃に直面したが、激戦ののち、これを撃退した。一四時までに、アフリカ軍団はキングス・クロスの北斜面にまで進出することに成功した。

ロンメル〝元帥〟の絶頂期

ロンメルは次の進撃を指揮するため、装甲車に乗って最前線にまで進出してきた。キングス・クロスの交差点から、第二一機甲師団は北へ転じてトブルク港へ向かい、第一五機甲師団は西に向かって、ピラストリノ砦を攻撃することになった。

太陽が沈むころ、キュンメルの進撃はガブル・ガゼム砦で停止させられた。すでに彼らは、一二時間も戦いつづけていた。

照りつける太陽で戦車の内部は五〇度にもなり、汗は流れ落ち、喉はからからになる。しかし、ここで休むわけにはいかなかった。

「攻撃せよ！　バトルアクス隊形。敵トーチカの銃眼を狙い撃て！」

キュンメルの命令が飛んだ。

猟犬のように走り出した戦車群は、左右に砲塔をまわして敵を射撃する。

「ズーン！」

爆発の衝撃が響きわたる。

「敵対戦車砲！　いそげ！」

キュンメルの隣の戦車が直撃弾を受けて擱座したのだ。キュンメルは砲手のクレフに、敵対戦車砲を狙い撃つよう命令した。

「フォイエル！」

発射ペダルを踏むと、衝撃を残して砲口から火の玉となった弾丸が飛び出した。

「ちくしょう　はずした！」

擱座したバレンタイン歩兵戦車と力なく歩くイギリス兵士たち。ロンメルの快進撃でイギリス軍は総崩れとなり、エジプトに退却していった。

「榴弾！」

「フォイエル！」

クレフはやっと三発目で敵対戦車砲陣地を破壊した。キュンメルたちの激しい攻撃に耐えかねて、イギリス軍は陣地を捨てて逃げ出した。一八時半、ガブル・ガゼム砦は陥落した。

しかし、ガブル・ガゼムは最終目標ではない。キュンメルは戦車長たちにピラストリノ砦への進撃をうながした。イギリス軍の抵抗は激しかったものの、一九時には白旗が上がった。

イギリス近衛旅団のシャーウッド・フォレスター第一連隊と近衛コールドストリーム連隊の大部分は撃破され、旅団司令部も捕虜となった。

望外の戦果を得て第一五機甲師団は転進し、残敵を求めてキングス・クロス方面へと逆戻りした。

すでにトブルク要塞の三分の二はドイツ軍の手

に落ちた。もはやトブルク攻略戦は終局に近づき、ドイツ軍はトブルク市街の占領と、ぽつりぽつりと残されて抵抗をつづける砦の掃討が残されているだけだった。

この日の午後、第一五機甲師団と別れた第二一機甲師団は、キングス・クロスの斜面をかけ下って、トブルク市街へと前進を開始した。

戦車の後ろからは機甲砲兵連隊がつづく。砲兵はここぞとばかりに撃ちまくる。第四〇八砲兵大隊のプァッフ伍長は、一〇五ミリ砲を三〇分間に八〇発も発射した。敵の対戦車砲陣地、機関銃座は零距離射撃で、つぎつぎと粉砕された。

ロンメルはキール戦闘団をひきいて前進の先頭に立った。キール戦闘団は総司令官戦闘団と呼ばれることもあるロンメル直属部隊で、大隊くらいの兵力を持っていた。戦車一コ中隊、対戦車砲、高射砲の混成一コ中隊に装甲偵察車、無線通信車の一コ小隊からなる。

ロンメルはみずから指示して、生き残った敵トーチカをピンポイント射撃で破壊した。また、道路上に埋設された地雷を、ロンメル自身が兵にまじって掘り起こして前進をいそいだ。

一六時には、トブルク南の飛行場がドイツ軍の手に陥ちた。イギリス軍の最大の抵抗は、対空陣地に配備されていた重高射砲一コ中隊によるものであった。

トブルクの町に入るドイツ軍部隊。前年陥落させ得なかったトブルクを、一撃で陥落させたことは、ロンメルにとっては絶頂のひとこまであった。この後ロンメルは運命のエジプト遠征に乗り出すことになる。

この中隊は、おそらく装備する三・七インチ高射砲を水平射撃し、ドイツ軍戦車数両を撃破したが、大勢をくつがえせるわけもなかった。やがて中隊の抵抗は制圧され、ロンメルがひきいた高射砲の本家、ハチハチを装備した高射砲部隊によって捕獲された。

すでにトブルクの戦場には、夕闇がせまりつつあった。戦闘は最終段階に入り、一九時に第二一機甲師団はトブルク市街に突入した。イギリス軍により燃料や補給物資に火が掛けられ、市街は濃い煙におおわれており、その中を逃走しようとするイギリス兵と避難民がいり乱れて、右往左往していた。

第二一機甲師団の戦車は、ついに埠頭に到達した。港は自沈して燃え上がる多くの船舶や、いままさに港から逃走しようとするイギリス軍艦艇で大混乱であった。艦艇相手に戦車砲が発射され、何発も命中する。戦車が船舶を撃沈するめずらしいシーンが見られた。

生き残ったイギリス軍は、しだいにトブルク要塞西部へと追いつめられていった。

抵抗はつづけられていたが、もはや統一的な指揮というものは存在しなかった。

要塞防衛指揮官のクロッパー将軍は、退路を切り開いて要塞から脱出することを望んだ。

「情勢は絶望的、西方へ脱出の予定」

しかし、イギリス第八軍司令部からはなんの命令も受け取れなかった。幕僚の反対もあり、具体的な行動はなにもとられなかった。イギリス軍によくある、いつもの不決断である。

六月二一日午前五時、ロンメルは廃墟と化したトブルクに、部隊とともに入城した。

「もはや手遅れ、行動の自由奪わる」

午前八時にはクロッパー将軍の司令部に白旗が上がり、イギリス軍は降伏した。三万三〇〇〇人の将兵が捕虜となり、破壊、焼却を逃れた膨大な数の機材、資材、燃料がドイツ軍のものとなった。

戦闘終了後、戦車からはい出たドイツ戦車兵は、ハッチから身を乗り出すと、疲労のため、そのままほとんど倒れるように横たわった。

第八戦車連隊第一大隊のキュンメル大隊長は、中隊から中隊にまわって部下たちが休養をとれるよう見舞った。しかし、彼自身は鉄の意志のもと、最後まですっくと立ったままだった。

トブルク攻略戦は、たったの一撃で難攻不落のトブルク要塞を陥落させ、まさにロンメルの大勝利であった。

大喜びしたヒトラーは、ロンメルを元帥に昇進させた。ドイツ軍最年少の元帥の誕生であった。

ロンメル絶頂のひとこまである。しかし、勝利に安住するロンメルではない。めざすはイギリス軍の根拠地、エジプトである。

第5章　ナイルへの道を疾駆するアフリカ軍団

トブルクを陥落させて勢いに乗るロンメルは、ヒトラーに直訴してエジプト進撃の許可を得ると、充分な補給もないままに国境線を突破して、イギリス軍が立てこもるマルサ・マトルーをめざす！

一九四二年六月二六日～二七日　マルサ・マトルーの突破

ロンメルの新たなる進撃

難攻不落のトブルク要塞はついに陥落した。これによりイギリス軍は、エジプト国境の防衛線に大穴をあけられた。ロンメルはいまこそエジプト進撃のチャンスだと考えた。

「現在の第八軍はひどく弱体だ。主力はイギリス本国軍歩兵二コ師団にすぎない」

鎧袖一触、イギリス軍など蹴散らしてナイルに突進する。これがロンメルの考えだった。

もちろん勝利したとはいえ、トブルク占領作戦でドイツ・イタリア軍が少なからぬ損害を受け、消耗したのはまちがいない。いまは休息して補給、戦力の回復に努めなければならないのはわかる。

しかし、補給力ではイギリス軍の方が上である。いまは撃破され、敗残のイギリス軍がいるだけだが、もしいったんドイツ軍が停止すれば、彼らは息を吹き返し、またどこかに強力な防衛線を築いてしまうだろう。時間はドイツ軍に味方しない。

だが、イタリア軍参謀本部、ドイツ海軍作戦指導部、ドイツ空軍第二航空艦隊司令長官のケッセルリンク元帥らは、すべてロンメルのエジプト侵攻作戦に反対であった。

もともと当初の作戦計画では、そうなっていた。まずマルタ島を陥《お》とし、アフリカへの補給ルートを安全にしてから、イギリス軍を攻撃する。

マルタ島攻略作戦の遅れで、イギリス軍への攻撃が先になったが、そのときに決められた計画では、トブルクを陥としたら、ドイツ・イタリア軍部隊はエジプト国境で防備を固め、その間にマルタ島を攻略する。

こんどの作戦がうまくいったのも、ドイツ空軍が徹底的にマルタ島を攻撃して、ほとんどその息の根を止めたからである。

エジプト侵攻となれば、戦線は拡大し、ドイツ空軍の限られた戦力では、ロンメル部隊の支援とマルタ攻撃の両方をおこなうことは不可能である。そうなればマルタ島は息を吹き返し、ふたたびロンメルの補給路をおびやかす。いまはマルタ島を陥落させることが先だ。

理にかなった主張で、実際その後の戦闘経過は、そのとおりになったが、ロンメルは譲らなかった。

彼は自分の戦力の優越に自信を持つと同時に、イタリア軍に不信感を持っていた。そもそもこうなったのは、イタリア軍のせいである。

自分からマルタ島を陥とす役割はイタリア軍のものと言ったあげく、準備が整わないと言い訳をするのは誰か。こんども本当に準備が整うのは、いつになるかわかったものではない。

彼らにつき合っていては、アフリカでの勝利の日は永久に訪れないだろう。

ロンメルはヒトラーに直訴した。ヒトラーはお気に入りのロンメルの威勢のいい要請に、喜んで同意した。ムッソリーニに電報を打ち、こう述べた。

「勝利の女神がほほ笑むのは、わが生涯にただ一回だけである」

マルタ島攻撃は九月に延期され、ロンメルのエジプト進撃に、できるだけの支援を与えることが決定された。

本当に勝利の女神がほほ笑むのか、運命の決断は下された。

パンツァー、マールシュ

「パンツァー、マールシュ！」

戦車のエンジンがいっせいに始動され、砂漠に轟音が響きわたる。戦車のキャタピラが回転し、まきあげられた砂がもうもうと周囲に立ち込める。

六月二二日、ドイツ・イタリア軍部隊の進撃が開始された。なんとすばやい行動か、ムッソリーニの許可が降りたのは、たった数時間前だというのに……。

じつはロンメルは、トブルク要塞陥落直後の二一日朝、すでに隷下部隊に対して、進撃準備をすることを命じていたのだ。ロンメルは後退するイギリス軍が、エジプト国境の守りを固めるまえに、追撃して残存兵力を撃破しようとした。

しかし、これはあてがはずれた。イギリス軍は国境地区では戦わず、二三日に国境から約二〇〇キロのマルサ・マトルーまで撤退することを決めていた。オーキンレックは負けつづけのリッチー将軍を解任して、みずから第八軍を指揮して、マルサ・マトルーで踏みとどまって戦うことにした。

もっとも彼は、ロンメルほど決然とした意志を持っていたわけではなく、これを最後の抵抗線にするか、単なる時間稼ぎとするか、迷い逡巡していた。その結果、イギリス軍の防衛線は中途半端なものとなり、部隊は包囲される危険を恐れて、早期に逃走することになるのだが、それは後の話である。

二三日の夕方、アフリカ軍団の先遣部隊は、はやくもエジプト国境を越えた。進撃は戦闘というよりは、カーレースのようなありさまだった。

追うドイツ軍の戦車と、逃げるイギリス軍の戦車が、わずか五〇〇メートルの距離で追い掛けっこを演じることもあった。進行方向は、どちらも同じく東。止まって射撃している暇はない。走れ、走れ、走れ！

砂漠を疾走することは、戦車にとって恐ろしい負担であった。エアフィルターは砂で目詰まりし、灼熱の暑さのなか、エンジンはオーバーヒートする。戦車のキャタピラをめり込ませる砂は、燃料消費を激増させる。

「燃料ゼロ、補給を請う！」

戦車部隊からは悲痛な無線が飛びかう。

補給部隊のトラックにとっても、砂漠は戦車以上のおそろしい場所だった。タイヤはすぐに砂にはまり、身動きがとれなくなる。どんなに頑張ったって、戦車に追い付けるわけがない。

ホルヒ・タイプ40中型乗用車に乗って前線視察中のロンメル将軍。ホルヒ・タイプ40中型乗用車は不整地走行能力はいまいちだったもののパワーと信頼性で重用された。後方にはSd.kfz231-8輪重装甲車とSd.kfz231-8輪重装甲車（無線機型）が見え、さらに遠方にはイギリス兵の捕虜らしき人影も見られる。

幸い、ハバタ停車場でイギリス軍の大燃料貯蔵庫を奪い、戦車部隊の進撃はつづけられた。こうしてドイツ軍は二四時間で一五〇キロもの進撃をなしとげ、二五日には、早くもマルサ・マトルーの西五〇キロ、マルサ・マトルーとシディ・バラニ間の海岸道路に到達した。

進撃路には、故障した戦車が点々と置き去りにされていた。

「故障修理できしだい、原隊に復帰せよ！」

速度が重要だった。落伍した車体にかまっている暇はない。エジプト国境を越えたときのアフリカ軍団の戦車は、わずか四四両にまで減少していた。

四四両！　一コ軍団どころか、わずか二コ中隊の戦力である。

燃料欠乏、故障による落伍につづいて、さらに次なる苦難が、ドイツ軍に襲い掛かった。イギリス空軍の攻撃である。

トブルク戦ではなんとか平衡をたもった彼我の航空戦力であったが、ロンメルの急速な進撃は、航空部隊の追従をまったく不可能にした。その結果、アフリカ軍団はエアカバーを得られず、たえずイギリス空軍の空爆にさらされるハメになった。

「ヤーボ！」

この叫びは、アフリカ軍団の将兵にとって、疫病神の飛来を意味することになる。

機材の損耗だけでなく、兵士たちの疲労も、ほとんど限界に達しようとしていた。

気温は摂氏五五度にもなり、夏の砂嵐は隊列を厚いベールにつつんで、息もできなくした。肉体的、精神的疲労は、しだいに顕著となっていった。

ある兵士は胃痛に悩み、また別の者は砂漠の彼方に幻覚を見た。そして、多くのドライバーが、ハンドルを握りしめたまま眠りこけるありさまだった。しかし、進撃はつづけられた。

大戦初期から中期のドイツ空軍の主力爆撃機。上からJu88爆撃機、He111爆撃機、Ju87急降下爆撃機。ロンメルの快進撃を支えたのはドイツ空軍が制空権を確保し、空の砲兵となってイギリス軍を痛撃したことも一因であった。

イギリス空軍のハリケーン戦闘機。アフリカ軍団の急進撃でドイツ空軍の援護が追いつかなくなると、イギリス空軍機による地上攻撃はロンメルの頭痛の種となった。

マルサ・マトルーの突破

マルサ・マトルーは地中海岸の町で、アレクサンドリアからつらなる鉄道の中継駅ともなっていた。町からは、南のシワ・オアシスへの電信線道路がつうじている。

イギリス軍は、マルサ・マトルーを取り囲むマトルーフ防衛線と、その外周に弧状に地雷原をもうけ、さらに電信線道路に沿って、ビル・エル・フクマまで地雷原をつらねた。

マルサ・マトルー地区の防御は第一〇軍団が受け持ち、マルサ・マトルーに第一〇インド師団の第一〇、第二一インド旅団が入り、わずかに南のチャリングクロスには第二五インド旅団があった。

マルサ・マトルーの突破

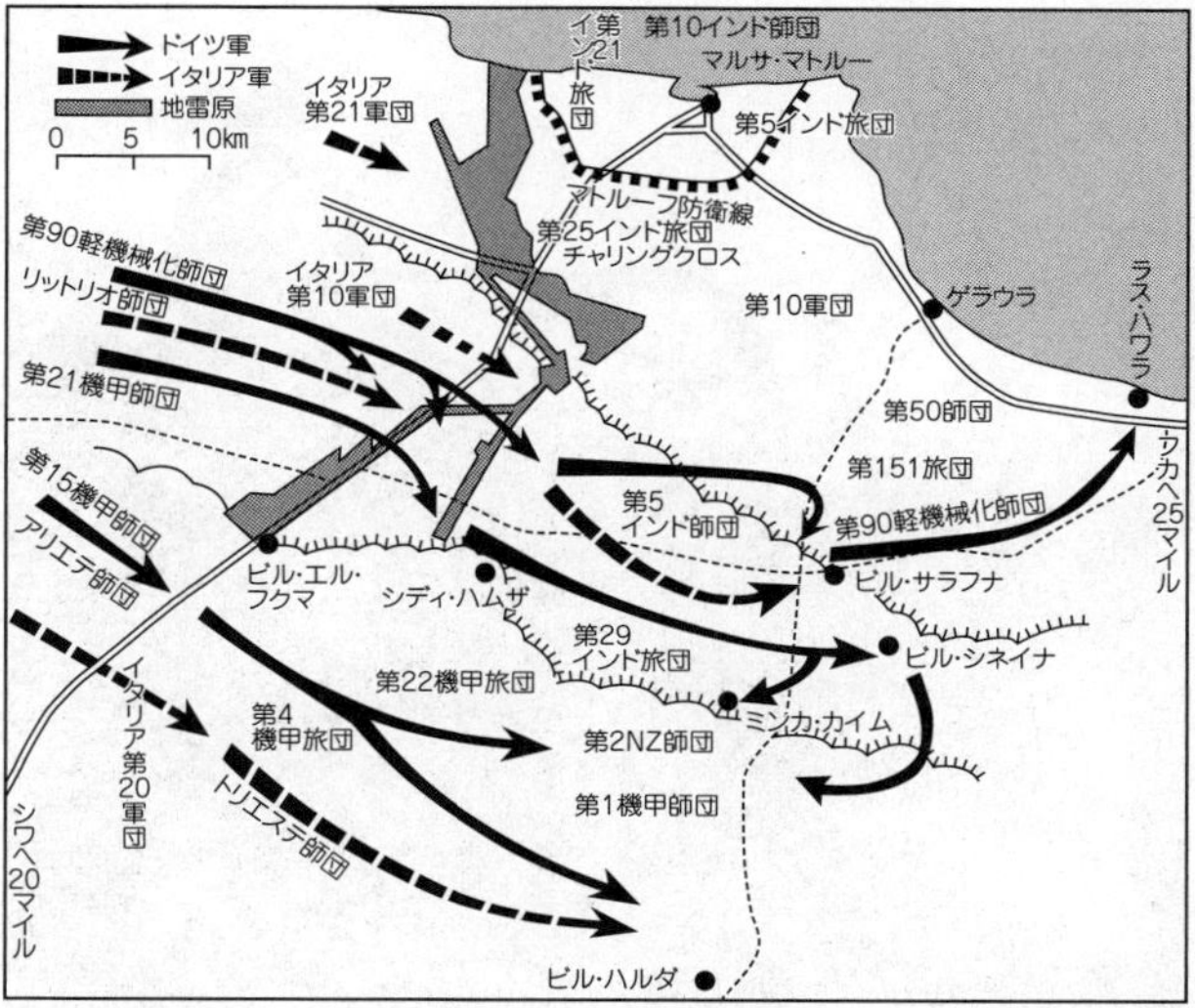

マルサ・マトルーの東には、イギリス第五〇師団の第六九、第一五一旅団が陣どる。南のシディ・ハムザ斜面には第一三軍団の第二ニュージーランド師団と第一機甲師団が布陣した。第一機甲師団はなんと一五九両もの戦車を保有しており、そのうち六〇両は最新鋭のM3グラント中戦車であった。

第一〇軍団と第一三軍団はともに強力であったが、両者のあいだには、電信線道路の薄い地雷原があるだけだった。

この地域を守っていたのは、第二九インド旅団の分割された弱体な部隊（レザー隊、グリー隊の分遣

もうもうたる砂煙を上げて砂漠を走るキューベルワーゲン。北アフリカ向けの車体用にバルーンタイヤみたいに幅広のサンドタイヤが用意されていた。

隊）だけであり、イギリス軍の配置の弱点となっていた。

しかし、オーキンレックは第一〇軍団長のホームズ将軍と第一三軍団長のゴッド将軍に、できる限りの強力な抵抗戦をおこなうことと、双方の軍団が陣地を追い出されたら、敵の側面に迅速で果敢な攻撃を加えることを指示しており、弱点はそのまま、ドイツ軍を誘いこむ罠になるかもしれなかった。

ところが、負け癖のつい

たイギリス軍には、そのような高度な戦闘をおこなう気がまえは残っていなかった。どうやら両軍団長は、突破されたら、おたがいの敵の側面を攻撃するよりは、包囲されないよう撤退すべきだと考えてしまったようだ。これがのちに、ドイツ軍の勝利につながる。

六月二六日午後、ドイツ軍のマルサ・マトルー攻撃が開始された。ロンメルはイギリス軍の配置をはっきりとは掌握していなかったものの、攻撃正面は偶然にも、イギリス軍のもっとも弱体なマルサ・マトルーの南、チャリングクロスとシディ・ハムザ斜面のあいだに指向された。中央を第二一機甲師団、その左翼に第九〇軽機械化師団が進撃する。

いっぽう第一五機甲師団はシディ・ハムザ斜面の南を進んだ。イタリア軍はリットリオ師団が第二一機甲師団に同道し、アリエテ、トリエステ師団は第一五機甲師団にしたがう。

イタリア第一〇軍団と第二一軍団は、マルサ・マトルーを西方から攻撃した。

アフリカ軍団の戦力は六〇両まで回復（！）していたが、これはイギリス軍に比ぶべくもない弱戦力である。それでも第二一機甲師団、第九〇軽機甲師団は、薄っぺらな地雷原をやすやすと通り抜けた。

そのまま第九〇軽機械化師団はレザー隊を、第二一機甲師団はグリー隊を粉砕し、イギリス軍戦線に突破口をひらいた。

そのまま前進をつづけ、二七日早朝には、第九〇軽機械化師団はマルサ・マトルー南方のビル・サラフナの陣地にこもっていたダーハム第九軽歩兵連隊を蹴散らした。

ここで師団は激しい砲撃を浴びて、一時クギづけにされたものの、さらに東から北、海岸へ向かって進撃をつづけた。

「イギリス軍の後方を遮断せよ！」

これが師団の任務だった。

いっぽう第二一機甲師団はミンカ・カイムで第二ニュージーランド師団に接触し、そのまま東にニュージーランド師団の周囲をまわるようにして攻撃をつづけた。

しかし、このとき第二一機甲師団には、わずか二三両の戦車と六〇〇人の歩兵しかいなかったのだ！　ロンメルは第二一機甲師団と行動をともにした。

いつものようにロンメルは、戦車長の尻を叩いてまわった。彼はミンカ・カイム周辺にイギリス第一三軍団が集結していることに気づかず、ひたすらイギリス軍機甲部隊を撃滅することを追い求めていた。なんと危険な！

実際、第二一機甲師団は危険にさらされていた。

イタリア軍のM13/40またはM14/41戦車。イタリア軍は最後までこのような非力で信頼性の低い戦車で戦わなければならなかった。

第二ニュージーランド師団への攻撃は成功せず、むしろ反撃によって第二一機甲師団が分断されかねなかった。ベイズ機甲連隊が東から、ロンドン・ヨーマンリー第三連隊が西から第二一機甲師団に襲いかかった。激しい戦闘で燃料、弾薬は不足し、師団の運命は風前の灯であった。

しかし、ロンメルは自信を持っていた。二七日午後、彼は第九〇軽機械化師団におもむくと、海岸道路への進撃をいそがせた。午後七時、師団は海岸道路にたっし、イギリス第一〇軍団の後方を遮断した。このとき、師団の兵力はわずか一六〇〇名で、大隊の兵力しかない。これが敵の軍団の退路を「遮断した」とは、な

んとおこがましいことか。はたして、どちらが「遮断」されたのだろうか？

このころ、第一五機甲師団は何をしていたのか。おなじみのキュンメル大尉が第八戦車連隊第一大隊長をつとめている部隊である。第一五機甲師団も、他の部隊に劣らず苦闘していた。彼らはマルサ・マトルー～シワ・オアシスの電信線道路を越えるとともに、イギリス第一機甲師団の第四、第二二機甲旅団の反撃にさらされたのである。キュンメルにとっては旧知の敵である。

「敵戦車発見！　ピロートだ」

ドイツ軍はイギリス軍のM３中戦車のことをピロートと呼んだ。これはたまたまドイツ軍が入手した識別用写真に、「パイロット（試作）」のスタンプが押されていたからだった。情報機関は、これをこの戦車の名前だと思ってしまったのである。

「全速力で、間合いを詰めろ！」

「徹甲弾、フォイエル！」

発射の反動で、戦車の周囲は砂塵でつつまれる。

「命中！」

必殺の射弾を浴びたイギリス戦車が爆発する。彼らはしだいにグラント戦車との戦い方を学んでいった。

キュンメルの第八戦車連隊の報告では、Ⅲ号戦車の五〇ミリ砲なら前面は二〇〇〜三〇〇メートル、側面で五〇〇メートルからの射撃が必要だった。ちなみに第二一機甲師団の報告では、前面で六〇〇メートル、側面で八〇〇メートルとなっている。グラントの七五ミリ砲が、一〇〇〇メートル以上からⅢ号戦車を撃破できたことに比べれば、これは容易ならぬ数値である。しかし、どういうわけかイギリス軍のグラントは、戦闘中にしばしば弱い横腹をドイツ戦車にさらして撃破されたという。

キュンメルと彼の大隊は、ここでも困難な状況下で阿修羅のごとく戦った。彼の名前はここでも戦いのシンボルとなった。彼らはわずか数十両の戦力で、何倍もの強大な敵とわたり合ったのである。

もっとも、イギリス軍はいつものように分散の愚を犯した。このため、ドイツ軍の弱小な戦車たちは集中し、高射砲や対戦車砲と共同して、彼らと対処することができた。こうしてイギリス軍の貴重な打撃戦力の第一機甲師団は、第二一機甲師団との戦いに忙殺され、ほかの部隊を支援することができなかった。

イタリア軍は、やはりここでもなんら戦果を上げられなかった。第一〇、二一軍団は、マルサ・マトルー陣地の前面で完全にいき詰まった。はたしてどちらが勝利するのか。情勢は混沌としていた。

ロンメルの次なる目的地

ロンメルだけが自分の勝利を確信していた。なんと二七日一七時二二分に彼は、第二一機甲師団に対して、

「フカ方面に敵追撃をおこなうよう待機すべし」

という命令を発していた。敵を追撃だと。敵はまだ目の前にいるのに！

敗北は、敗北したと思うものが負けるのだという。このときのイギリス軍が、まさにそれだった。

彼らはドイツ・イタリア軍にはるかに優越する戦力を持ち、戦場でも負けてはいなかった。しかし、イギリス軍はこんども自分たちが負けたものと思い込んでしまった。二七日午後、イギリス第一三軍団長のゴッド将軍は、ニュージーランド師団の東部側面で敵が行動していることを憂慮し、シディ・ハザム斜面の部隊の包囲をおそれて、第二ニュージーランド師団と第一機甲師団に、フカ陣地線までの後退を命じたのである。二七日から二八日の夜、両師団の撤退は開始された。

東に展開した第二一機甲師団の戦力は情けないまでに低下しており、脱出部隊を撃

撃破されたグラント戦車を見るロンメル元帥(手前後ろ向コートの人物)。

滅することなど、とても不可能だった。

イギリス第一機甲師団は、なんなく第二一機甲師団の南をすり抜けたが、ニュージーランド師団は第二一機甲師団のまっ只中に突入した。

「ウォー!」

師団の兵士たちは、聞いたことのない雄叫びを上げて突っ込んで来るニュージーランド師団のトラックに、どぎもを抜かれた。荷台から身を乗り出したニュージーランド軍のマオリ兵は、時代錯誤のような山刀を振りまわして白兵戦を挑んだ。

「フォイエル!」

戦車、対戦車砲、高射砲、機関銃がいっせいに火を吹き、弾丸が火の玉となって降りそそぐ。兵士を満載したトラックがつぎつぎに燃え上がり、あたりに昼間のように明るくなった。ニュージーランド兵は犠牲にかまわず、つぎつぎと押しよせる。

薄っぺらなドイツ軍の戦線はすぐに突破され、ドイツ歩兵の陣地はマオリ兵に蹂躙された。

双方に多数の死傷者が出たが、ニュージーランド師団の主力は脱出に成功した。通信連絡の不備から、第一三軍団撤退の情報は、マルサ・マトルー陣地にこもる第一〇軍団には伝えられなかった。

二八日、第九〇軽機械化師団とイタリア軍部隊は、マルサ・マトルーを包囲し、突入の機会をうかがった。しかし、マルサ・マトルーの第一〇軍も二八日から二九日に掛けての夜、包囲網を突破して東方に逃れる道をえらんだ。

脱出するイギリス軍と押しとどめようとするドイツ軍との戦闘は、ことのほか激烈なものとなった。

イギリス軍は東に向かって、ありとあらゆるルートを通って脱出しようとし、アフリカ軍団の司令部そのものも、戦いに巻き込まれたのである。

ロンメル自身も白兵戦に巻き込まれ、参謀さえもサブマシンガンを手にとって戦う乱戦となった。

包囲網のどこもかしこも、このような恐ろしい戦いとなり、双方ともに大損害をこうむった。

ここでもドイツ・イタリア軍の包囲網はあまりに弱体であり、多くのイギリス軍部隊が脱出する結果となった。

イギリス空軍の爆撃機は、ドイツ軍部隊に対し爆弾の雨を降らせて、イギリス軍の脱出を援護した。

二九日の朝、第九〇軽機械化師団はマルサ・マトルーに突入した。マルサ・マトルーは陥落した。やっとこれで休むことができる。多くの将兵がそう考えた。

しかし、ロンメルはこれで終わりにするつもりはなかった。この勝利にひたる暇もなく、ロンメルはただちに追撃を命じた。めざすはアレクサンドリア、カイロ。エジプトの心臓部である。

第6章　火蓋が切られた北アフリカ戦線最後の戦い

ナイルをめざすロンメルは、マルサ・マトルーを陥落させると、さらに東方へ向けて海岸道路ぞいに進撃し、地中海岸の小さな村エル・アラメインのイギリス軍陣地に砲撃を加えた！

一九四二年七月一日～二二日　エル・アラメイン第一次戦闘

キュンメル大隊長負傷す

六月二九日、マルサ・マトルーは陥落した。ロンメルは休むことなく、ふたたび部隊に進撃を命じた。

つねに先鋒をつとめる第九〇軽機械化師団は、海岸道路沿いにマルサ・マトルーから、フカ、エル・ダバへと進み、イタリア第一〇、第二一軍団も、はやい進撃速度についていけず苦闘しつつも、なんとかこれに続行した。

いっぽうロンメルはアフリカ軍団の主力を、より南方の砂漠を突っきってエル・クセイルへと進撃させた。これは、砂漠を後退するイギリス第一機甲師団を捕捉するためであった。

　この日、南方で戦う第八戦車連隊第一大隊にアクシデントが襲った。戦闘は峠を越え、戦車部隊は敗走するイギリス軍を追って、砂漠のなかを速度を上げて疾走していた。

　第一大隊長のキュンメル大尉は、いつものように砲塔上部のキューポラにすっくと立ち、前方はるかな砂漠を見つめていた。

「ズーン！」

　突然、砲弾が戦車のすぐ近くに着弾した。イギリス軍の砲撃だ。爆風による衝撃と同時に、キュンメルの右腕に激痛が走った。

「やられた！」

　破片によってえぐられた傷口からは、鮮血がほとばしる。キュンメルは砲撃を避けるため、砲塔ハッチを閉めて砲塔内にすべり降りた。腕を押さえてうずくまるキュンメルに、乗員が止血をおこなった。

　キュンメルは包帯所に送られ、腕の治療を受けることになった。

　大隊の隊員たちはみな、これで「カプッツィオの獅子」とふたたび会うことはあるまいと思った。

しかし、キュンメルは大隊を見捨てることなどできなかった。かんたんな治療を済ませると、彼は軍医の制止を振りきって、すぐさま大隊に復帰したのだ。

黒い三角巾で腕をつったキュンメルがあらわれたとき、大隊員は驚くとともに、歓呼の声で迎えた。

キュンメルは、なにごともなかったかのように彼の戦車によじ登ると、いつものように大隊の先頭に立って前進を命じた。

「パンツァー、マールシュ！」

進撃の再開である。「ボ、ボ、ボ、ボ、ボ」といっせいに戦車のエンジンがうなりを上げる。操縦手がギアを第一速に入れると、キャタピラが砂をかんでまわりはじめる。

「キュラ、キュラ、キュラ」

走行につれ、戦車の周囲には巻き上げられた砂塵が舞い上がり、ゆっくりと前進する戦車隊列をつつみ込んでいく。第八戦車連隊第一大隊の前進が開始された。

ドイツ軍の進撃はきわめて順調であった。とくに第九〇軽機械化師団の先鋒となったブリール大尉のひきいる部隊は、快速を発揮した。

この部隊はブリールの第六〇六高射砲大隊を基幹とし、第六〇五機甲猟兵大隊から借りたマーダーⅢや装甲偵察車と、砲兵機材のよせ集め部隊であったが、砂漠の特殊部隊さながらに、アレクサンドリアめざして疾走した。

二九日深夜にはエル・ダバを占領し、アブド・エル・ラーマンに向かった。イギリス軍の抵抗は軽微で、側面の敵にはかまわず前進した。

イギリス空軍機がときおり見られたものの、こんな戦線後方を疾走する部隊が、まさかドイツ軍だとは誰も思わなかった。三〇日早朝にはブリール戦隊は早くもエル・アラメインのイギリス軍陣地の前面に達した。ブリールは一〇五ミリ砲でイギリス軍のエル・アラメイン陣地を砲撃したが、これはカイロのイギリス政府、軍首脳部に恐慌《パニック》を引き起こした。

「ドイツ軍が来る」

パニックとなった人びとは、争ってカイロ脱出をはかった。

三〇日には第九〇軽機械化師団の主力もエル・ダバをとおり過ぎ、第一五、第二一機甲師団もエル・ダバとエル・クセイルの線を越えて、エル・アラメインに近づきつつあった。

ドイツ・イタリア軍とイギリス軍の最後の決戦「エル・アラメインの戦い」の火蓋は、まさに切って落とされようとしていた。

運命のエル・アラメイン

エル・アラメインは、アレクサンドリアからの鉄道と道路がつうじているものの、これといった価値のない地中海岸のちっぽけな村であった。

エル・アラメインの地形は、南にミティリヤ丘、ルワイサット丘、アラム・ハルファ丘などがならび、さらに南には車両の通行が不可能なカッターラ盆地が広がっていた。

このため、部隊の行動できる範囲は、海岸からカッターラ盆地とのあいだに制限され、機動の余地は少なく、防衛する側のイギリス軍にとっては有利といえた。

もっとも、イギリス軍が急遽につくり上げたエル・アラメインの防衛線は、エル・アラメインの村を囲む陣地線と、カッターラ盆地とのあいだに点々といくつかの陣地があるだけで、この時点では、エル・アラメインからカッターラにいたる鉄壁の防衛線といったものは存在していなかった。しかし、イギリス軍は新着兵力をかき集めて防衛線につかせるとともに、マルサ・マトルーからの敗残の部隊の収容をいそいでいた。

ロンメルは疲労困憊した部隊の尻を叩いて、ひたすら前進をうながした。ドイツ・

1942年5月、アフリカ軍団が待ち望んだ新型装備、Ⅳ号戦車F2型が到着した。F2型は長砲身の7.5cm砲をそなえ、連合軍からはマークⅣスペシャルと恐れられた。

イタリア軍にとっての勝機は、その速度にしかなかった。イギリス軍が防衛線を固めるまえに突破しなければならない。敗れたとはいえ、イギリス軍の戦力は、まだドイツ・イタリア軍を上まわっている。

それにイギリス軍の補給基地は、エル・アラメインからわずか一〇〇〜二〇〇キロしかなかったのに対して、ドイツ・イタリア軍はトブルクからさえ六〇〇キロ近くあり、イタリア軍の臆病さから、ほとんどの船が入る補給拠点のトリポリにいたっては、はるか二〇〇〇キロもあったのだ。

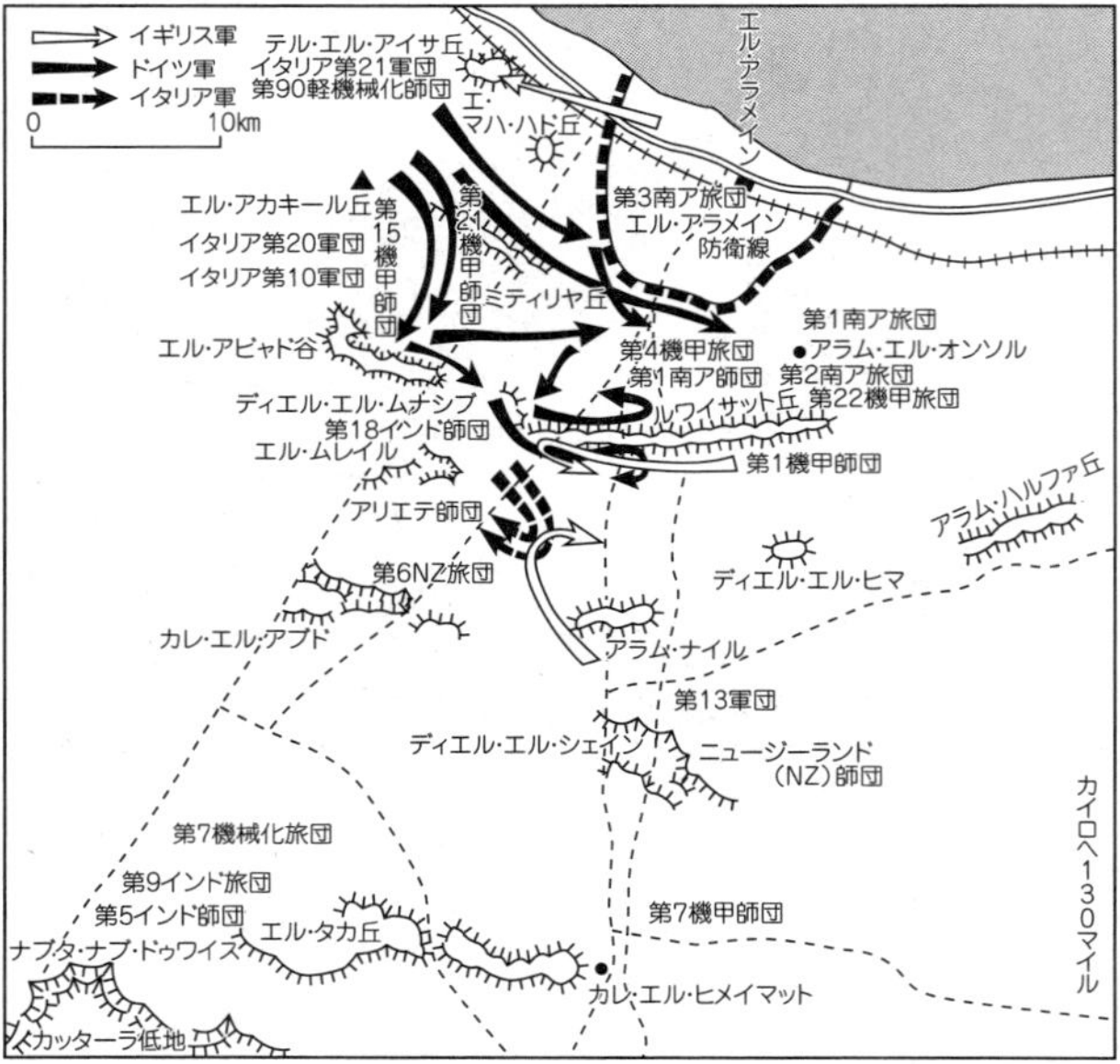

補給能力から考えて、待てば待つほど、その天秤はますますイギリス側に傾いていく。

イギリス軍は北部を第三〇軍団、南部を第一三軍団が担当した。エル・アラメインの防衛陣地には、第一南アフリカ師団の第三南アフリカ旅団が入り、その東南のアラム・エン・オンソル周辺には第一、第二南アフリカ旅団が布陣した。そして、エル・アラメイン南方のデイエル・エル・シエインには、第一八インド旅団があった。

南ではティエル・エル・ム

ナシブにニュージーランド師団があり、その第六ニュージーランド旅団は、より西北方のエル・アラメインからカッターラにいたる経路上のカレ・エル・アブドを占拠していた。

さらに南のカッターラ盆地ぎわのナブタ・ナブ・ドゥワイスには第五インド師団の第九インド旅団や第七自動車化旅団が布陣していた。

マーダーIII対戦車自走砲。チェコ製の38（t）戦車の車体にロシア製の7.62cm野砲を搭載していた。

機動予備兵力である機甲部隊は、第一機甲師団がルワイサット丘に、第七機甲師団がニュージーランド師団の南に布陣するはずであった。

しかし、マルサ・マトルーから敗走した第一機甲師団が、ようやく兵力をまとめてルワイサットにはいったのは七月一日から二日に掛けてで、その第四機甲旅団などは、ほとんど尻尾《しっぽ》にドイツ軍の第九〇軽機械化師団がくらいついたまま、陣地に逃げ込むというありさまだった。

六月三〇日、ロンメルの作戦計画がまとめられた。ロンメルはここでもマルサ・マトルーで成功した方法をとることにした。

第九〇軽機械化師団は、エル・アラメイン陣地の南を迂回して海岸にでて、イギリス軍の後方を遮断する。いっぽう主力の第一五、第二一機甲師団は、エル・アラメインとディエル・エル・アブヤットのあいだをすり抜けて、イギリス第一三軍団の後方に出る。

「アラメインを包囲し、わが軍の機甲師団が南方に展開する敵の背後に出れば、マルサ・マトルーの場合と同様、敵は壊滅するであろう」

ロンメルはこう語った。

六月三〇日から七月一日の夜間、アフリカ軍団の行動が開始された。

「パンツァー、マールシュ！」

いつものように戦車の進撃命令が発せられる。しかし、アフリカ軍団の戦車戦力はわずか五五両でしかなかった。戦車大隊、連隊ではない、軍団全部で五五両しかないのだ。

　この攻撃は賭けであった。いくら百戦錬磨のドイツ機甲部隊といえ、この戦力では限界は明らかだ。しかし、いつものように機動して、敵を撹乱することができれば……。

　作戦は、はじめからうまくいかなかった。まず、エル・クセイルからエル・アカキール丘への集結自体が悪路のため遅れた。そして一日朝、ディエル・エル・アビュド近くに達したアフリカ軍団主力は、陣地がもぬけの空であることを発見した。

　イギリス軍はすでにこの陣地を捨てて、より後方のディエル・エル・シェインに陣取っていたのである。やむなくアフリカ軍団は、ディエル・エル・シェインの第一八インド旅団の陣地を攻撃したが、この見込みちがいは高くついた。真っ昼間に敵陣地に正面攻撃をしかけなければならなかったのである。

　陣地の前面には広大な地雷原が広がっている。

「工兵隊、前へ！」

　地雷原の処理は工兵の役目だ。地雷原に向かって、敵の銃火がそそがれる。

「榴弾！　フォイエル！」

　味方の工兵を守るのだ。敵の陣地を戦車が火力制圧する間に、地雷原に通路がつくられた。

「パンツァー、フォー！」

通路を慎重に進む戦車に、敵の砲火が集中する。「ピカッ、ピカッ」と光るのは、敵対戦車砲である。しかし、止まるわけにはいかない。

激しい戦闘の末、なんとか陣地を奪取したものの、この戦闘で貴重な戦車戦力が一八両も失われた。

もしロンメルが四〇〇両の戦車を持っていれば、一八両など何ほどのこともなかったろう。しかし、彼はこのとき五五両の戦車しか持っていなかったのだ！　五五両のうちの一八両は大損害といっていい。

いっぽうエル・アラメイン陣地の外周を迂回した第九〇軽機械化師団も、困難に直面していた。エル・アラメイン陣地の南をすり抜けたものの、アラム・エン・オンソル周辺の第一、第二南アフリカ旅団の陣地につかまってしまったのである。

師団とは名ばかりの、たった二〇〇〇名（！）の兵力しかない第九〇軽機械化師団には、この敵を強行突破するなど不可能な話だった。

師団は猛烈な砲火に射すくめられ、まったく前進することができなくなった。ロンメル自身が師団に赴き士気を鼓舞《こぶ》したものの、圧倒的な兵力差をまえにして、精神力だけではどうすることもできなかった。

ディエル・エル・シェインを落としたアフリカ軍団主力は、二日にルワイサット丘への攻撃を開始した。そこにはイギリス第一機甲師団がいた。一日ちがいで彼らは再編成の時間を得て、防御を固めていたのである。なんと勝機とはうつろいやすいものよ。

アフリカ軍団は攻撃を仕掛けたものの、この敵は、とても手に負えるものではなかった。

不撓不屈の闘

ドイツ軍の最前線の機関銃座。前方には鉄条網が張られているのがわかる。

将ロンメルは、翌三日も攻撃の手をゆるめなかった。さすがに彼も第八軍の背後にでることは不可能とさとり、アフリカ軍団主力に第九〇軽機械化師団とリットリオ師団の戦力をまとめて、エル・アラメイン陣地の包囲をはかった。

しかし、南方からニュージーランド部隊が攻撃を仕掛けた。

「ウォー！」

ニュージーランド師団のマオリ兵は、ふたたび山刀を振りまわしてアリエテ師団の陣地に殺到した。イタリア兵たちは恐怖に堪えきれず、つぎつぎと塹壕を飛び出して、脱兎のごとく逃げ出した。陣地は蹂躙され、すべての火砲が捕獲された。

側面がおびやかされたため、攻撃は危機に瀕したが、ロンメルはまだあきらめなかった。

切り札の八八ミリ砲、重砲のすべてに前進を命じた。だが衝撃力の要《かなめ》、戦車はたった二六両しか残されていなかった！

ルワイサット丘の敵陣にわずかに押し込んだものの、それがせいぜいだった。太陽が西に沈んだのち、ロンメルは隷下部隊に現在位置で壕を掘ることを命じた。

この夜、ロンメルはケッセルリンクに、「当分のあいだ、攻撃を中止せざる得なくなった」と電報を送った。ついに、ロンメル自身が攻勢の失敗を認めたのである。

アフリカ軍団に危機迫る

七月四日、アフリカ軍団は危機に陥っていた。積みかさなる損害と連続した進撃、戦闘による損害で、各部隊は完全に限界に達していた。その戦力は、わずかに稼働戦車三六両（わずかながら修理で増えた！）、歩兵数百人にすぎなかった。砲兵だけは強力だったが、これはイギリス軍の二五ポンド砲を多数捕獲していたからだった。

イギリス軍が総攻撃を仕掛ければ、アフリカ軍団はたちどころに壊滅しただろう。しかし、そうはならなかった。

オーキンレックは総攻撃を命令したのだが、負け癖のついた隷下部隊は、ほとんど動かなかった。第五ニュージーランド旅団はエル・ムレイルを攻撃したが、イタリア軍プレシア師団と小競り合いを演じただけだった。

「敵戦車！」

ルワイサットのアフリカ軍団陣地には緊張が走った。丘の稜線上には、ポツリポツリとイギリス戦車のシルエットが浮かび上がる。

その数四〇両。たった四〇両でも、いまのアフリカ軍団よりは優勢である。高射砲に命令が下る。

「徹甲弾、フォイエル！」

必殺の八八ミリ徹甲弾が水平弾道をえがいて飛翔する。たった数発の八八ミリ砲の射撃を浴びると、イギリス戦車はきびすを返して引き上げてしまった。

五日も、イギリス軍は不活発なままだった。ルワイサット丘の第一五機甲師団はたった一五両の戦車で、一〇〇両の戦車を持つイギリス第一機甲師団と対峙していたのに……。そのうえ、ルワイサット丘には第二四オーストラリア旅団も到着していた。

第一ニュージーランド旅団が攻撃を仕掛けたが、たまたま旅団司令部が急降下爆撃機の爆撃を受け、指揮機能が麻痺して攻撃は中止された。

六日になると、アフリカ軍団の状況はわずかに改善された。地雷が到着し、大いそぎで防衛陣地に敷設された。八八ミリ砲がチョークポイントにすえつけられ、二五ポンド砲の砲撃準備もととのえられた。

トリポリからの補給がようやく前線に到着し、第一五、第二一機甲師団と第九〇軽機械化師団はいくらかの補充が得られた。これにより保有戦車数は四四両に増加し、機動予備部隊の編成が開始された。こうしてアフリカ軍団最大の危機は当面、脱せられた。

　イギリス軍はまだ戦力で勝っていたが、かんたんにアフリカ軍団を打ち破ることはできなくなった。

　九日、ロンメルはふたたび動いた。偵察によりイギリス軍が南のカレ・エル・アブドの陣地を放棄したことを知り、第二一機甲師団とリットリオ師団に対し、これを占領することを命じ、さらに第九〇軽機械化師団にその南方側面に進出するよう命じた。これはイギリス軍の計略であった。オーキンレックは、わざとカレ・エル・アブドを放棄してロンメルを南に引き付け、そのすきに北で攻めようと考えたのだ。

　一〇日、ロンメルは六時に攻撃を再開し、カレ・エル・アブドからさらに東に進出するつもりだった。しかし、イギリス軍が先手をとった。イギリス軍はエル・アラメイン陣地から西に、サブラタ師団に向かって猛砲撃を浴びせ、それにつづいて第九オーストラリア師団が海岸道路沿いに、テル・エル・アイサに向かって突進してきたのである。サブラタ師団は壊滅し、イタリア兵は先をあらそって逃げ出した。アフリカ軍団司令部はそのすぐ後方にあった。

　ロンメルはカレ・エル・アブドに出向いて不在であったために、司令部の戦闘指揮はフォン・メレンティン中佐がとった。本部員、高射砲、補給部隊、コックとありとあらゆる兵士がかき集められて、突破口を塞ぐために投入された。

参謀将校すら機関銃を撃つ乱戦のなか、なんとか第一波は撃退されたものの、損害は甚大だった。とくにロンメルの重要な情報源となっていた第六二一無線傍受中隊が戦闘で失われたのは、致命的な損害であった。

北部での破滅を救ったのは、空輸されてアフリカに到着したばかりの第一六四歩兵師団のおかげだった。師団の第三八二歩兵連隊と第二二〇工兵大隊は飛行場から戦線に直行し、ロンメルが第一五機甲師団等から抽出してつくりあげたヘッカー戦隊と協力して、わずかな戦車と高射砲で第九オーストラリア師団の攻撃を防いだのである。

一一日もオーストラリア軍は攻撃を試みたものの撃退され、一二日には攻撃行動は終息した。こんどはドイツ軍の番である。一三日正午、第二一機甲師団は急降下爆撃機と砲兵の支援のもと、南方からエル・アラメイン陣地への攻撃を仕掛けた。

「ズーン！」

スツーカの爆撃で、陣地前面は掘り返される。工兵隊の開けた突破口から戦車が前進する。

「チカッチカッチカッ」

敵の機関銃火が、歩兵を射すくめる。敵トーチカに戦車砲の照準が合わせられた。

「榴弾、フォイエル！」

トーチカは吹き飛び、機関銃は沈黙した。しかし、第三南アフリカ旅団は悪鬼のごとく戦い、攻撃するドイツ軍の兵力は、あまりに小さすぎた。

一四日、第二一機甲師団は西に移動し、テル・エル・アイサの南東のオーストラリア軍陣地を突破して、海岸に出ることをこころみた。夕方に開始された攻撃は、鉄道線路まで到達したものの、エル・アラメイン陣地からの横なぐりの砲撃を浴びて、戦車は立ち往生した。

戦闘は夜遅くまでつづき、ロンメルは翌日も攻撃をつづけるつもりであった。

イギリス軍は、こんどはルワイサット丘で攻勢にでて、イタリア軍プレシア師団を敗走させた。もはやイタリア軍は、どこでも戦闘に耐えられる状況でないことがはっきりした。エル・アラメインの戦線は、ごくひと握りのドイツ軍部隊の奮戦で支えられていた。

イギリス軍の進撃はめざましく、午後にはディエル・エル・シェインに達した。その結果、ドイツ軍の戦線は分断され、崩壊の危険にさらされていた。

夕刻、第一五機甲師団と第三、第三三偵察大隊が反撃し、なんとかイギリス軍を撃退することができた。

このとき、第八戦車連隊長のテーゲ中佐は第一大隊長のキュンメル大尉にいった。

「もう一コ機甲師団があれば、キュンメル、そうすれば我々はやってのけるのに」

その師団はけっして到着しなかった。

一六日には、こんどはテル・エル・アイサからオーストラリア軍の攻撃が開始された。イタリア軍サブラタ師団の生き残りは蹂躙されたが、第三二歩兵連隊の奮戦でなんとか戦線は保持された。

一七日になると、オーストラリア軍はミティリヤ丘めざして進撃し、イタリア軍トリエステ師団とトレント師団が突破されたが、ロンメルはかき集めた兵力で、なんとかこの穴を埋めることができた。

この日、ロンメルはケッセルリンクとイタリア軍参謀総長カバレロと会談した。

「補給問題について、なんらかの措置がとられないかぎり、陣地の保持はできない」

ロンメルはこう発言したが、ケッセルリンクにとっては、これは意外でもなんでもなかった。これこそが、ロンメルがエジプト侵攻を決めたとき、ケッセルリンクのおこなった警告そのものであったからだ。いまさらそんなことをいっても仕方がない。

一八日から二一日に掛けて、前線には静寂が流れていたが、これは嵐の前の静けさであった。オーキンレックは、最後の攻撃の準備をしていた。

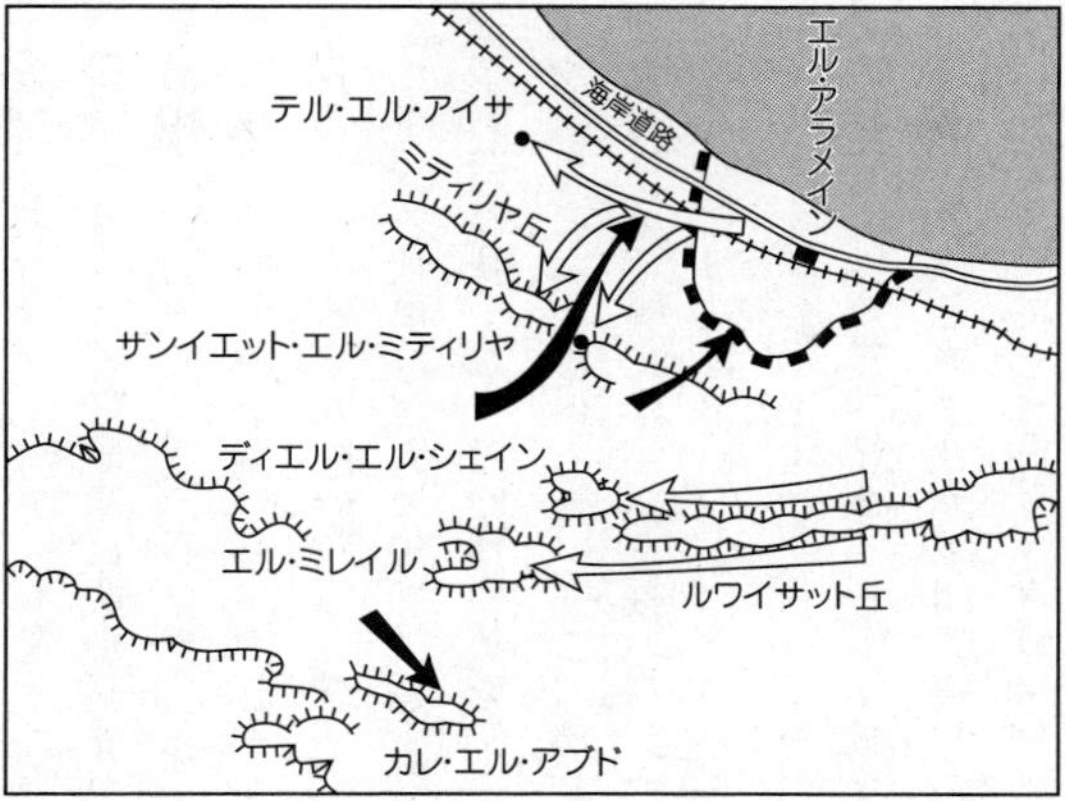

二一日から二二日の夜、第一六一インド旅団と第六ニュージーランド旅団はルワイサット丘からエル・ミレイルに進撃したが、第一五機甲師団に阻止された。

オーキンレックは切り札として、イギリスから到着したばかりの第二三機甲旅団を投入した。イギリス軍の一〇〇両もの戦車の突破を阻んだのは、第一〇四機甲擲弾兵連隊本部中隊の対戦車砲小隊のたった二門のロシア製の七六二ミリ対戦車砲だった。

「来たぞ！」

小隊長のスクボヴィス少尉は双眼鏡をながめながら言った。

「一、二、三……二〇、三〇、四〇」

全部で一〇〇両以上の戦車である。

「砲撃用意！」

砲手のギュンター・ハルムは慎重に狙いをつける。

「フォイエル！」

弾丸がまっすぐ敵戦車に吸い込まれる。

「命中！」

敵戦車が燃え上がる。喜ぶいとまもなく、第二弾を発射、命中。発射、命中。このくり返しである。九両の戦車が燃え上がり、六両が戦闘不能となった。

イギリス戦車は、あわてて後退する。急報をうけて出動した急降下爆撃機と第二一機甲師団の戦車が、のこりの敵を始末した。その結果、第二三機甲旅団は九六両の戦車を破壊されて壊滅した。アフリカ軍団の危機を救ったギュンター・ハルムは、このときの活躍で騎士十字章を授《さず》けられた。

三日から二六日までの小休止ののち、二六日から二七日にかけて、オーストラリア軍はテル・エル・アイサから攻撃をおこなった。彼らはサン・エット・エル・ミティリヤを奪取し、その南でイギリス第六九旅団がドイツ軍陣地ふかく進出したが、第二〇〇歩兵連隊とアフリカ軍団戦闘群の反撃で壊滅的な打撃を受けた。オーストラリア軍も撃退されてしまい、イギリス軍の攻撃は失敗に終わった。

エル・アラメインの戦線は完全に膠着状態となり、しばしの静寂が訪れることになる。

第7章 ロンメルvsモントゴメリー最初の戦闘

エル・アラメインの戦闘で戦力を消耗したロンメル軍だが、現地にとどまることは無意味なため、さらなる攻撃を開始、これを待ち受けたのは英第八軍モントゴメリー新司令官だった！

一九四二年八月三〇日～九月四日　アラム・ハルファの戦い

モントゴメリー新司令官

一九四二年夏、エル・アラメイン前面でのドイツ・イタリア軍とイギリス軍の対峙はつづいていた。ロンメルは砂漠の電撃戦でイギリス軍を撃破しつづけたが、ついに戦略的根拠地、カイロを奪うことはできなかった。

ドイツ・イタリア軍の戦力はあまりに小さすぎ、補給状況も悪すぎた。ロンメルの知略も、ドイツ兵の勇気も、ついに劣勢を挽回することはできなかった。

エル・アラメイン前面での停止は、ドイツ・イタリア軍部隊に一息つかせ、補給と再編成の時間をあたえた。しかし、時間は敵にも味方した。いや、むしろ敵にこそ味方したのだった。

イギリス軍はアメリカの支援を得て、膨大な補給物資をアフリカへ送り込んだ。そして、電撃戦の混乱から立ち直り、エル・アラメイン前面に強力な陣地線を築くことができた。

イギリス軍は電撃戦は不得意でも、陣地戦は第一次世界大戦いらいの豊富な経験があった。日一日と強化されていくイギリス軍陣地を見守るロンメルの憂愁は深かった。エル・アラメインに止まることは、もはや何の意味もなかった。砂漠の戦いでは、地域を占領することは勝利ではない。

そこには広大な砂地が広がるだけで、敵軍を撃滅しないかぎり、何も得ることはできないのだ。

エル・アラメインにおけるドイツ・イタリア軍の状況は危機的ではあったが、絶望的ではなかった。ここで無理をして攻勢をつづけず、リビア・エジプト国境まで後退すれば、補給状況はずっと改善されるし、空軍も優位を回復できる。逆に、敵は補給に苦しみ、航空支援を失うだろう。

しかし、ドイツとイタリアの独裁者にとって、後退することは敗北としか受け取られなかった。彼らには、軍事的合理性など理解できなかったのだ。

集団でパークする第21機甲師団のⅣ号戦車G型。弾薬の積み込み作業にあたっているところだが、向こう側の車体は右に砲塔を向け、左側の車体は前方、手前の車体は前方やや左向きと警戒を怠らない。ちょっとはっきりしないが、向こうはⅢ号戦車L型で、右奥のハーフトラックはSdkfz250/10のようだ。

ヒトラーお気に入りのロンメルでさえ、独裁者に面と向かって進言することははばかられた。

とどまることが無意味で、後退することが禁じられたとあっては、残された選択肢はひとつしかなかった。攻撃である。

ドイツ軍の判断では、イギリス軍は補給によって、九月中旬には圧倒的な戦力を持つようになる。

しかしいまなら、まだ勝ち目があるかもしれない。本当に……？

ドイツ・イタリア軍の五〇〇両の戦車に対して、イギリス軍は七〇〇両、兵力は一対三、空軍力では一対五、砲兵も弾薬もイギリス軍が勝《まさ》り、さらには濃密な地雷原が準備されている。

なによりロンメルには、お得意の機動戦に必要な燃料が不足していた。だが、もうすぐトブルクに一隻のタンカーが入る。また、ケッセルリンクも空輸を約束した。戦力が敵に劣るのは、いつものことだ。ロンメルは決断した。

「エル・アラメインのイギリス軍を撃滅せよ」

イギリス軍はどうしていたか。イギリス首相チャーチルは独裁者ではなかったが、負けつづけるイギリス軍にいらだっていた。彼はヒトラーやムッソリーニ同様に、エル・アラメインを保持することを望んだ。

第八軍司令官のオーキンレック将軍は更迭され、後任にはモントゴメリー将軍が任命された。

モントゴメリーは、イギリス軍の戦い方を完全にかえた。それはロンメルの電撃戦ほど華麗なものではなかったが、究極的にイギリス軍に、砂漠の戦いの勝利をもたらすことになるのである。

ふたたび開始された攻勢

エル・アラメイン前面では、ロンメルの攻勢準備が進められていた。ロンメルは敵の裏をかくため、戦車の行動しやすい北部ではなく、車両の通行が不可能なカッターラ低地の縁に沿って機動し、イギリス軍の陣地線を迂回することにした。

一番南に側面援護のレッツェゼ集団、そしてアフリカ軍団の第一五、第二一機甲師団、アリエテ師団、リットリオ師団をふくむイタリア第二〇軍団、第九〇軽機械化師団が攻撃兵力である。

その北では、海岸からルワイサット丘の南一六キロまでの戦線を保持するために、北からドイツ第一六四歩兵師団、トレント師団、ボローニャ師団、ベレシア師団が配置された。彼らはイギリス軍陣地に圧力を加えて、兵力の南方への移動を防ぐ。

ロンメルの作戦計画は、いつもと同じだった。第九〇軽機械化師団と、イタリア機械化軍団、ドイツ・アフリカ軍団の突破部隊はエル・アラメイン陣地の南を迂回して、アラム・ハルファ丘を奪取する。敵の背後に出さえすれば、敵はあわてふためいて自滅する。

イギリス軍を助けるためアメリカから供与されたM3グラント戦車は、設計上数々の問題はあったが、少なくともドイツ戦車を撃破できるパンチ力を持つ貴重な戦力だった。

丘を奪取したあとは、第二一機甲師団はアレキサンドリアに向かい、第一五機甲師団と第九〇軽機械化師団は、カイロに向かって進撃することになっていた。

この攻撃が成功するかどうかは、奇襲と急進撃にかかっていた。奇襲で戦線を突破し、電撃的に急進撃することで敵に対応する時間を与えずに、我に有利な態勢で撃破する。

イギリス軍は、戦闘のなか休みのあいだに、エル・アラメインからカッターラ低地にいたる濃密な陣地線を構築していた。

北部を第三〇軍団、南部を第一三軍団が担当し、エル・アラメイン北西方のエル・エイサ丘にはオーストラリア第九師団のオーストラリア第二〇旅団、そしてオーストラリア第二四旅団、エル・アラメイン前面には南アフリカ第一師団の南アフリカ第三旅団がはいり、その南には南アフリカ第一、第二旅団がならぶ。

ルワイサットはインド第五師団のインド第一六一旅団、インド第九旅団、インド第五旅団が取り囲み、その南からアラム・ナイルに掛けては、ニュージーランド師団のニュージーランド第六旅団、ニュージーランド第五旅団がこもる。

その南、カッターラ低地にいたる地域には、第七自動車化旅団と第四軽機械化旅団が布陣していた。戦線後方で、のちに戦闘の焦点となったアラム・ハルファ丘には第四四師団の第一三三旅団と第一三一旅団が陣地を築いていた。

機動予備兵力である機甲部隊は、第七機甲師団がアラム・ハルファ丘南方のサマケット・ガバラ周辺にあり、ルワイサット丘南に第二三機甲旅団、アラム・ハルファ丘前面に第二二機甲旅団、アラム・ハルファ丘東南方に第八機甲旅団が配置されていた。

モントゴメリーはアラム・ハルファ丘周辺に、なんと四〇〇両もの戦車を集結させていた。

イギリス軍の部隊配置は、みごとなまでにロンメルの攻撃に対応したものといえた。南部の戦線を突破したドイツ・イタリア軍主力を第七機甲師団が側面から叩き、アラム・ハルフア丘にとりついたら、やはり第二三機甲旅団と第八機甲旅団がはさみ撃ちにする。

ドイツ軍の情報が漏れていたのか。どうやらモントゴメリーは、ロンメルがいつどこを攻撃するか、手にとるように知っていたらしい。

「パンツァー、マールシュ！」

八月三〇日二〇時、ドイツ・イタリア軍の攻撃が開始された。アフリカ軍団主力の第一五機甲師団は七〇両、第二一機甲師団は一二〇両の戦車を装備して、広く散開してイギリス軍陣地に襲い掛かった。

しかし、作戦ははじめから困難に突きあたった。敵は奇襲されるどころか、強力に防御を固めてドイツ軍を待ちかまえていた。

「ズーン！」

先頭の車両が吹き飛ぶ。ここには地雷はないはずなのに……。偵察に不手際があったのだろうか。

炎上した車両で照らし出された地雷原に、イギリス軍の機関銃弾が赤い火線をのばす。イギリス軍の地雷原はきわめて濃密で、突破は容易ではなかった。

地雷を処理しようとした工兵部隊は、複雑、入念に仕掛けられた地雷と、イギリス

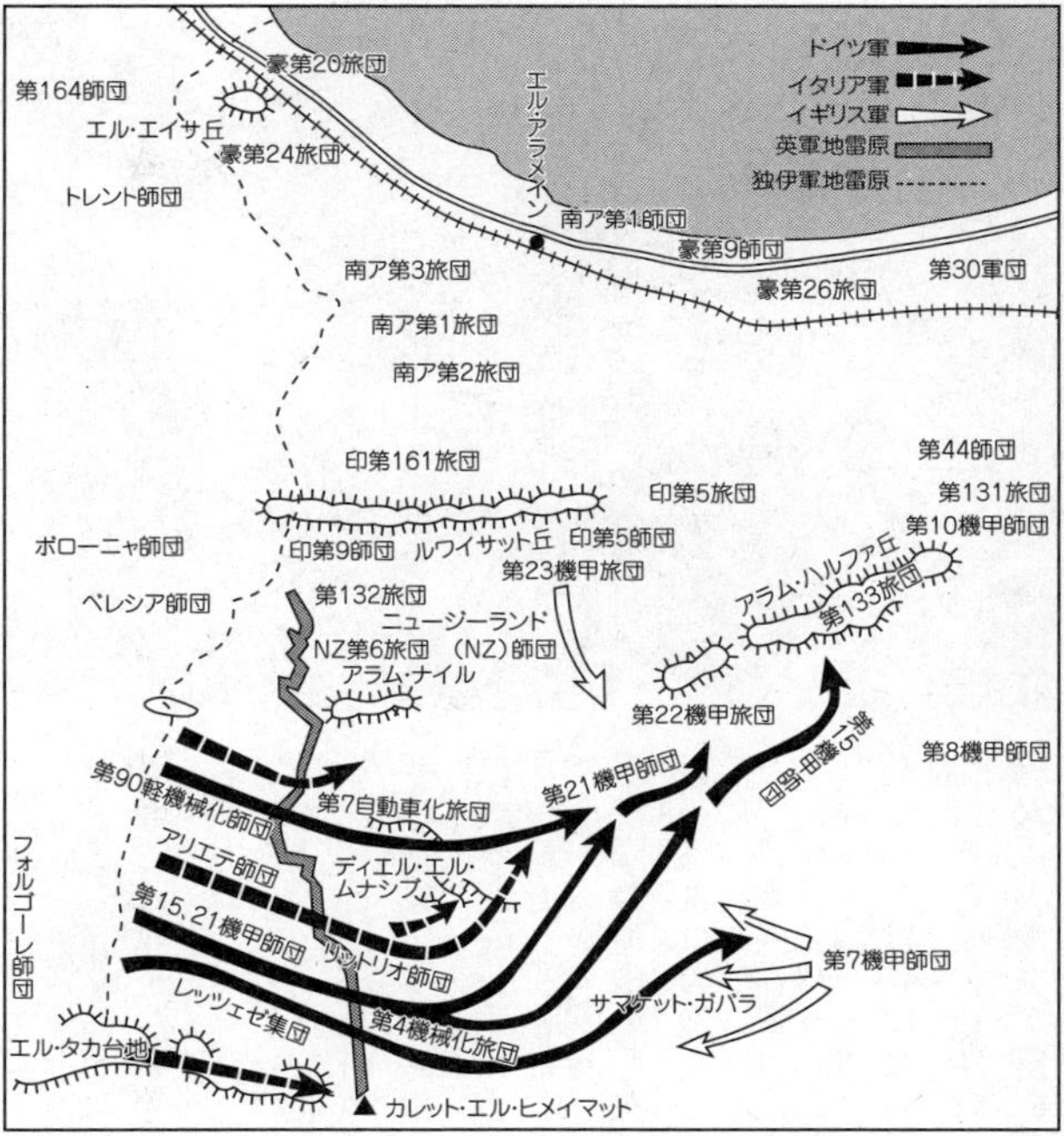

軍の防御砲火によって大損害を受けた。

さらに、イギリス空軍が戦闘に加入した。

「ゴー」

暗闇をつらぬいて爆音が響く。

「空襲！」

ポト、ポトと航空機からなにかが投下された。投下された物体は中空でパラシュートをひろげ、ゆっくりと地上に舞い降りる。

照明弾だ。地上は光り輝く季節はずれのク

リスマスツリーで、真昼のように明るく照らされた。光のなかに浮かび上がった戦車と装甲車に爆弾が投下され、歩兵は機銃掃射でなぎ倒された。

電撃戦の予定表は、もはや意味をなさなかった。日付が変わっても、ドイツ軍の戦車はまだ地雷原のなかで苦闘していた。ロンメルは攻撃を続行すべきかどうか迷っていた。

ようやく夜明け少しまえに、ドイツ軍の先鋒部隊は地雷原を抜け、敵陣後方一二キロから一五キロの地点に進出することができたため、攻撃を続行することにした。

計画どおりならば、すでに五〇キロは前進していなければならないはずだった。ロンメルはそこから夜明けとともに北に転じて、アラム・ハルファ丘を大きく包囲する予定だっ

右　上空から見たトブルク周辺の様子。ドイツ軍はトブルクを占領したものの、イギリス軍の攻撃を恐れるイタリア輸送船団はほとんど寄港せず、補給港として戦局に寄与することはできなかった。
上　撃破されたドイツ軍のI号戦車と、傍らを通過するイギリス軍のグラント戦車。サイズの差は、まるで大人と子供のようだ。

たが、これはもはや不可能だった。

すでに奇襲の効果は失われ、イギリス軍にはたっぷり迎撃の準備をする時間があった。それに、いまからでは、アラム・ハルファ丘の東側に到達するのは真っ昼間となり、ドイツ軍の隊列を、イギリス軍が指をくわえて見逃すわけがなかった。

このためロンメルは、大きく迂回することはあきらめ、そのまま北に転じて、アラム・ハルファ丘を直接攻撃することにした。しかし、アラム・ハルファ丘への道はとんでもない悪路だった。

「ゆっくりやれ、あまり吹かすんじゃない！」

車長から操縦手に指示が飛ぶ。おかしい、情報ではここは堅い土地のはずなのに。

進撃するドイツ戦車はやわらかい砂地にはま

り込み、苦労して通り抜けたものの、大量の燃料を消費してしまった。ロンメルの燃料事情はひじょうに切迫していた。イタリア軍総司令部は、攻勢開始前に燃料の補給を請け負ったが、その約束は実行されなかった。

いや、彼らなり実行しようとはしたのだが、八月末にイタリア本土を出港した四隻のタンカーは、アフリカの海岸を前に、すべてイギリス軍によって撃沈されてしまい、ロンメルの手もとには一滴の油も届かなかった。

かわりにケッセルリンクがガソリンを空輸したが、皮肉なことに、輸送すべきガソリンのほとんどを輸送する飛行機自身が食いつくしてしまった。そして、前線への輸送も困難となっていた。

地雷原を突破した補給ルートは、東から攻撃するイギリス第七機甲師団におびやかされ、戦車部隊に燃料と弾薬を輸送することはしだいに難しくなりつつあった。

阻まれたドイツ軍の進撃

「このくそ暑いのに、いつまで穴掘りをさせるんだ」
「ぐずぐずいわずに、さっさと掘るんだ」

アラム・ハルファ丘では、あっちでもこっちでも、穴掘りがつづけられていた。細い歩兵用の塹壕と個人用タコツボにまじって、巨大な方形の穴があちこちに掘られている。

南側に向かって胸壁が築かれ、山側はスロープになっている。この巨大な穴は、戦車を埋めるためのものだった。

アラム・ハルファ丘には、第四四歩兵師団と第二二機甲旅団による強力な陣地が築かれていた。ドイツ軍にとって不運なことに、第二二機甲旅団にはこのとき、使用可能なほとんどのM3グラントが集められていた。

第一、第五連隊には二コ中隊二四両、第四ロンドン・ヨーマンリー連隊には一コ中隊一五両のM3が所属していた。連隊のM3は、車体をなかば壕のなかに隠して、砲身だけが砂の上から突き出していた。これならグラントの巨体も、ドイツ戦車のかっこうのマトにならないですむ。

八月三一日一七時、ドイツ軍の攻撃が開始された。第一機甲連隊第二歩兵中隊のホシル・フォルスターは、眼前にひろがる光景をみて目を見はった。

「マークⅢスペシャルとマークⅣスペシャルの大群だ！」

ドイツ戦車は北東に向かって進み、旅団の東翼を突こうとしていた。まだイギリス軍の戦車列からは二〇〇〇ヤードはあり、砲火は開かれなかった。

「一、二、三、四両……、アフリカ軍団だ！」

戦車の上には戦車長がすっくと立ち、双眼鏡でドイツ戦車の行動を監視していた。砂嵐によってドイツ戦車のエンジン音はかき消され、彼らはサイレント映画の一シーンのように音もなく近づいてきた。

先頭をいくのは最新鋭のⅣ号戦車G型、長砲身の七五ミリ砲を装備している。

「戦車の後方に装甲車！」

やがて第九〇軽機械化師団の歩兵が、戦車の後方からハーフトラックに乗って近づいてくるのが見えた。いまや隊列は旅団の前面を斜めに横ぎって、東に進もうとしていた。

ほかの戦車からすこし離れて、いちばん北を行くドイツ戦車が、第一機甲連隊B中隊長のピンク少佐の戦車に近づいてきた。

「ドライバー、前方の壕のなかに突っ込め！」

ピンク少佐は戦車を戦車壕に入れようとしたが、そのまえにドイツ戦車もイギリス戦車の存在に気づいた。

二両の戦車はほとんど同時に停止した。二両の戦車長はたがいに目をいっぱいに見ひらいて、敵戦車を凝視した。

どちらが先に撃つことができるのか？

このとき、彼我の距離はわずか三〇ヤードしかなかった。

「狙うことができません！」

ピンク車の砲手が悲鳴を上げた。あまりに近すぎて、砲の俯角がとれないのだ。

「やられる！」

しかし、なんとドイツ戦車も、ピンクの戦車を狙うことができなかった。二両の戦車がにらみ合ったまま、永遠とも思える時間が流れた。

突然、ドイツ戦車は全速力でバックして砂煙のなかに姿を消し、味方の隊列に逃げ込んでしまった。

一八時、ドイツ戦車の隊列は停止した。約五〇両の戦車は、一五〇〇ヤードの距離で機甲連隊の陣地に対峙した。

「フォイエル！」

ドイツ戦車の砲撃が開始された。砲撃は第四ロンドン・ヨーマンリー連隊の陣地に集中した。

「ファイアー！」

第15機甲師団のⅢ号戦車Ｌ型とⅣ号戦車Ｇ型。Ⅲ号戦車、Ⅳ号戦車ともに、前面装甲の強化のために予備キャタピラや土嚢を積み上げている。

一八時一〇分、イギリス戦車の砲撃も開始された。戦車と戦車の撃ち合い。射撃につぐ射撃で、あたりは発砲煙と衝撃で舞い上がった砂塵で、ほとんど何も見えなくなる。

「ガーン！」

集中砲火で、連隊の戦車にドイツ戦車の砲弾がつぎつぎと命中する。

「やられた！」

命中弾でリベットが飛散し、砲手が腕を押さえてうずくまる。午後には、連隊は一〇両のグラントを失った。イギリス軍は戦線に開いた穴を埋めるため、予備兵力となった第一連隊を投入した。

連隊長のウェブ中佐から命令が伝えられた。

「全車発進！」

アメリカ製エンジンが軽快な音をたて、小

エル・アラメインでの第15機甲師団第8戦車連隊の車両群。中央はⅢ号戦車Ｌ型。数的には当時の主力戦車だったが性能的にはⅣ号戦車の新型に主力の座を譲っていた。

山のようなグラント戦車がゆっくりと動き出した。第一連隊は、まさにアラム・ハルファ丘最大の危機的瞬間に到着したのである。

このとき、戦闘の行方は混沌としていた。ドイツ軍はあと一歩で、アラム・ハルファ丘の陣地を突破するところだった。

ここで投入された連隊の火力は、決定的だった。彼らは戦線のひらいた穴を埋め、ドイツ軍の前進を完全に停止させることに成功した。

「前方の稜線上に、新手のピロート（グラント）！」

ドイツ戦車兵が叫ぶ。イギリス軍は無尽蔵に戦車を持っているのか？

味方の戦力は減るばかりで、もうまわり

に無傷のドイツ戦車は何両も残っていなかった。

戦闘は夜までつづいた。

連隊は二両のグラントを失ったが、ドイツ軍の損害は、はるかに甚大であった。

一九時三〇分、戦闘は終わった。ドイツ軍は、連隊の陣地前面に三〇両の戦車を遺棄して後退した。

夜の闇のなかで、イギリス軍のパトロールが走りまわる。遺棄されたドイツ戦車に、爆薬を仕掛けて爆破しているのだ。

ロンメルの強さの秘密のひとつに、優秀な修理部隊の存在があった。彼らは戦場で破壊された戦車を、魔法のように修理して部隊に送りもどした。遺棄された戦車を、このまま放置しておけば、朝にはふたたびロンメルの戦車戦力は、元どおりに復活してしまうだろう。

この夜、イギリス軍戦車連隊の戦車兵は、歩哨をのぞいてゆっくり眠ることができたが、ドイツ軍はそうはいかなかった。彼らは夜中、イギリス空軍の爆撃にさらされたのである。戦力はさらに低下し、燃料不足も深刻化していた。

九月一日朝、ロンメルの攻撃が再開されたが、アラム・ハルファ丘への攻撃は、第一五機甲師団に限定しなければならなかった。

第一五機甲師団はクラーゼマン大佐に率いられて、ふたたびアラム・ハルファ丘を攻撃した。しかし、イギリス軍の堅陣とイギリス空軍の空襲に阻まれて、この日の攻撃も成功しなかった。

正面攻撃は、ドイツ軍に消耗を強いるばかりであった。結局、なんら成果を上げることができず、ロンメルの攻撃は失敗に終わった。

ロンメル軍防御に転じる

九月二日の朝、ロンメルは攻撃を中止して、後退することを決めた。燃料不足のため、大規模な撤退行動には移ることができなかった。

このため、この日一日、ドイツ・アフリカ軍団はアラム・ハルファ丘の前面で、射的のマトよろしく、イギリス空軍と砲兵隊に叩かれつづけなければならなかった。三日になって、ようやくロンメルの後退行動が開始された。

アフリカ軍団の危機に対して、イギリス軍の攻撃は緩慢だった。モントゴメリーは、戦略的な情勢と大攻勢のための再編成が必要だったことと、第八軍の練度が低かったことを言い訳にしているが、実際のところ、彼もロンメルを恐れていたのかもしれな

エル・アラメイン南部のカッターラ低地をすすむアフリカ軍団の車両群。中央と左はⅢ号戦車のＪ型だと思われる。珍しいのが右側に写っている自走砲で、フランスから捕獲したロレーヌ牽引車を改造して15㎝重野砲を搭載した車体だ。

い。

三日一〇時、イギリス第一機甲連隊Ａ中隊の軽戦車は、ドイツ軍への牽制攻撃を開始した。攻撃は最初、うまくいったが、やがて小隊は対戦車砲列に射すくめられてしまった。

二両のスチュアートが撃破されたが、ひきかえに二門の五センチ対戦車砲が破壊された。

中隊長はグラントの長距離射撃を要請した。

第一、第四機甲連隊がアラム・ハルファ丘から射撃して、対戦車砲は沈黙した。

四日、五日と牽制攻撃がつづけられ、Ａ中隊のスチュアートに加えて、Ｂ中隊のグラントも襲撃に加わった。

ドイツ戦車は頑強に抵抗した。彼我の立場はかわり、こんどは攻めるイギリス戦車が、ドイツ戦車に狙い撃ちされる番となった。たしかにモントゴメリーの言うとおり、第八軍部隊の練度は低かったのかもしれない。

アフリカ軍団はイギリス軍の追撃をかわして、最初の攻撃発起点へと後退した。

九月六日に戦闘は終息したが、この間のドイツ軍の損害は、戦車五〇両、火砲五〇門、各種車両四〇〇両にのぼった。イギリス軍の損害もほぼ同じぐらいであった。

ドイツ軍にとって、この損害は手痛いものにちがいないが、致命的なものではなかった。いっぽうイギリス軍にとっては、このていどの損害は容易に補充することができた。

ドイツ軍はアラム・ハルファ丘を突破することはできなかったが、イギリス軍陣地南部の地雷原を支配し、エ・アラメインの攻撃陣地を確保することができた。

この戦いは、戦術的には引き分けといえるかもしれない。だが、戦略的にはあきらかにロンメルの敗北であった。ロンメルには、もはや攻撃を再開する力はなかった。

イギリス軍はますます強力になり、ドイツ軍はいつイギリス軍の攻撃が開始されるか、息をひそめて見守るしかなかった。

第8章　燃え上がったロンメルの「悪魔の園」

北アフリカの砂漠からロンメル軍を叩き出すため、モントゴメリーはじっくりと腰をすえて戦力の充実をはかっていたが、そんな彼のもとに、ヤンキーの友人から嬉しい贈り物が届いた！

一九四二年一〇月二四日〜一一月一日　エル・アラメインの決戦　その1

待ちうける「悪魔の園」

一九四二年八月のアラム・ハルファの戦いは両者引き分けに終わり、エル・アラメインの砂漠には、ふたたび不気味な静寂が訪れた。もっともその静寂は、イギリス軍の空襲と砲撃によって、しばしば破られることになるのではあるが……。

もはや攻勢をとることが不可能となったドイツ・イタリア軍にできることは、エジプト国境深く、アレクサンドリアからわずか九〇キロのエル・アラメインの陣地にいすわって、イギリス軍に圧力を掛けつづけることだけだった。

ドイツ・イタリア軍のおかれた立場はきわめて危うく、軍事的には、このような危

砂漠の飛行場を離陸するイギリス軍のトマホーク戦闘機。エル・アラメインの制空権はほぼイギリス軍のものであった。

険な場所に大軍をおいておくことは、あきらかに馬鹿げていた。

しかし、ベルリンとローマの独裁者が首を縦に振らないかぎり、元帥のロンメルといえども、一存で撤退することなど不可能だった。命令に従い、軍の本分をつくすだけ。ロンメルはエル・アラメインの前線に、鉄壁の防衛線を築くことを命じた。

海岸からカッターラ低地にいたる六〇キロの前線には、ドイツ軍一コ、イタリア軍五コの歩兵師団と、ラムケ空挺旅団が塹壕を掘って布陣した。虎の子の機甲師団は、敵が戦線を突破したら、すぐに火消しに駆け付けられるよう、戦線の背後に配置された。

イギリス軍が制空権をにぎっており、燃料も不足していたため、理想的な機動防御の態

M3グラントにつづいてアメリカから供与された秘密兵器がM4シャーマン中戦車であった。旋回砲塔に75mm砲を装備し、Ⅳ号戦車と対等に戦えた。

勢をとることは不可能だった。配置は第九〇軽機械化師団が北の海岸道路ちかくに、第一五機甲師団とリットリオ師団が中央から北部に、第二一機甲師団とアリエテ師団が南翼にいた。

ロンメルは、前線に巨大な罠《わな》をつくりあげた。それは「悪魔の園」とよばれる巨大な地雷原だった。

「悪魔の園」は長さが三～五キロ、幅が四～六キロの方形にしきられており、海岸から南にH、I、L、Kの四つが建設された。「悪魔の園」は、いままでの主防御線の後方につくられていて、前面がひらいたU字型をしていた。ただし、U字は園の囲いで、鉄条網と対戦車地雷の縁《ふち》どりでしかない。

本当の園は、U字の内部にあった。そこ

には、敵をあざむくために二層、三層に敷設された対戦車地雷に、一〇〇キロ、五〇〇キロの航空爆弾が埋めこまれ、手榴弾その他を結びつけたブービートラップが、無数に仕掛けられていた。

「悪魔の園」の構築後、主防衛線は園の後方に下げられ、前の主防衛線には囮の部隊が配置された。

イギリス軍のモントゴメリーは、ドイツ軍の防御陣地構築をのんびり眺めていた。いや、のんびりというのは語弊があるかもしれない。

しかし、いずれにしても彼は、ドイツ軍が防衛線を固めるまえに攻勢を開始しなければならないなどと、あせる必要はなかった。イギリス首相チャーチルは、アラム・ハルファの戦いのあと、やいのやいのと攻勢をせかせてきたが、モントゴメリーは戦力、とくに航空機と戦車で圧倒的な優位を確保しないかぎり、攻勢にでる気はなかった。

モントゴメリーが期待を掛けたのは、アメリカから供給される新型戦車シャーマンであった。シャーマンはぶかっこうな二階建て戦車のグラントとちがって、旋回砲塔に七五ミリ砲を装備しており、イギリス軍ではじめてのⅣ号戦車と対等にわたり合える戦車であった。

モントゴメリーが攻勢を開始するまでには、アラム・ハルファの戦いから、じつに七週間の期間が必要であった。

このとき兵力はドイツ・イタリア軍の一〇万人に対して、イギリス軍は二〇万人、戦車四八九両に対して一〇二九両（うちグラント一七〇両、シャーマン二五二両）、火砲は一二一九門に対して二三一一門という圧倒的優位を確保していた。

航空機に関しては、六七五対七五〇機と拮抗《きっこう》していたが、第一線機では三五〇対五三〇機と、やはりイギリス軍の優位は確実だった。

ひそかにすすむ攻勢準備

モントゴメリーは、ロンメルの裏をかくことにした。通常、攻撃というものは、敵の戦力の手薄なところに指向される。そうすれば抵抗も少なく、容易に突破できるからだ。

エル・アラメインでは、ロンメルがかつてしたように、南のカッターラ低地沿いに攻撃するのが常道だ。しかし、彼は敵のもっとも強力な北で、攻勢をとることにした。

これだけでは、単なる思いつきにしかならない。モントゴメリーは攻勢を成功させるため、抜かりなく手を打っていた。

まずひとつは、ドイツ軍をだますことである。モントゴメリーの作戦プランは、北

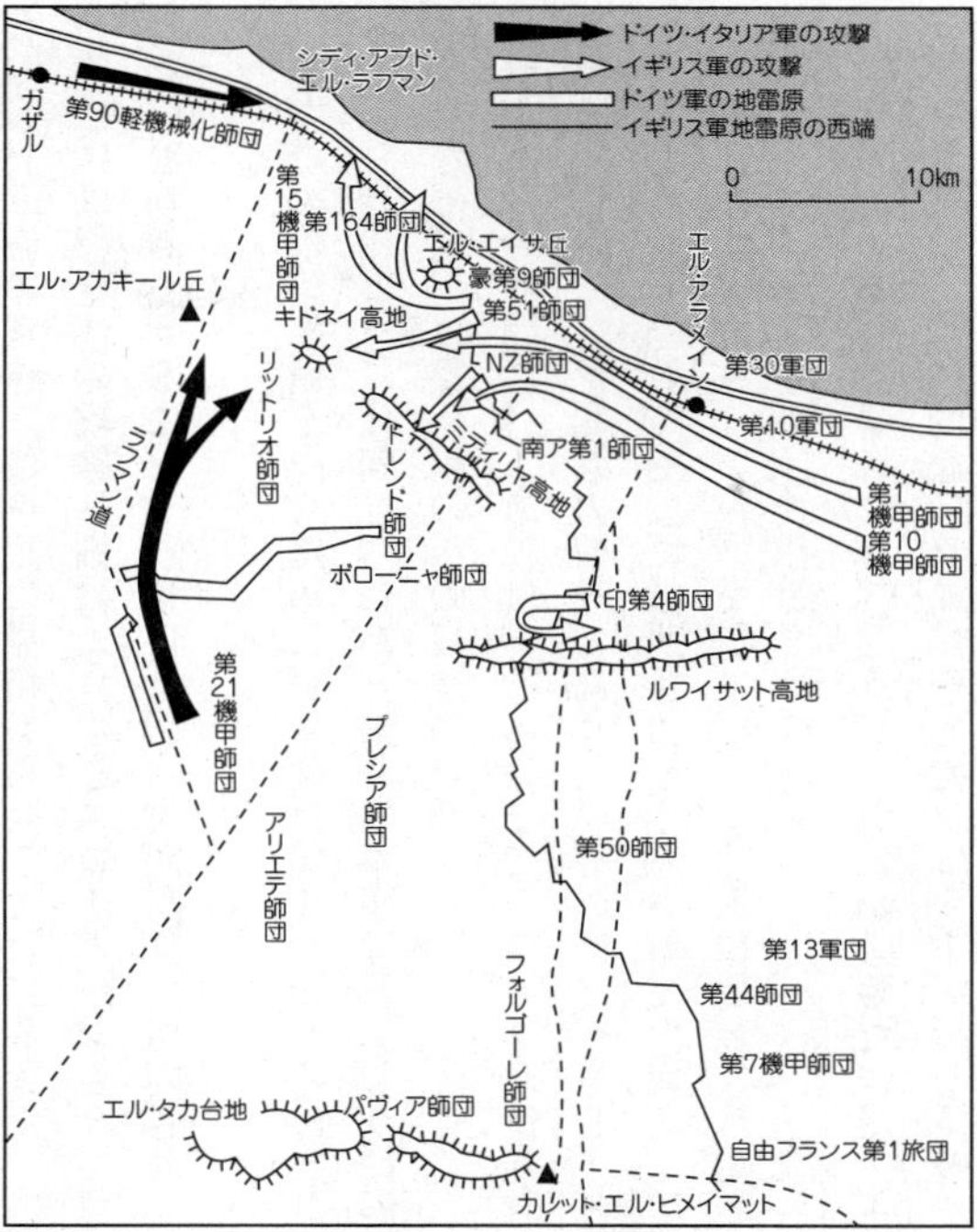

方で第三〇軍団が攻撃をおこなって突破したのち、第一〇軍団の機甲部隊が突進し、敵の後方補給線を断つというものだった。その間、第一三軍団は南方で敵の注意を引く。

欺瞞部隊の任務は、できるだけ北方での攻撃準備を敵に発見されないようにし、たとえ発見された場

合でも、準備の意味を最小限に見積もらせることにあった。

第二には、全体の攻勢準備のようすをスローダウンさせて見せ、攻撃が実際より数日遅いと判断させること。三番目は、主攻が南部に指向されると思わせることであった。

北方での攻撃準備を隠すために、車両は集まっているけれども、攻撃方向は南であると思わせるように仕向けられた。第一〇軍団はじょじょに展開したが、戦車部隊が展開したのは、攻撃発起のその日だった。

戦車部隊の展開スペースには、その日までトラックが置かれていた。実際の戦車の進出は、まさに攻撃開始の前夜であった。そのうえ、もしドイツ軍がこの動きに気づいたとしても、それでもまだ欺瞞手段が用意されていた。

戦車にはすべてキャンバスを掛け、トラックに偽装されていたのである。この偽装戦車は、一〇〇〇両以上が用意されていた。

砲撃のための砲兵器材にも、とうぜん偽装が必要だった。イギリス軍主力野砲の二五ポンド砲は、特徴的なスタイルをしたクォード・ガントラクターで牽引されていたので、もし偽装しなければドイツ軍の目を引き、攻勢意図が暴露されるのは明らかだった。

モントゴメリーは攻勢開始に先だってドイツ軍を徹底的に欺くことにした。これはトラックに偽装したＭ３グラントで、巨大なグラントの車体をすっぽり覆って、遠目には完全にトラックにしか見えないようにしつらえてある。この偽装戦車は１０００両以上が用意されたと言われる。

このため、ガントラクターと牽引状態の砲にキャンバスを掛け、三トン・トラックに見せかける偽装手段がとられた。

これらの計画は、ドイツ軍諜報部隊に、イギリス軍は攻勢準備を進めているが、そのピークにはまだ数日あると、思わせるように仕向けられていた。そして、戦車部隊は南に行くようなふりをしていた。そのために、南部につうじるダミーのパイプラインがつくられた。

パイプラインの建設作業は本物さながらで、砂漠に溝を掘り、パイプを敷設したら埋めもどすという作業が、毎日くり返された。パイプラインの途中にはダミーのポンプ場がつくられ、ダミーの車両と警備兵まで配置された。

さらに南部には、ダミーの集積所もつくられた。集積所にはダミーのオイル、燃料、弾薬そのほかが大量に集められた。

いっぽう北部では逆のかたちのカモフラージュがおこなわれた。集められた砲のカモフラージュは、わざと手入れせずに、あたかもそれがダミーであるかのように扱った。また、ダミーの砲は、攻撃開始の前夜に本物の砲と入れ換えられた。

イギリス軍はありとあらゆる知恵をしぼり、ロンメルをあざむこうとした。エル・アラメイン戦のために、じつに五〇〇門の砲と二〇〇〇両の車両のダミーが製作されたのである。モントゴメリーの打った手は、もうひとつあった。ロンメルの「悪魔の園」を無力化する技術的な奇襲である。

ロンメルは「悪魔の園」の濃密な地雷原を処理することなど、とうてい不可能と考えていた。三層もの地雷、数かずのブービートラップは、処理しようとする工兵部隊に、多大な犠牲を強いると同時に、ドイツ軍が対応するための時間が稼げるはずだ。

しかしモントゴメリーは、「悪魔の園」をそのような手間のかかる正攻法で処理しようとは考えなかった。それだけ濃密に地雷が仕掛けてあるのなら、砲撃で爆発させてしまえばいいではないか。

いかにも大物量戦を好むモントゴメリーらしいやり方だが、つねに物資不足に悩むドイツ軍には、想像することもできないぜいたくなやり方である。

モントゴメリーは、エル・アラメイン戦線北部から中部のビル・アブ・シファルから、ビル・アブ・アタシュの一〇キロ間に一〇〇〇門の砲を集めた。じつに一〇メートルに一門である。

この砲が、おなじく一〇キロの幅のドイツ・イタリア軍陣地に、鉄の嵐を降らせるのだ。

「悪魔の園」は鋤き返され、ドイツ・イタリア軍歩兵部隊は、その陣地にとどまったまま蒸発してしまうだろう。

「それから、機甲師団をもって突破し、敵機甲兵力を撃破する」

これが恐るべきモントゴメリーの行動計画だった。

エル・アラメインの地獄

「ズーン、ズーン」

砂漠にとどろく砲声が、夜の闇を破った。ドイツ軍の守備するエル・アラメインの前線は、激しい砲撃で真昼のように明るくなった。

一九四二年一〇月二四日二一時三〇分、モントゴメリーの大攻勢がついに開始された。モントゴメリーの巧妙な欺瞞行動に惑わされたドイツ・イタリア軍は、イギリス軍の攻勢開始を、まったく予想することができなかった。

前線は突然のできごとに、大混乱となった。なにが起こったのか、誰にもわからなかった。本部に問い合わせようにも、通信線は砲撃で切断され、通信兵は受話器を握ったまま冷たくなっていた。

後方でも、事情は同じだった。なにより致命的だったのは、この重要なときに、ロ

ドイツ軍陣地に激しい射撃を加えるイギリス軍の25ポンド砲。イギリス軍はドイツ軍には想像もつかないぜいたくな戦い方をした。なんと10キロの戦線に1000門の砲を集め、ロンメル苦心の作「悪魔の園」を猛烈な砲撃で無力化したのである。

ンメルその人がアフリカを離れていることだった！

ロンメルは一年半ものアフリカ戦の指揮で、肝臓を痛め、血圧障害に悩まされていた。このため九月二三日に戦線を去り、オーストリアの療養所で療養生活を送っていた。まさに、この事ひとつを取っても、ドイツ軍がモントゴメリーの攻勢を予期していなかったことがよくわかる！

激しい砲撃につづいて、イギリス第三〇軍団の四コ歩兵師団の前進が開始された。

北から「悪魔の園J」にオーストラリア第九師団、「悪魔の園L」にスコットランド第五一ハイランダー師団、

「悪魔の園K」にニュージーランド師団と南アフリカ第一師団が襲い掛かる。

イギリス兵は、ドイツ兵など生き残っているはずはないと思っていたが、その予想ははずれた。半分くずれ、焼けこげた塹壕から、傷だらけのドイツ兵たちは銃火を撃ち掛けてきたのだ。

しかし、もはや彼らにイギリス軍をくい止めることなど不可能だった。イギリス軍は、ドイツ軍主防衛線の突破に成功した。

二四日早朝に第三〇軍団の各部隊は、ドイツ・イタリア軍の主防衛戦後方のキドネイ高地からミティリヤ高地をむすぶ到達目標のオクサリク線に到達していた。しかし、後続して進出する第一〇軍団の第一、第一〇機甲師団の七〇〇両の戦車は、まだ地雷原を突破することができなかった。

いっぽう南でも激しい戦闘がつづけられていた。南部を担当した第一三軍団の任務は、本来、陽動作戦であったが、ここでもほとんどドイツ軍戦線を突破しそうな勢いだった。

ドイツ軍の対応は緩慢であった。彼らはイギリス軍の攻勢が、どこをめざしているのか判断しかねていた。本当の攻勢正面は、北なのか南なのか。

悪いときには、悪いことがかさなる。なんと二四日夕方、ロンメルの去ったあと、

M3グラント戦車の前に立つエル・アラメインの覇者モントゴメリー将軍。

アフリカでの指揮をひきついでいた機甲軍代理総司令官シュトウンメ将軍が前線視察の途中に、イギリス軍の機関銃と対戦車砲火につかまって戦死したのである(心臓発作という説もある)。

機甲軍の指揮はリッター・フォン・トーマ将軍が引き継いだものの、重大な危機に直面して、なによりも貴重な時間が失われた。同日夜、オーストリアにいるロンメルにアフリカへの帰任が命じられた。

ロンメル不在のまま、前

線では死闘がつづけられていた。モントゴメリーの主攻撃が指向された戦区後方には、第一五機甲師団が展開していた。

第一五機甲師団の主力の第八戦車連隊は、モントゴメリーの大攻勢が開始される直前の一九四二年一〇月二四日夕方には、以下の戦力を保有していた。

Ⅱ号戦車一四両（うち稼働一二両）、Ⅲ号戦車短砲身四三両（三八両）、Ⅲ号戦車長砲身四四両（四三両）、Ⅳ号戦車短砲身三両（三両）、Ⅳ号戦車長砲身一五両（一五両）、指揮戦車二両（一両）で合計一二一両（一一一両）である。

これだけのまとまった戦力があれば、優秀なドイツ戦車部隊の技量を生かして、優勢なイギリス機甲部隊も、各個撃破でなんとか対処できるだろう。

主戦線の後方八キロに陣取る第一五機甲師団がイギリス軍の突破を知るのは、一〇月二五日の朝日がのぼるころであった。

第三三機甲砲兵連隊第一中隊のベルンハルト・オルト中尉は、暗視双眼鏡を目にあてて、東の砂漠を注視していた。すると砂漠のなかに、あちこちからイタリア兵たちがわき出した。

「戦線が突破された！」

イタリア兵は口々に叫び、あわてて西に向かって走って行く。

イギリス軍のM4A2シャーマン戦車。不振続きの国産巡航戦車に代わってイギリス軍機甲部隊の主力となった。巡航戦車に比べ武装、装甲に優れ、何より信頼性が高かった。

イタリア兵の尻尾にくらいつくように、砂煙のなかから巨大なシルエットが浮かび上がる。

「ピロート（グラント）！」

「ピロートだけじゃない、なんだあいつは！」

オルト中尉が見たのは、イギリス軍の秘密兵器である新型のシャーマン戦車であった。

「敵戦車！」

無線が飛び、機甲砲兵たちは、すぐに射撃準備をととのえた。

「フォイエル！」

敵戦車に対して、第三三機甲砲兵連隊のカノン砲、臼砲、野戦榴弾砲がいっせいに火を吹く。

短時間の試射のあと、すぐに火箭《かせん》は先頭戦車をとらえた。手練の砲兵の技は、敵戦車につぎつぎと直撃弾をあたえ、たちまち先頭の数台は火を吹いて擱座した。

イギリス戦車はたまらず、いったん停止した。そこへシティーフェルマイヤー大尉の指揮する第八戦車連隊第一大隊の戦車が駆け付けた。

「フォイエル！」

大隊の戦車が射撃を開始すると、イギリス戦車の車体に、つぎつぎと命中弾が吸い込まれる。

「後退！」

たまらずイギリス戦車隊は後退した。しかし、運の悪いことに、彼らが後退した先はロンメルの育てた「悪魔の園L」であった。

前夜の猛砲撃で、園の地雷はあらかた誘爆してしまったが、園にはまだまだ生き残った悪魔たちがいたのだ。

「ズーン！」

巨大な火柱が上がり、重たい戦車の巨体が持ち上げられ、砲塔がはずれて転がり落ちた。航空用爆弾が爆発したのだ。

「ズーン！」

ふたたび火柱が上がる。イギリス軍戦車部隊はパニックとなり、「悪魔の園」を闇《やみ》雲《くも》に走りまわった。なんと三五両の戦車が残骸をさらし、残りは東へ遁走した。モントゴメリーの突破作戦は失敗に終わった。

しかしこれは、モントゴメリーの攻勢の終わりではなかった。それどころか、まだはじまりの終わりといえるかどうかも怪しかった。アフリカ軍団が、手持ちの兵力をやり繰りして戦いつづけなければならなかったのに対して、モントゴメリーにはほとんど無尽蔵ともいえる予備兵力、弾薬、資材があった。

一〇月二五日早朝、モントゴメリーは攻撃を再開した。

イギリス軍は、ニュージーランド師団が南西に向かって攻撃する。例によって激しい空爆と砲撃で、ドイツ軍陣地は魔女の鍋のなかのように沸騰し、兵士も砲も車両も蒸発していった。

この戦争は、金持ちと貧乏人の戦争だった。反撃しようにも砲弾は不足し、制空権はイギリス空軍がにぎっていた。

「傍若無人の18」と、歩兵たちはイギリス軍機の編隊をそう呼んだ。そこにはイギリス爆撃機一八機が、一四機の護衛戦闘機を連れて、きれいな編隊を組んで飛んでいた。バラバラと爆弾が投下され、またどこかの陣地が吹き飛んだ。

急遽帰還したロンメル

一〇月二五日夕刻、ウィーンから急遽帰還したロンメルが、やっとエル・アラメインの前線に到着した。翌朝、ロンメルにトーマ将軍が報告した。

「情勢は、わが軍にすこぶる不利に展開しています。敵の圧倒的な砲火のために悪魔の園は破壊され、わが軍は敵をくい止めたものの、撃退できませんでした」

ロンメルは北部の全機動兵力をひとまとめにして、イギリス軍に対応させた。彼にはまだ、南から第二一機甲師団を引き抜く決心がつかなかった。モントゴメリーが南で攻撃に出るのではないか、と考えていたからである。

実際は、その逆だった。モントゴメリーは攻勢軸を変更して、第一機甲師団の援護のもとに、オーストラリア第九師団を北に旋回させるとともに、陽動作戦の南部戦線から、ニュージーランド第二師団と第七機甲師団を引き抜いて北部に投入した。

二七日になって、ロンメルはやっと南部の第二一機甲師団と砲兵の半分を引き抜いて北部に投入することにした。

第二一機甲師団の主力の第五戦車連隊は、一九四二年一〇月二四日の夕方の時点で、

Ⅱ号戦車一九両（うち稼働一八両）、Ⅲ号戦車短砲身五三両（四三両）、Ⅲ号戦車長砲身四三両（四三両）Ⅳ号戦車短砲身七両（六両）、Ⅳ号戦車長砲身一五両（一五両）、指揮戦車六両（三両）で合計一四三両（一二八両）を保有していた。

第二一機甲師団は、苦闘しつづける第一五機甲師団の横をすり抜けて、突破しようとする敵に襲い掛かった。第八戦車連隊もこれに呼応して、残った戦車で攻撃を加える。新型戦車に対抗するには、間合いを詰めて格闘戦を挑むしかない。

「フォイエル！」

「ファイヤー！」

エル・アラメインの砂漠に、独英両軍の砲声が響きわたる。

「ガン！」

金属音のあとに耳をつんざく爆発音。弾薬に誘爆したのか、砲塔のひっくり返った戦車が炎上する。

第二一機甲師団の第一〇四機甲擲弾兵連隊第一〇中隊は、二七日にキドネイ高地周辺への展開を命じられた。そこはほとんどイギリス軍に包囲されており、そこにいたはずのイタリア軍は、すでに逃げ出したあとだった。

中隊長のラルフ・リングラーは、九八名の兵員で一五両の車両と二門の対戦車砲をひきいて、一一五地点の守備についた。

リングラーは一一五地点に布陣すると車両を帰して、対戦車砲と機関銃をすえつけた。イタリア軍陣地があると聞かされていたが、それは情けないほどいい加減なものだった。

塹壕もタコツボも、わずか五〇センチほど掘り下げられているだけで、散乱したイタリア軍のヘルメットが目印にならなければ、そこが陣地だとはわからないほどだった。

「中尉、トミーがやって来ます」

フィードラー軍曹が叫んだ。リングラーは冷静に命令を下す。

「フィードラー、砲手はどこだ」

「すでに位置についています」

「急げ、お前が装塡手をやるんだ」

戦車は編隊を組んで、はるか稜線を進んでくる。しかし、あたり一面にたち込めた砲煙や土煙やらで、視認することは容易でない。

リングラーは迷った。あれはイタリア軍の戦車ではないのか。

「七〇〇〜八〇〇メートルまで待て。私が確認する」

リングラーは発砲を止めた。じりじりと戦車が近づいてくる。一分が永遠の時間に思えた。

すると、戦車が砲口をめぐらせて狙いを付けた。これではっきりした。やつらはトミーだ。

「トミーだ！　フォイエル！」

リングラーが命令すると同時に、砲口から火の玉が飛び出し、イギリス軍の戦車に吸い込まれていった。

敵戦車は四〇〇メートルで撃破された。二両目の戦車が燃え上がり、残りの戦車は停止した。

対戦車砲のまわりには、イギリス軍の徹甲弾が降りそそぐ。しかし、三両目が燃え上がると、彼らはきびすを返して後退していった。

翌朝もリングラーたちは、同じ場所で頑張っていた。中隊はわずか三二名となり、対戦車砲も一門しか残っていなかった。

「敵戦車！」

リングラーが双眼鏡で見ると、はるか北を一五両の見なれない戦車が走って行くのが見えた。たぶんあれが新型戦車か？

ドイツ軍の5㎝対戦車砲Pak38。エル・アラメイン戦のころには若干力不足であった。

敵は二〜三〇〇〇メートル先で、リングラーの対戦車砲射程外であった。

「敵戦車一五両が約三〇〇〇メートル北を西進中。中隊兵力は現在三二名、対戦車砲一門、機関銃一梃使用可能。三両の敵戦車を撃破するものの、残弾希少、食料、水なし」

それは、どこでも同じだった。一〇月二九日、三〇日とロンメルの不撓不屈の兵士たちは、悪鬼のごとく戦いつづけた。しかし、もはや彼らがイギリス軍の攻撃を支えきれないことは明らかであった。

三〇日夜、モントゴメリーは北部での大突破作戦「スーパーチャージ」作戦を開始した。

猛砲撃のあと、戦車に支援されたオーストラリア軍歩兵が前進を開始する。戦車はイタリア軍砲兵陣地を蹂躙して、三一日の朝には海岸道路に達した。

ロンメルは第三三偵察大隊を投入するとともに、

第九〇軽機械化師団を呼びよせて、北部戦線の穴をつくろった。

一九四二年一一月一日の夜が訪れるころ、戦線はなんと保持されてはいたが、崩壊はほとんど必至となっていた。「悪魔の園」の大半はイギリス軍に突破され、ドイツ軍戦線は北部で大きく後退し、いたるところで切断されて、いびつなものとなっていた。

生き残った兵、砲、戦車は息をひそめて、来たるべき恐怖を待ちうけていた。一一月二日午前二時、モントゴメリーの攻勢が再開された。

第9章 「砂漠のキツネ伝説」最初の終止符

数百門の大砲と夜間爆撃機による砲爆撃を浴びせたのち、モントゴメリーはイギリス軍に進撃を命じた。迎え撃つロンメル軍は戦力のほとんどを消耗しており悲惨な戦闘が展開された！

一九四二年一一月二日～五日　エル・アラメインの決戦　その2

モントゴメリーの大攻勢

一一月二日、アフリカの砂漠では、ドイツ軍とイギリス軍の死闘がつづけられていた。

午前二時、モントゴメリーの攻勢が再開された。四〇〇～五〇〇〇門もの火砲がドイツ軍陣地を叩き、イギリス空軍の夜間爆撃機が爆弾の雨を降らす。そして、その後から歩兵と戦車が前進を開始した。

すでに、勝利の行方ははっきりしていた。これまで戦線を支えることができたのは、ひとつにはモントゴメリーの戦い方がきわめて慎重であったからだが、もちろんドイ

イギリス軍のハリファックス爆撃機。エル・アラメインのドイツ・イタリア軍の敗北の原因のひとつが、制空権の消失であった。彼らは終始イギリス空軍の空襲を受けて、戦力を消耗させられた。

ツ軍のたくみで、死力をつくした抵抗の成果であった。

しかし、これは皮肉なことに、ある意味では戦いを長びかせ、部隊を極限状態まで消耗させる原因ともなった。

これまでの二年におよぶ砂漠の戦いは、ヨーロッパやロシアでの戦いとはちがっていた。緒戦のイタリア軍の包囲殲滅は別として、ドイツ、イギリス軍ともに、その戦いぶりは機動的であった。海戦のようにいったん戦火をまじえても、敗北した側は、決定的な敗戦となる前につねに脱出して、兵力を立て直すことができた。

これはたぶんに、ロンメルの兵力がイギリス軍を殲滅するには弱すぎたことと、

イギリス軍にはすぐに立ち直るための大量の補給が得られたこともあったが、モントゴメリーはこれを変えた。
モントゴメリーは、ロンメルに対して決定的な勝利を得るため、チャーチルの督戦をも無視して、小出しの小攻勢をやめ、みずからのメリ

撃破されて戦場に骸をさらすドイツ軍戦車。第21機甲師団の車両だ。前ページ上はⅣ号戦車F2型で向こう側はⅢ号戦車L型（？）。前ページ下もⅣ号戦車F2型だが、もしかすると燃料切れで放棄されたものかもしれない。上は第15機甲師団のⅢ号戦車J型で、搭載弾薬が誘爆したのか、砲塔が吹き飛んでしまっている。勝ち戦さなら故障や被弾で擱座した車体を回収、修理することも可能だが、敗走するロンメルの部隊にはそんな余裕はなかった。

ットを最大限に生かせる物量戦を挑んだのである。

「どんなに勇敢な兵士も砲撃では死ぬ」

まさに今、ロンメルの勇敢な兵士たちは死につつあった。

一一月二日、約四〇〇両の戦車によるモントゴメリーの攻撃に立ち向かったドイツ戦車戦力は、間断なくつづく戦闘で、ほとんど半減していた。

とくに、最初から攻撃の矢面に立たされた第一五機甲師団第八戦車連隊は、Ⅱ号戦車五両、Ⅲ号戦車短砲身型一五両、Ⅲ号戦車長砲身型二七両、Ⅳ号戦車短砲身型三両、Ⅳ号戦車長砲身型五両、指揮戦車一両で、合計五六両の戦車しか残っていなかった。

午前二時の攻勢開始と同時に、第八戦車

連隊と第一一五機甲擲弾兵連隊の連絡は失われた。しばらくすると、敵の無線を傍受することができた。

「戦車は現在、地雷原にあけられた突破口を通過して、広い正面にわたって前進中」

敵の突破が始まったのだ。ひどいことになった。

午前三時二〇分には、第八戦車連隊本部がイギリス戦車に蹂躙《じゅうりん》され、本部要員は命からがらトラックで逃げ出さなければならなかった。このため、連隊本部と戦車連隊との連絡は失われ、連隊は上級司令部からの指示を得ることができなくなった。

本部と戦車連隊との連絡が回復されたのは、午前四時四五分のことであった。しかし午前五時五分、夜明けとともに、イギリス戦車は本部のトラックを発見し、戦車砲と野砲の砲弾が降りそそいだ。

ようやく指揮が回復し、連隊の反撃が開始されたのは午前六時三六分のことであった。戦車は南西から北東の四一一地点に向かって、イギリス戦車部隊を側面から襲った。

「徹甲弾！　フォイエル！」

衝撃を残して灼熱した弾丸が砲口から飛び出す。

「ガクン！」

命中弾をうけた戦車が擱座《かくざ》する。炎上した戦車を残して、イギリス戦車部隊は後退した。

やせほそるドイツ軍戦力

攻撃の焦点となったのはキドネイ高地であった。第一五機甲師団と交錯して、北の四一二地点に向かっていた第二一機甲師団は、南にキドネイ高地に向かって敵を攻撃するよう命じられた。

そして午前七時五分、第三三機甲砲兵連隊に、四一一地点の約八〇両の敵戦車の迎撃が命じられた。キドネイ高地に陣取った対戦車砲は、沈着冷静にイギリス軍戦車を撃ち取っていった。一両、二両、射的の的のように戦車が爆発する。しかし、情勢はいっこうに好転しない。彼我の兵力があまりに違いすぎるのだ。

第八戦車連隊は突破口を塞ぐべく、東に向かって攻撃を仕掛けた。第一大隊が現在地で戦ういっぽうで、第二大隊は五〇七地点に前進。これに対して、敵砲兵が激しく撃ち掛ける。

「ガーン！」

指揮戦車に敵弾が命中した。七時三五分、第一大隊長のシュティーフェルマイヤー大尉が戦死。

七時四〇分には、イタリア戦車とともに、こんどは北西方向へ反撃をこころみたが、わずかな地歩が得られただけだった。すでにこのとき、第一大隊にはわずか九両(!)の稼働戦車しかなかった。

いっぽう第二大隊の前面には、九〇~一〇〇両ものイギリス戦車が集結していた。テーゲ大佐に命令が飛んだ。

「第二一機甲師団が南に攻撃して、すでに二三六統制線を越えている。第八戦車連隊はこれと呼応して、攻撃開始」

九時一五分までに第八戦車連隊第二大隊は三〇両の敵戦車を撃破し、砲兵は一五両を破壊した。さらに、第一大隊も二〇両を擱座させたと報告してきた。

しかし、九時四〇分には南で戦う第一大隊の戦車はわずか四両となり、五〇七地点の北にいた第二大隊も、一二両の戦車しか残っていなかった。それでも第八戦車連隊が、イギリス軍を圧迫して後退させたという事実は、驚くべきものであった。

一〇時四〇分には、第二一機甲師団の先遣部隊は四一一地点に達した。その戦車中隊は右に旋回し、第八戦車連隊と接触しようとした。一一時三〇分に、テーゲ大佐にあらたな命令。

「三二地点を攻撃せよ」

三二地点を奪取して、そこから北に旋回するのだ。

「テーゲ、攻撃には砲兵が支援する」

砲兵の支援とはありがたい。しかし、湯水のように弾薬を発射することができたイギリス軍とちがって、ドイツ軍の砲撃はいつも必要最小限、いや、それ以下のことがほとんどだった。

一二時には、第二一機甲師団は四一一地点にあって、東を向いて敵と対峙していた。第八戦車連隊は四一一地点に前進し、第二一機甲師団と接触しようとしていた。

二コの戦車部隊が連携し、イギリス軍を圧迫して、以前の戦線を回復するのだ。戦車部隊の危険な側面は、対空中隊によって援護された。対空砲、もちろん有名なハチハチだ。これまで、何度もロンメルの危機を救ってくれた頼もしい奴。

一二時一一五分、第八戦車連隊第二大隊は第五戦車連隊との無線通信による接触に成功した。一二時四〇分、第八戦車連隊にすぐ攻撃を開始するよう命令が下された。

あらたな攻撃は、四一一地点に直接向けられ、第二一機甲師団との接触を確立するためのものであった。この攻撃には、イタリア軍の戦車も加わった。

一三時〇三分、第八戦車連隊第二大隊による攻撃が再開された。このとき攻撃に参加した戦車は、わずか五両でしかなかった。

第二大隊からの報告では、イギリス軍は東から南西に向かって攻撃をおこなっていた。第二一機甲師団はこの攻撃で圧迫され、後退せざるを得なかった。

第二一機甲師団のホイドゥク少佐の報告は、「悪魔の園」から南西に、二〇〇両ものイギリス戦車が前進しているという、驚くべきものだった。

一四時一〇分には第八戦車連隊第二大隊から、七〇両のイギリス戦車が南東から攻撃して来ることが報告された。いったい戦場には、何両のイギリス戦車がいるのか。

攻撃あるのみ。わずかに生き残った戦車に攻撃命令が飛ぶ。

「フォイエル！」

発砲、機動、発砲。しかし、第五戦車連隊が呼応しない。弱体化した第八戦車連隊だけでは、どうにもならない。どうしても両者の協調が必要である。要請する無線が宙を飛ぶ。

一六時〇五分、第八戦車連隊に悲劇が襲いかかった。

「ガーン！」

連隊長のテーゲ大佐の乗る指揮戦車に衝撃が走る。イギリス軍戦車の弾丸が命中したのだ。

「脱出！」

しかし、テーゲ大佐は脱出することができなかった。そのまま炎上する戦車と運命をともにしたのだ。

「テーゲ大佐は戦死。連隊の指揮はジーメンス大尉がとる！」

感傷にひたる間もなく、戦闘は続行された。

一六時四五分、イギリス軍は煙幕を張って、その後方へと後退した。本日の攻撃は終了というわけか。だが、ドイツ戦車兵たちはとても安堵する気持ちにはなれなかった。

一八時四五分にアフリカ軍団司令部から、今後の方針が伝えられた。部隊は優勢なイギリス軍による、これ以上の被害を防ぎ、旧防衛線から後退して、あたらしい防衛線にはいる。ただし、いつ後退するかは述べられていなかった。

一一月二日の夜が更《ふ》けていった。ドイツ軍はなんとか戦線を維持することができた。きっと今晩も、激しい砲撃と多数の戦車に支援された歩兵の攻撃があるだろう。

防衛部隊の戦力は、その敵にくらべて、戦車でも砲兵でも情けないほど弱体だった。このとき、第八戦車連隊はなんと八両の戦車しか保有していなかったのだ。

一日前には、五六両もの多数（⁉）を保有していたのに、いまやたったの八両！これでは、わずか二コ小隊の戦力でしかない。

さらに、この日の戦闘で連隊長のテーゲ大佐も戦死していた。そして、多くの歴戦の戦車兵たちも……。

この日、連隊は約六〇両の敵戦車を撃破したが、そんなことは何の慰めにもならなかった。優勢な敵は、すぐにあらたな戦力を投入するだろう。しかし、ドイツ軍には補充は望めなかった。イタリア軍は？

イタリア軍は、もはや戦力としては、ほとんど存在していないに等しかった。ドイツ・イタリア軍の戦力は、完全に擦りつぶされてしまい、戦線はもはや崩壊寸前であった。

ヒトラー、撤退を許さず

一一月三日、第二一機甲師団の第一〇四機甲擲弾兵連隊第一〇中隊のリングラー中尉は、ラフマン道でイギリス軍と戦いつづけていた。中隊には、もはや砂漠の中のあちこちに散らばる、わずかな兵力しか残っていなかった。対戦車砲は二門しか残って

完全に破壊されたⅣ号戦車G型。見守るイギリス兵の表情も嬉しいという顔ではない。

いない。

左手には第九中隊がいるはずだが、はたして何人が生き残っているかはわからない。後ろには何もなく、南にも誰もいない。前方には、あり余るほどの敵戦車がいた。

敵戦車は四、八、一〇両とまとまって攻撃を仕掛けた。対戦車砲は、できる得るかぎり敵を引きつける。距離わずか五〇メートル。

「ズーン！」

腹にひびく衝撃。対戦車砲が発砲したのだ。この距離では外れるわけがない。戦車はガクンと停止し、バラバラと乗員がこぼれ落ち、後方の戦車へと逃げのびる。

砲手のゲープハルトは、そんな敵には目もくれず、二両目の戦車に照準を付けた。こいつはピロート（グラント）だ。

「ズーン！」

こんども命中。巨体に弾丸が吸いこまれた。しかし、薬室に薬莢が詰まって排出されない。三両目の戦車が近づいてくる。これもピロートだった。

やっと薬莢が取りのぞかれた。装塡、発射。ミスだ。もう一発。

一分が、まるで永遠のように思われる。ついに三両目が破壊された。戦車はいったん後退した。

しかし、ふたたび四両の戦車が陣地に迫る。

「対戦車砲、なぜ発砲しない！」

ラーマンが双眼鏡でのぞくと、砲手は必死で閉鎖機を叩いていた。万事休す。

戦車は対戦車砲に突進すると、そのままのしかかって踏みつぶした。

「メリメリ、バキバキ」

砲がネジ曲がりくずれ折れる。戦車は第一〇中隊の陣地を走りまわり、タコツボにはいった兵員を、砂の中に生き埋めにした。

リンググラーの眼前で、五人の兵士が両手を上げてイギリス軍戦車に走って、そのま

アフリカ軍団の8.8㎝砲。水平射撃で最後の最後までイギリス戦車と戦いつづけた。

ま後ろに乗った。昨夜から、おかしくなりかけていた補充兵たちだ。

ここまで頑張り抜いたドイツ軍兵士の神経も、ついに擦り切れてしまったのだ。戦線の崩壊がはじまった。

一一月三日朝、ロンメルはエル・アラメイン戦線を放棄して、後退することを決めた。後方一〇〇キロのフカまで下がり、態勢を立て直すのだ。

前線からは、モントゴメリーの攻撃が弱まったと報告が入った。どうやら攻撃再興のため、部隊の再編成をおこなっているらしい。敵から離脱するには、最大のチャンスである。

ロンメルはまず、足手まといのイタリア軍に、西方に撤退せよと命令を下した。北部では、すでにイタリア軍の戦線は消滅していたが、南部ではまだモントゴメリーの突破を防いで（もっとも南部は陽動作戦に過ぎず、この頃には多くの兵力が北部に引き抜かれていたのだが）、まだ戦線を維持していた。

彼らのほとんどは、文字どおり歩く兵隊で、早めに脱出させなければ、敵機械化部隊につかまって殲滅されるか、捕虜になるしかない。

ロンメルの命令による撤退作戦は、順調にすすんだ。これで部隊の大部分は、モントゴメリーにつかまらずに逃げ出すことができる。

損害は大きかったが、救い出した兵力をまとめれば、イギリス軍の進撃をくい止めることもできよう。

「大佐、総統の命令であります」

一三時、アフリカ機甲軍参謀のヴェストファール大佐は、連絡将校から一通の通信文をわたされた。その内容は、アフリカのドイツ・イタリア軍に対する死の宣告であった。

「一歩も退《しりぞ》かず、最後の武器、最後の一兵まで戦闘に投入せよ。貴官のとるべき唯一の道は、麾下の部隊に対し、勝利か死への道を示すことであると判断する」

ヴェストファールは前線視察からもどってきたロンメルに、黙ってこの通信文を渡した。

撤退を許さず。ここで、このまま死ねというのか。

ロンメルは逡巡した。最高司令官であるヒトラーの命令は絶対である。それは軍人ロンメルにとって、絶対破ることのできない規範であった。

ロンメル自身がその原則を守ることなくして、部下の兵士に、どうして戦い、そして死ねと命ずることができよう。

ヒトラーは戦争のその後の期間に、支離滅裂な統帥をおこない、無意味な死守命令を乱発した。

しかし、ここアフリカでの「死刑宣告」は、こうしたばかげた命令とは事情がちがっていた。それは、まったく救いようのない悲喜劇といってよかった。

ロンメルは撤退に先だって、一一月二日の宵に総統司令部に対して、現在の絶望的な戦況の情勢報告をおこなっていた。そこにはエル・アラメインの戦線が絶望的で、イギリス軍に突破され、もはや背後一〇〇キロのフカ陣地に撤退するいがいに、軍を救う道がないことが記されていた。

いっぽうヒトラーはエル・アラメインでの数日来の戦闘に対して、将兵の士気を鼓舞し督戦する命令を起草した。これはまだロンメルの報告が届く以前に書かれたもの

戦場に置き去りにされたラムケ旅団は、敵中突破してロンメルに合流した。

で、ヒトラーはエル・アラメインの戦線が絶望的であることを知らなかった。

ヒトラーが一歩も退かず、最後の一兵まで戦うよう求めたのは、前線部隊に対するカンフル注射のつもりで、本当にお気に入りのロンメルの部隊を全滅させるつもりはなかったのだ。

しかし、不運だったのは、ロンメルの電報が届いたのは二日の深夜となり、ヒトラーはすでに寝いったあとだった。

このため電報を受け取った夜勤の少佐は、独裁者の眠りを妨げてごきげんをそこなうまいと、翌日の昼まで、その電報を放置したのである。

そして、ロンメルの電報到着と入れちがいに、ヒトラーの督戦電報が発信されたのだ。三日昼、ロンメルの電報を受け取ったヒトラーは、報告の遅れを激怒し、件《くだん》の少佐を軍法会議に掛けたが、自身の出した命令は撤回しなかった。

ロンメルには、こんな総統司令部の事情など、うかがい知ることはできなかった。発信時刻を調べれば、総統命令はたしかにロンメルの電報を受けたあとに発信されたはずである。

ロンメルは、いったんはじめさせた撤退行動を中止させた。そして一一月四日、全軍に最後の一発まで戦うよう命じた。

敗走するアフリカ軍団

一一月四日午前、アフリカ軍団の生き残りは、テル・エル・マムスラ砂丘の両側に狭い防衛線をひいていた。このとき第八戦車連隊に残された戦車は、Ⅲ号戦車短砲身型三両、Ⅲ号戦車長砲身型一両、Ⅳ号戦車短砲身型一両、Ⅳ号戦車長砲身型一両、指揮戦車一両の合計七両に過ぎなかった。もっとも、二日前にくらべれば、たった一両

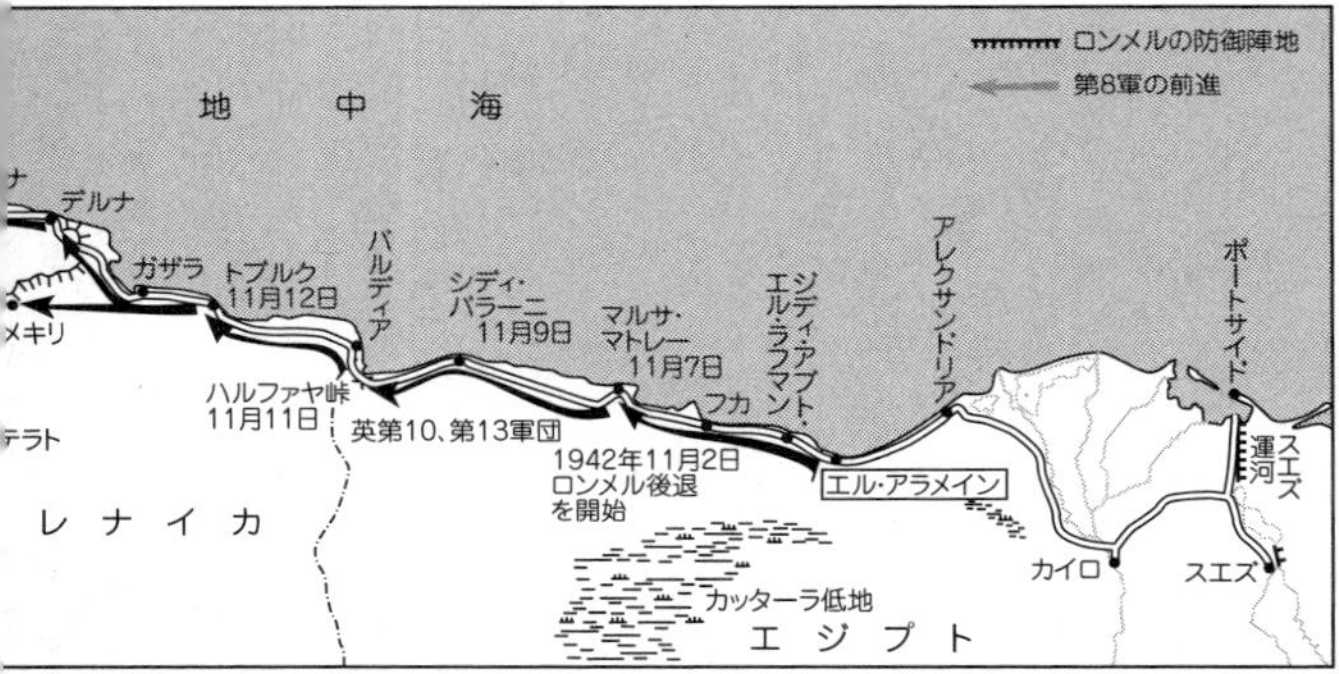

減に過ぎないというのは好成績だろうか？

アフリカ軍団の南には、やはり大損害を受けてわずかな生き残りとなったイタリア軍のアリエテ、リットリオ、トリエステ機甲師団が散らばる。

南部戦線はイタリア軍トレント師団にラムケ旅団、イタリア第一〇軍団が、戦線を維持していた。しかし、北部戦線が崩壊すれば、イギリス軍は南部戦線の背後に殺到し、彼らは包囲殲滅されるだろう。

いくら南部で戦線を維持しても、それだけでは何の意味もない。

朝の八時にモントゴメリーは、二〇〇両（！）もの戦車でアフリカ軍団を攻撃した。もはやこれまで。防衛など不可能だ。

アフリカ軍団のトーマ将軍は勲章を全部つけて、テル・エル・マムスラの最前線で指揮に立った。トーマは、かたわらのバイエルライン大佐にいった。

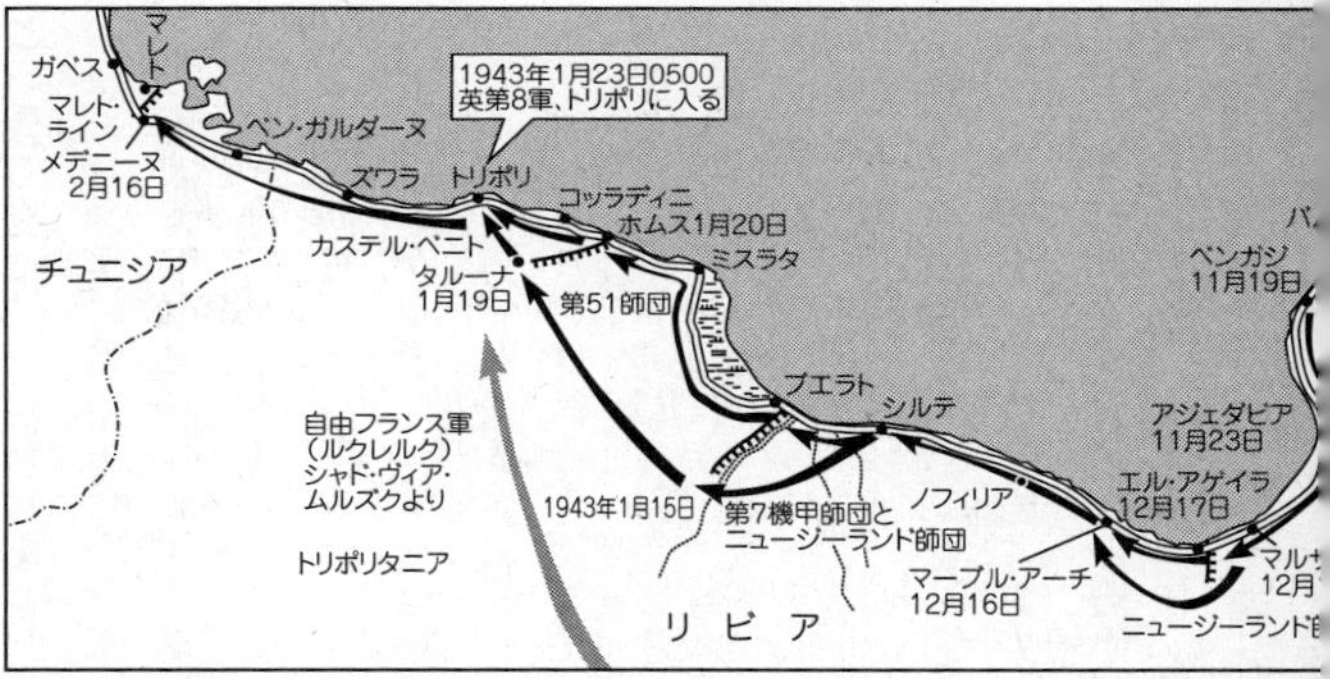

「君はエル・ダバに行きたまえ。私はここに残って、テル・エル・マムスラ防衛の指揮をとる」

将軍は死ぬつもりでいる。バイエルラインはそう思った。

午前一一時、バイエルラインの指揮所に、トーマの連絡将校ハルトデーゲン中尉がやってきた。

「トーマ将軍は、自分と通信班を後送させました。もはや、必要ない、と申されております」

テル・エル・マムスラでは、すでに戦車、対戦車砲、高射砲はすべて破壊されてしまったという。トーマ将軍の生死は不明。バイエルラインは驚いて、装甲車でトーマの前線指揮所へといそいだのだが、敵の砲火が激しくて、たどり着くことはできなかった。

射撃をうけてバイエルラインが飛び込んだ砂の穴から見通すと、二〇〇メートル先に燃え上がる戦車と、その脇に仁王立ちとなったトーマ将軍の姿が見えた。

イギリス軍の装甲車とシャーマン戦車が将軍に近づき、なにか怒鳴った。将軍は装甲車に歩みより、乗り込んだ。アフリカ機甲軍司令官であり、経験ある機甲部隊指揮官リッター・フォン・トーマ将軍はイギリス軍の捕虜となった。

一一月四日、ケッセルリンク元帥がイタリアからロンメルの司令部へ飛来した。ロンメルは、ケッセルリンクがヒトラーの命令を確認するために来たのではないかと疑ったが、そうではなかった。

ケッセルリンクはその反対に、現状では総統命令は実行不可能であると言明したのである。ロンメルは、ヒトラーに命令の撤回を求めることを決断した。

ロンメルに加えて、ケッセルリンクがヒトラーに電報を打ち、ロンメルは撤退に着手した。これに対するヒトラーの答えは、ロンメルを驚かせた。撤退に同意するというのである。

総統司令部で引き起こされた茶番劇を知らないロンメルには理解できなかったが、ともかく撤退に対する重しは取りのぞかれた。

一一月五日、ロンメルの機甲部隊の生き残りは、西に向かって後退した。それはあわただしい敗走といっていいものだった。

おのおのの部隊は統制もとれず、各自勝手に走りつづけた。動けない車両、燃料の切れた車両は、砂漠の中に打ち捨てられた。ましてや、車両のない歩兵部隊には、逃げのびるチャンスはなかった。

逃げるロンメル軍に対して、モントゴメリーの戦車群が追及した。ロンメルを恐れたのか、あるいはこれが彼のやり方なのか、モントゴメリーの緩慢な前進ぶりはロンメルを助けた。

しかし、当初予定したフカ陣地にはとどまることができなかった。六日、七日の防衛戦闘で、第二一機甲師団はせっかく救い出した戦車のほとんどを失った。

「逃げろ、大いそぎで逃げろ！」

はるか後方のマルサ・マトルーには七日にたどり着いた。ここは南がひらけていて、長く守りきれる場所ではない。さらに後退。

悪い知らせが届いた。八日に連合軍がモロッコに上陸したというのだ。九日にはシディ・バラーニに到着。ここもだめだ。一一日には、なつかしいハルファヤ峠に達した。しかし、感傷にひたる暇もなかった。

一一月八日、ベンガジに第九〇軽機械化師団向けに送られた第一九〇戦車大隊の戦車の一部が陸揚げされ、ロンメルは増援を得ることができた。しかし、ベンガジはロ

勝者と敗者。イギリス軍のグラント戦車のまえを捕虜となったドイツ・アフリカ軍団兵士が通り掛かる。アフリカの戦いはつづいていたが、彼らの戦いは終わりを告げたのである。

ンメル自身がかつてしたように、キレナイカの内陸から迂回される恐れがあった。さらに後退。

一一月一三日にはマルサ・エル・ブレガへ。ここはかつてロンメルが進撃を開始した場所だった。

モントゴメリーが再編成のためアジェダビアにとどまったことで、ロンメルはマルサ・エル・ブレガで一息つくことができた。

しかし、結局ここも安住の地ではなかった。エル・アゲイラ、ブエトラ、ホルム～タルーナの防衛線も迂回された。

一九四三年一月二三日、イギリス軍はトリポリを占領した。ようやくロンメルの部隊が停止して、戦線らしきものを築くことができたのは、エル・アラメインよりじつに二〇〇〇キロを走破して、はるかチュニジア国境を越えたマレトの防衛線においてであった。

第10章　錯誤と誤算で始まったクリミアの戦い

順調にソ連領内を進撃するドイツ南方軍集団にとって南翼に突き刺さったトゲ、クリミア半島の攻略は焦眉の急となった。第一一軍司令官マンシュタインは第二二機甲師団を投入して一気にセバストポリ要塞をめざした！

一九四二年三月二〇日〜四月一日　コルペシャの戦い

失敗したクリミア攻略戦

一九四一年六月二二日、ソ連領への侵攻を開始したドイツ南方軍集団は、南部の戦線をドイツ軍の主攻勢と誤認したソ連軍の勘ちがいもあって、苦戦を強いられたが、七月はじめにはジトミールを占領し、九月までには南でオデッサを包囲し、ドニエプル川に沿って、ほぼサボロジェ、ドニエプロペトロフスク、チェルカッシィ、キエフから、さらにデズナ川の線へと前線を前進させていた。

さらに南方軍集団は、ウクライナの占領をすすめ、九月末にはドニエプル川をわたり、一〇月にはベルディャンスクでソ連軍を包囲し、同月末にはハリコフを占領するとともに、ロストフへの攻勢をすすめた。

順調に進撃をつづけるなかで問題となったのは、南方軍集団の南翼に突き刺さったトゲ、クリミア半島であった。

クリミア半島はウクライナから黒海に突き出した菱形をした半島で、北部と東部は平地が広がるが、南半分は丘や岩山が多く、森林は少ない。

本土とのあいだは幅わずか七キロメートルのペレコプ地峡と、その東側の「シヴァシュ（腐った海）」と呼ばれる砂州や沼地でできた、徒歩でも船でも通行困難な湿地帯で結ばれている。また、半島の東側はコーカサス方面にトゲ状に突き出したケルチ半島となっていて、ケルチ海峡をつうじて、本土とのあいだにアゾフ海を形成している。

クリミア半島の位置は、黒海全体を扼するキーポイントであり、半島先端にはソ連軍の重要な陸海空軍基地のある軍事要塞都市セバストポリが建設されていた。

ドイツの同盟国ルーマニアにとって、黒海の海上交通の安全は死活的に重要であった。また、ドイツの戦争遂行にとって、きわめて重要な役割りを果たしていたルーマニアのプロエシュティ油田への、セバストポリからのソ連空軍による爆撃の脅威も存

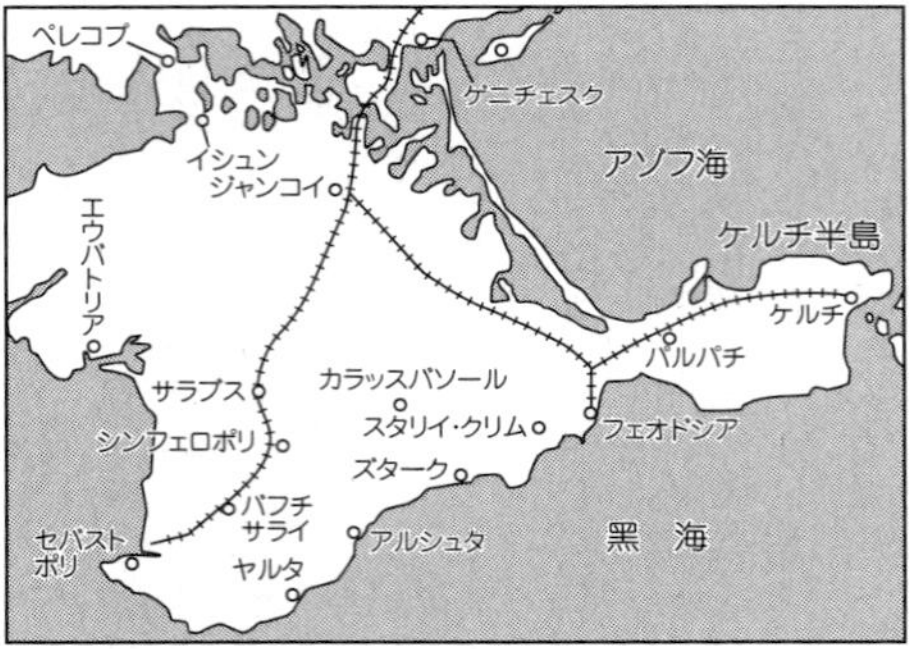

在していた。

さらに政治的には、黒海の制海権を確保することは、トルコを枢軸の味方へとさそうためにも大きな意味があった。

ドイツ軍は一九四一年九月に、フォン・マンシュタイン大将を北方軍集団の機甲軍団長から引き抜いて、南方軍集団の第一一軍司令官に任命していたが、この第一一軍に与えられた任務こそが、クリミア半島の攻略であった。

第一一軍は第三〇、第五四、第四二の三コ軍団の八コ師団とルーマニア第三軍の一部をもって、クリミアの占領に取り掛かった。

第一一軍は、一〇月二八日に、ウクライナ本土とクリミア半島をつなぐ湿地帯に掛かったわずかな通路、ペレコプ地峡の攻撃に取り掛かった。

ソ連軍は、かつてクリミア半島を支配していたクリミアタタール人が築いた古い「タタール人の壕」などを利用して、ペレコプ地峡に堅固な防衛線を敷いていたため、ドイツ軍の攻撃は困難をきわめた。

しかし、マンシュタインはわずか七キロメートルの地峡に、三コ師団の兵力と一コ軍全部の砲兵と工兵、高射砲を集めて正面から攻撃をしかけた。その結果、ペレコプ地峡は三日間で突破された。

つづくイシュン地峡でもソ連軍の抵抗は激しかったが、八日間の戦いで、半島への扉はこじ開けられた。ソ連軍は半島東のケルチ半島とセバストポリに向けて敗走を開始した。

しかしこのとき、クリミア半島を攻めるマンシュタインには、戦果をひろげるための快速戦車部隊がなかった。これでは電撃戦で、ソ連軍を捕捉する絶好のチャンスは失われてしまう。

マンシュタインは歩兵師団から機械化兵力をかき集めて、臨時の機械化部隊を編成した。臨時のツィグラー戦隊は、半島の首都シンフェロポリを一一月一日に占領、さらにバフチサライ、ヤルタへと快進撃をとげた。

ツィグラー戦隊のあとからは第三〇軍団と第四二軍団が、残敵を掃討して進撃する。半島を東にすすんだ第四六歩兵師団は、ケルチ半島付け根のパルパチ地峡を突破。いっぽう第一七〇歩兵師団はフェオドシアを占領し、一五日にはケルチも陥落させた。

第二二歩兵師団、第七二歩兵師団は、ヤルタを占領して東からセバストポリへ向かう。また第五四軍団主力は、北からセバストポリへ向かい、包囲の輪をちぢめていく。

こうして一一月一六日までに、セバストポリ以外のクリミア半島は、ほぼ制圧された。

セバストポリ要塞に対する攻撃は、一一月二七日を目標に準備がすすめられた。しかし、ロシアの冬の到来によって攻撃準備は遅れ、実際に攻撃が開始されたのは、一二月一七日のことであった。

攻撃の遅れは致命的であった。ソ連軍はセバストポリの防備を固めるいっぽう、ドイツ軍への反撃を用意していたのである。

一二月二六日、ソ連軍は幅五キロメートルのケルチ海峡をわたって、ケルチに上陸作戦を敢行した。さらに二九日には、ケルチ半島のパルパチ地峡の付け根フェオドシアにも上陸したのである。

セバストポリ攻撃に全力をそそぐため、ドイツ軍はこの方面に、わずか一コ師団しか配置していなかった。

なお数日、セバストポリ要塞への攻撃はつづけられたが、兵力不足により不成功に終わった。結局、一二月三一日、ドイツ軍のセバストポリ攻撃は中止された。

ドイツ軍は危険なケルチ半島のソ連軍に対する攻撃を準備した。一九四二年一月一五日、ドイツ軍三コ師団半とルーマニア軍一コ山岳旅団による攻撃が発動され、フェオドシアの敵は撃破され、パルパチ地峡の戦線を安定させることに成功した。

投入された第二二機甲師団

しかし、ソ連軍はクリミア半島奪回に全力をあげて取り組んだ。ケルチにはクリミア方面軍司令部がおかれ、第四四、四五軍の兵力がちゃくちゃくと増強されていった。一月末には、パルパチ地峡の兵力は九コ師団を上まわるものとなっていた。

いっぽうドイツ軍も兵力の増強をおこなった。その目玉となったのは、第一一軍に初めて配属された機甲師団となる第二二機甲師団だった。

第二二機甲師団は第二機甲師団、第一〇一機甲旅団その他の戦力を集めて、一九四一年九月に南西フランスで新編成された部隊であった。中核となるのは第二〇四戦車連隊である。連隊は当初はフランスからの捕獲戦車を装備していたが、クリミア戦投入時にはドイツ戦車に更新しており、Ⅱ号戦車四五両、Ⅳ号戦車二〇両、38（t）戦車七七両（指揮戦車を含む）を装備していた。

ずらりと並んだドイツ軍の15cm重榴弾砲 SFH18。口径15cm、重量43.5kgの弾丸を、最大1万3325mまで投射することができた。第二次世界大戦中のドイツ軍主力重榴弾砲であった。

ソ連軍は一九四二年二月二七日、三月一三日と、パルパチ戦線での攻撃をくり返していた。三月二〇日、ドイツ軍はパルパチ戦線で押し出されたソ連軍の戦線を切断し、内部の二〜三コ師団を包囲殲滅して、攻勢前の位置まで押し返そうという、限定的な攻勢に着手した。

第二二機甲師団は、この攻勢の主力として、フェオドシア西方スタリィ・クリム地区のコルペシ村への反撃作戦を敢行した。

第二〇四戦車連隊長のコッペンブルグ大佐は、38(t)指揮戦車の車上から、戦場全体を見わたしていた。このあたりはクリミアの山岳地帯が終わり、戦車の行動には問題ない平原となっている。

「スタリィ・クリムから、集合エリアに指

浮橋で川をわたる、第22機甲師団第204戦車連隊の38(t)戦車E/F型。ウクライナを行軍中に撮影されたもの。

定されたバイラチまでの前進はうまくいった」

彼は編成後、まだ十分な部隊統合訓練をおこなっていない師団の協調を心配していたが、いまのところ問題はなさそうだった。

攻撃準備エリアのウラジスラヴォウカへは、夜の九時半に出発し、第一大隊は午前二時に到着したが、連隊本部と第二大隊はおなじ方向へいそぐ機械化車両と馬牽部隊の隊列が、せまい橋梁上で混乱するなどして、かなり前進が遅れてしまった。このため、到着は四時一五分から五時になってしまった。

前後して機甲偵察中隊と対空中隊も到着し、増強連隊戦闘団の前進準備はととのった。しかし、機甲偵察中隊と対空中隊の車両には無線機が装備されていなかったため、戦闘団の戦闘効率は低下せざるを得なかった。

同じく第22機甲師団第204戦車連隊の38(t)戦車。同連隊は東部戦線に送られた戦車連隊の中で、38(t)戦車を装備した最後の連隊であった。

午前四時五五分、クリミアに夜明けが訪れた。しかし、まだ厚い朝霧のため、視界はわずか五〇〜一〇〇メートルしかない。

「パンツァー、マールシェ！」

午前五時、戦闘団の前進が開始された。第一大隊はすぐに前進を開始したが、装甲偵察中隊と第二大隊の出発は遅れ、隊列には大きな隙間があいてしまった。やはり、共同行動の訓練不足がひびいているようだ。コッペンブルグは近づく戦闘に不安を禁じえなかった。

北西に一〜一・五キロ進んだところで停止し、敵情を確認しようとするが、霧が深く、まったくわからない。五時半に前進が再開されるが、霧のなかで各隊列

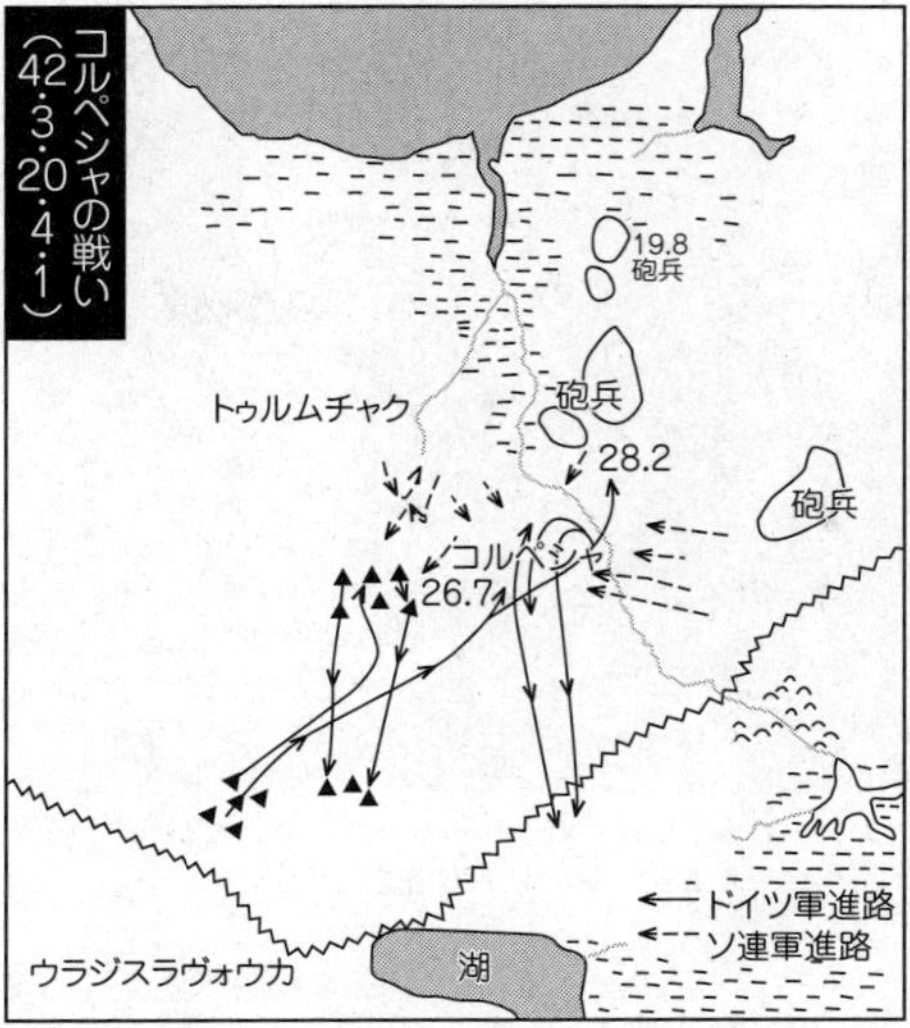

は味方を見失い、バラバラとなってしまった。

「第一大隊、現在地を知らせよ」

コッペンブルグは無線で連絡しようとした。戦闘団は第一大隊と第二大隊が、それぞれ相互の支援なく戦う最悪の態勢となった。

偵察中隊も、第一大隊にくっついて行動するはずが、まちがえて第二大隊に随伴するというように、隊列は混乱をきわめた。

第一大隊は道に迷ってしまい、予定進路をそれて北へと進んでしまっていた。六時に大隊はコルペシャの西の二六・七ポイントに到着したが、そこで霧をついて三五両からなる敵戦車の襲撃を受けた。大隊長のコリン少佐は、ただちに反撃を命じた。

「パンツァー、フォー！　たいした

1942年のクリミア戦時の写真ともいわれるが定かではない。
数十両の隊列で、全車が右側を警戒して砲塔を旋回させている。

敵ではない、蹴ちらせ！」

ドイツ戦車が砲撃を開始すると、敵の軽戦車は回れ右をして、霧のなかに逃げ込んでしまった。

大隊は横隊に散開して、敵戦車があらわれた方向に前進していった。

「ガツン！」

大隊の戦車が被弾炎上した。

「脱出！」

敵の七六・二ミリ砲弾が命中したのだ。

「前方に敵大型戦車！」

霧のなかから、軽戦車に囲まれて一〇両のKV1とT34が姿をあらわした。敵は軽戦車だけではなかったのだ。

大隊の展開位置にはソ連軍の砲兵火力も指向され、大隊は大混乱におちいった。

「ドン！」

逃げまどう戦車が、爆発で突き動かされた。第二中隊と左翼の第三中隊が、敷設されていた対戦車地雷原に踏み込んでしまったのだ。

大隊は霧と炎上する戦車の煙で、ほとんどまわりが見えないまま、敵砲火に一方的に叩かれてしまった。

第一、第二（軽）中隊は戦場を離脱したが、第三（中）中隊は敵戦車との撃ち合いをつづけていた。

「後退せよ！」

コリン少佐は大隊に、味方の対戦車砲陣地まで後退するよう命令した。じつは、この対戦車砲の展開も調整不足で、対戦車砲は戦車より二、三〇〇メートル後方に展開していて、まったく戦闘に寄与することがなかったのだ。

六時半には、右翼にあらたな敵戦車が出現し、第一中隊はさらに後退せざるを得なかった。

大隊はますますせまい地域に押しこめられ、北側と北東側から間断なく敵砲火が浴びせられ、大隊の損害は保有戦車の三〇～五〇パーセントに達していた。もはや、さらに後退して霧のなかに逃れるより仕方がなかった。

コリン少佐は命令を下した。

「攻撃を中止せよ！　大隊は南に向かって、まっ直ぐ後退する」

コッペンブルグは第一大隊の戦闘のようすを、無線でモニターしつづけていた。彼は第一大隊が、彼のすぐ左にいるものと思い込んでいた。

「コリン、こちらから支援を送る」

「ルックハルト中尉、現在地より離脱し、中隊をひきいて第一大隊の救援に向かえ！」

コッペンブルグは、第六（中）中隊を支援のため派遣した。

第六中隊はコルペシャ北東の対戦車壕を越えるため、Ⅱ号戦車一両とⅣ号戦車四両がスタックし、わずかにⅣ号戦車三両だけとなりながら西方に進出したが、もちろん第一大隊と会合することはできなかった。

第一大隊は敵戦車と砲火をまじえながらゆっくりと後退し、一〇時にはウラジスラヴォウカの北東に達した。このときの大隊戦力は四一両となっているが、前述の損害報告との矛盾の理由は不明である。

コルペシャ戦車戦の誤算

六時半、コッペンブルグの手元にのこされた第二大隊は、コルペシャの西に集結した。そのまま第二大隊は北東の二八・二ポイント方向にすすみ、ソ連軍の対戦車地雷原を迂回することに成功し、コルペシャからトゥルムチャクへつづく川床に達した。

「ウラー！」の叫びとともに、ロシア歩兵が、北と北東から襲い掛かった。

「無線手、前方機関銃発射！」

「主砲榴弾こめ！　発射！」

敵歩兵は榴弾射撃と戦車の機関銃火で蹴ちらすことができたが、彼らはたこつぼにもぐって抵抗をつづけた。

ソ連軍は戦車をねらって激しい砲撃をおこなったため、大隊の戦車はたえず陣地変換して、ソ連軍の砲火を避けねばならなかった。偵察によれば、川床に沿って対戦車壕や対戦車陣地が設けられており、前進することは相当の損害が見込まれた。

七時半から八時にかけて、左翼でソ連軍の対戦車砲と野砲の展開が望見された。同時に、北東からのロシア歩兵の激しい攻撃も再開された。

さらに八時半には、左翼のトゥルムチャク方向からの歩兵の攻撃もはじまり、大隊は完全に進退きわまってしまった。厳重に防備されたソ連軍の対戦車陣地を突破して前進する力は、もはや大隊には残ってなかった。

コッペンブルグは、大隊をゆっくりと南方に後退させた。戦車とともに乗車を捨てた戦車兵が、よりそうように後退する姿が、そここで見られた。

残存戦車はコルペシャ西方の鉄道駅付近に集結したが、連隊本部のコッペンブルグが掌握できたのは、わずか一五両の戦車に過ぎなかった。

「応答せよ！」

コッペンブルグは無線で第二大隊長に呼び掛けたが、第二大隊長車は不運にも無線機を破壊され、通信することができなかったのだ。

やがてコッペンブルグのもとにいろいろな報告が集まり出した。第一大隊の現在位置が師団司令部経由でようやく伝達された。

その第一大隊を増援したはずの第六中隊は、中隊長が徒歩（！）で報告にあらわれ、無意味に戦力を失ったことが知らされた。さらに、第二大隊所属の各戦車からは、弾薬、燃料が欠乏したという悲痛な無線が飛び込んでくる。

連隊戦闘団は完全にバラバラとなり、戦車集団の衝撃力を生かすことに失敗した。

やがて鉄道駅周辺には、バラバラに後退してきた戦車や偵察車両、対空車両が集まってきた。連隊戦力は戦車三三両まで回復した。

しかし、この実りのない攻撃での損害は大きかった。二一両のⅡ号戦車と六両の38

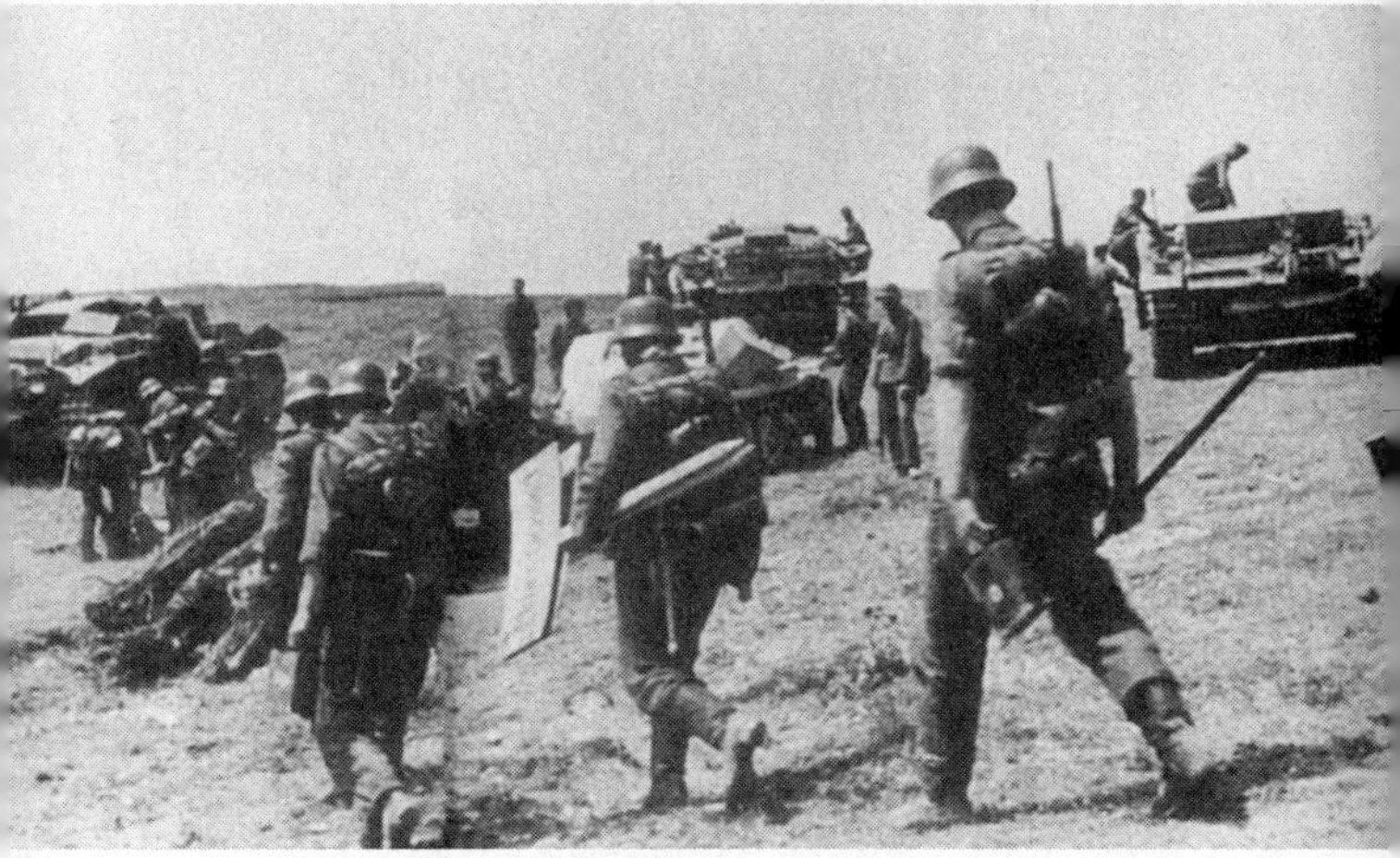

クリミア戦時に撮影されたIII号突撃砲E型。上は突撃砲の支援射撃のもと、戦闘工兵が爆薬筒を持って突進しているところ。中央の車体が発砲直後で砲が後座しているのがわかる。下は戦闘間の行軍途中で、突撃砲は乗員が車体に取り付いて移動を開始しようとしている。兵士たちが手に手に持っているのは、地雷原を示す標識の棒杭である。

（t）戦車、一両のⅣ号戦車が完全に破壊された。五両のⅡ号戦車と一〇両の38（t）戦車、三両のⅣ号戦車が大破したが、修理は可能であった。三両のⅡ号戦車と一両の38（t）戦車、二両のⅣ号戦車が小破するか、スタックして放棄されたものの、これらは修理、回収がみこまれた。

攻撃は不十分な準備と調整の結果、完全なる失敗に終わった。第二〇四戦車連隊は、攻撃発起時には四五両のⅡ号戦車と七七両の38（t）戦車（指揮戦車をふくむ）、二〇両のⅣ号戦車を保有していたが、この日の戦闘行動後の残存数は、なんとⅡ号戦車九両、38（t）戦車一七両、Ⅳ号戦車六両にまで減少してしまったのである。

この後、戦力を消耗した第二二機甲師団は、戦力を小出しにして火消し役をつとめる、不本意な役割りしか果たせなくなった。

三月二七日にはⅣ号戦車三両が派遣され、T34一両と四・七センチ自走砲（SU45、あるいは四五ミリ砲装備の戦車のあやまり？）を破壊した。二八日夜明けには、Ⅲ号戦車一両とⅣ号戦車二両が派遣され、敵の五二トン戦車（KV2？）と戦い、さらに一〇時にはあらたに出現した敵に、もう一両のⅣ号戦車が派遣され、一〇〇メートルの近接戦闘をまじえたという。

この戦闘では一両のT34が炎上し、残りは後退した。おなじ日にハイン少尉は、中隊長として三両のⅣ号戦車をひきいて四両のソ連戦車と戦い、一両のT34と一両の四・七センチ自走砲を破壊している。

三〇日には、フォス少佐の戦区で防衛線の回復のための攻撃行動がとられたが、これとて参加したのは四両のⅣ号戦車だけだった。この戦闘では、一両のT34と一両の五二トン戦車に出くわした。

セバストポリのソ連軍砲台を射撃するカール60㎝自走臼砲。

Ⅳ号戦車は五〇から八〇メートルという近接距離で多数の命中弾を与えたが、ソ連戦車の戦意をくじく以外の効果はなかった。二両の敵戦車は戦いをあきらめて後退していったが、その厚い装甲板には、かすり傷しか与えることができなかった。

こうした小競りあいは三一日、

バフチサライの発射陣地の線路上を移動する80cm列車砲ドーラ。

四月一日とつづいたが、これ以上書くほどのものではなかった。

第二二機甲師団は訓練不足のため、まったく期待にこたえることができなかったが、唯一の成果は、ソ連軍にドイツの機甲師団があらわれたというショックを与え、その行動を慎重にさせたことであった。そして、第二二機甲師団の戦車兵自身は、コルペシャの戦いを貴重な実戦訓練の場として、あらたな戦いへの準備を進めたのである。

セバストポリ要塞の陥落

一九四二年五月、ドイツ軍はケルチ半島を奪回するトラッペン・ヤークト（雁猟）作戦を発動した。この作戦は、ケルチ半島付け根のソ連軍戦線を南方から突破したのち北へまわり込み、ソ連軍主力を戦線後方で包囲殲滅しようというものであった。

攻撃は第三〇軍団の四コ師団が参加するが、主力となるのはとうぜん、クリミア唯一の戦車部隊である第二二機甲師団であった。

五月八日、作戦は開始された。第二二機甲師団は雨のため戦闘参加が遅れたものの、一〇日にはソ連軍戦線を突破して、ソ連第五一軍の背後に進出した。そのまま突進はつづけられ、翌日には半島反対側のアク・モナイで海にでて、ソ連軍の包囲を完成させた。

コルペシャの戦いでは、ふがいない戦いぶりをみせた第二二機甲師団も、その汚名をはらす大活躍を見せたのだ。

ケルチ半島の脅威が取り除かれ、第一一軍によるセバストポリへの攻撃が再興された。六月七日から開始された総攻撃は、前年のような速攻ではなく、六〇センチ自走臼砲カールや八〇センチ列車砲ドーラなど、大量の重砲を集中させた正攻法の要塞攻撃作戦であった。

セバストポリの外郭陣地のひとつに、有名なマクシム・ゴーリキ砲台があった。ソ連軍はこの砲台に戦艦の主砲とおなじ三〇・五センチ砲塔をそなえ、ドイツ軍に対して激しい射撃あびせた。

ドイツ軍はカールの砲撃で砲塔一基を破壊し、六月一八日、最終的に歩兵の突撃で砲台を占領した。そしてGPU、モロトフ、チェカーといった砲台も占領され、セバストポリ北翼の防衛線は突破された。

二八日までに市の外郭防衛線はすべて突破されたが、まだサプン・ゴラ（高地）が残されていた。サプン・ゴラは、セバストポリ市一帯を見下ろすことのできる制高点で、三重になったセバストポリ防衛線の最終防衛線の最重要拠点だった。

ドイツ軍は堅塁を正面から攻める愚策はとらず、サベルナヤ湾をわたって、サプン・ゴラの裏側にでる奇襲作戦をおこなった。この攻撃はソ連軍の意表をつき、二九日にサプン・ゴラの陣地は陥落した。

残されたのは、セバストポリ市街だけだった。七月一日、セバストポリ市そのものへの攻撃が開始された。

ソ連軍は市街を放棄し、セバストポリ西南のフェルソネス半島で最後の抵抗をこころみたが、もはや勝敗は決していた。七月四日に最後の部隊が降伏し、セバストポリ攻防戦は終わりを告げた。

ドイツ軍は全クリミアを占領し、南方軍集団南翼の脅威は完全に取り除かれたのである。

第11章　包囲環のなかで撃滅されたソ連南西総軍

激しい寒気にさらされて戦力の低下したドイツ軍はソ連軍の戦車と歩兵の突破攻撃により崩壊、攻勢に転じたソ連軍だが、ハリコフ解放をめざしたティモシェンコ元帥の南西総軍は思わぬ難敵に遭遇した

一九四二年五月一二日〜二九日　第一次ハリコフの戦い

ソ連軍の冬季攻勢の挫折

一九四一年一二月、モスクワ前面でソ連軍の反攻作戦が開始された。もはや攻勢終末点に達していたドイツ軍の戦線は総崩れとなり、ドイツ中央軍集団は危機に瀕していた。

この成功に勢いを得たスターリンは、ジューコフの反対を押し切って、全戦線での攻勢を命じた。北部でのレニングラードの解囲とともに、南部でのドイツ軍撃滅作戦が発動された。

この作戦は南西総軍のティモシェンコ元帥の指揮下に、コステンコの南西方面軍と

マリノフスキーの南方面軍によっておこなわれるものであった。ハリコフとアルテモフスクの間でドネツ川をわたってドイツ軍の戦線を突破し、南に旋回してドネツ川下流域に突出したドイツ軍戦線を切断しようというもので、一部は北に旋回し、ハリコフの解放もねらっていた。

主力となるのは南西方面軍で、南方面軍は前面のドイツ軍の拘束をはかる任にあたることになっていた。

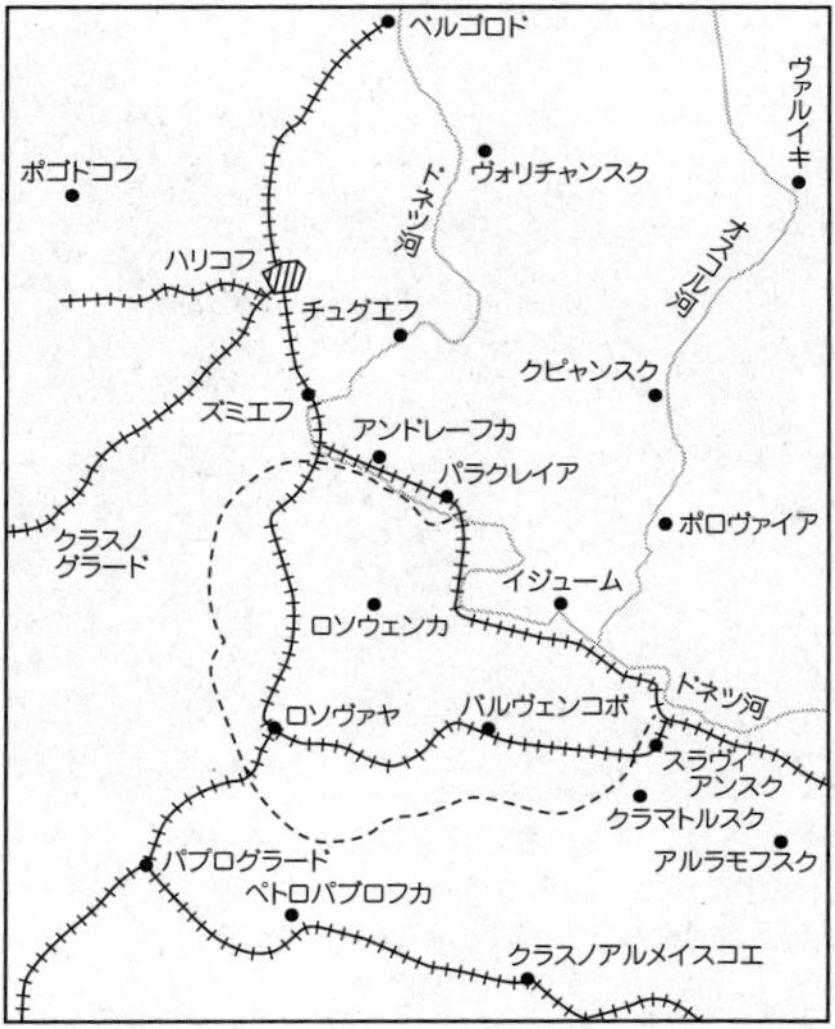

一月一八日、攻勢は開始された。ソ連軍の先鋒部隊はイジュームでドネツ川をわたり、ドイツ軍への攻撃を開始した。

モスクワ前面同様、戦力が低下して激しい寒気にさらされていたドイツ軍は、ソ連軍の戦車と歩兵の集団による突破攻撃にはひとたまりもなかった。たちまち戦線には一〇〇キロもの大穴があいた。

どこかロシアの村だろう、雪の積もった道路上を行くソ連軍のT34戦車。車体には白いカモフラージュのオーバオールを着込んだ兵士が鈴なりとなってしがみついている。

大穴からはソ連第六、五七、九軍の戦車、歩兵、スキー、騎兵部隊が奔流となって前進を開始した。

ソ連軍はバルヴェンコボとロゾヴァヤの重要な鉄道分岐点を奪取し、ドイツ軍戦線へと進出していった。しかし、ドイツ第六、一七軍はなんとか兵力をかき集め、ソ連軍の進撃を押しとどめようとした。

一月三一日までに、ソ連軍はドイツ軍戦線に一〇〇キロもおし進むことに成功したが、目標としたアゾフ海ははるかかなただった。

じつのところ、ソ連軍の戦力もドイツ軍同様、とても十分といえるようなものではなかったのだ。広大なロシア大陸からかき集めたとはいえ、兵力は不足し、とくに戦車や車両は、とても緒戦の損害を埋めるべくもなかった。

端的なのが戦車部隊で、師団は廃止され、旅団が編成されたものの、現実には連隊、大隊以下の兵力になり下がっていた。

それでもスターリンの攻撃命令にしたがって、第五騎兵軍団は南への前進をつづけた。

三一日にはアゾフ海沿岸のタガンログから、ハリコフ南方のパブログラードにつづく、重要な鉄道幹線ルート上のクラスノアルメイスコエに接近した。

これは、ドイツ軍にとっての一大ピンチであった。この鉄道が切断されれば、ロストフから撤退し、なんとかタガンログ周辺でソ連軍を押しとどめた南方軍集団南部への補給が危機にさらされる。

ドイツ軍はマッケンゼン集団の機甲部隊を投入した。マッケンゼン集団は第五騎兵軍団の攻撃を撃退し、ソ連軍のそれ以上の侵攻を防いだ。そして、チェルカスカイア方向に圧迫したが、亀の首のように突出したソ連侵攻部隊の突出部を切断するだけの力はなかった。

ソ連軍による奇襲の衝撃から立ち直ったドイツ軍は、各所でソ連軍を撃退し、やがて戦闘は一進一退の膠着状態におちいった。

ソ連軍も、かつてのドイツ軍と同じまちがいを犯していたのだ。ドイツ軍の戦力は枯渇し、あとひと押しで崩壊すると。

これだけの立ち直りを見せたソ連軍の底力はすばらしかったが、まだドイツ軍を叩きつぶす力はなかったのだ。

三月にはいると、ロシアでは春の雪解けがはじまり、両軍ともに作戦行動はほとんど不可能となり、戦闘は中止された。南部戦線はハリコフの南に、一〇〇×八〇キロのソ連軍突出部が残る異様なかたちで終息した。

ドイツ軍が先かソ連軍が先か

南部戦線のソ連軍突出部はバルヴェンコボ突出部と呼ばれ、両軍の注目の的となった。ソ連軍にとっては、この突出部をどう生かせるか、そしてドイツ軍にとっては、この突出部をどう料理するか。

ソ連軍大本営スタフカは、冬季大攻勢が一定の成果を上げたとはいえ、損害も多大で無視することはできなかった。春季に大攻勢をとることなど、もはや問題外だった。

雪煙を蹴立てて疾走するソ連軍のT34 1941年型。雪中機動力ではソ連戦車はドイツ戦車をはるかに上回っていた。

このためスタフカは、ごく限定的な攻勢をとって成果を上げようとした。レニングラードの解囲、セバストポリの救出とならんで計画されたのが、バルヴェンコボ突出部を利用したハリコフの解放であった。

ハリコフはウクライナ東部の交通の要衝であり、この町を奪取することで、南部戦線への影響は大きい。

南西方面軍のティモシェンコ元帥は、ふたたび作戦計画を練った。こんどは前回のときよりさらに大きな兵力が用意された。

五コ軍に六〇〇両もの強力な戦車部隊。このうち第六軍が突出部の西北正面から北西方へハリコフ北方のバルヴ

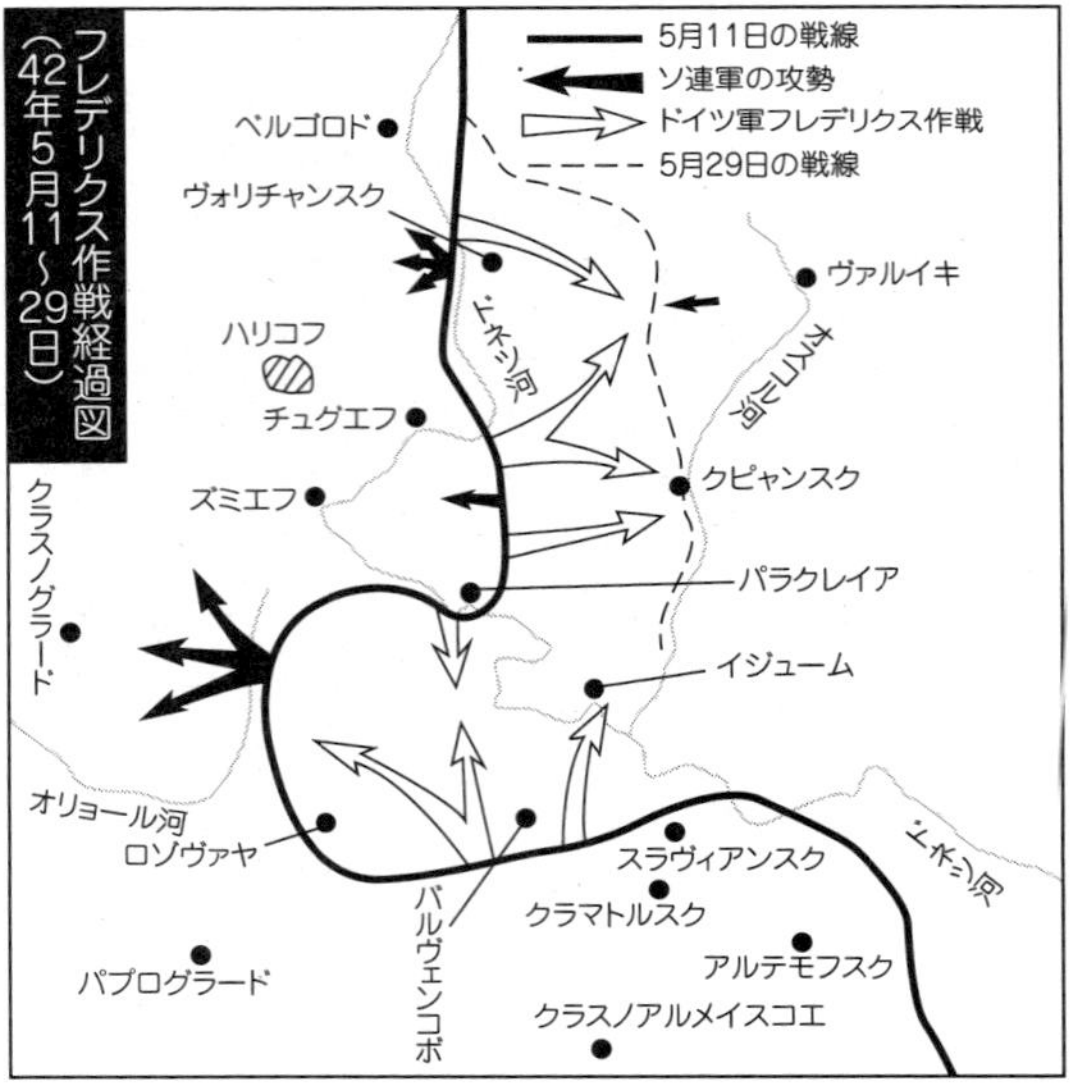

フレデリクス作戦経過図（42年5月11～29日）

エンコボに向かい、前回は攻勢が頓挫したハリコフ北方のヴォリチャンスクから、第二八軍がふたたび攻撃する。また突出部の南部は第九、五七軍がカバーする。

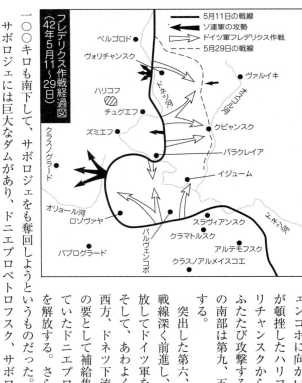

　突出した第六、二八軍は敵の戦線深く前進し、ハリコフを解放してドイツ軍を包囲殲滅する。そして、あわよくばハリコフ南西方、ドネツ下流域との交通網の要として補給集積地ともなっていたドニエプロペトロフスクを解放する。さらに、そこから一〇〇キロも南下して、サボロジェをも奪回しようというものだった。

サボロジェには巨大なダムがあり、ドニエプロペトロフスク、サボロジェは、ともにドニエプル川の貴重な渡河点としての価値が高かった。

いっぽうドイツ軍もソ連軍の攻勢を、ただ手をこまねいて待っているわけではなかった。ヒトラーはすでに一九四二年の夏季攻勢として、ウクライナからコーカサスへの攻撃を決定していたが、この攻勢発動のためには、ドイツ軍にとってたえず脅威となっている、敵のバルヴェンコボ突出部を切りとることは絶対に必要であった。

そのため、南方軍集団司令官フォン・ボック元帥は、突出部を南北から攻撃する作戦計画を立てた。作戦名はフレデリクス作戦。

作戦は単純なもので、パウルス将軍の第六軍が北から攻撃し、クライスト将軍の第一機甲軍が南から攻撃する。突破したドイツ軍部隊が南北から挟撃し、がっちり握手してソ連軍を包囲殲滅するのだ。

ドイツ軍は夏季攻勢のために、戦力の回復に懸命につとめていた。

本国、西部戦線から移動してきた部隊、そしてイタリア、ハンガリー、スロバキア、ルーマニアやスペインからの義勇部隊も、貴重な戦力としてドイツ軍戦線の一翼をになった。フレデリクス作戦の発動は五月一八日が予定された。

はたしてソ連かドイツか、どちらが先に攻撃を仕掛けるのか、時間との戦いである。

そして、どちらがこの戦いに勝利を上げるのか。春の雪解けが終わり、大地がしだ

ロシア南部で撮影された第14機甲師団所属のⅢ号戦車
初期型で、まだ主砲には42口径の5cm砲を装備している。

いに乾いて固まっていくにつれて、両軍戦線、後方での動きは活発化し、緊張は高まっていった。

はじまったソ連軍大攻勢

先手をとったのはティモシェンコだった。

一九四二年五月一二日、激しい砲撃のあと、ソ連軍の戦車の縦列は、怒濤のごとくドイツ軍陣地に襲い掛かった。

北側のヴォリチャンスク方面から出撃したのは狙撃兵師団、騎兵師団一六コ、戦車旅団三コ、機械化師団二コという巨大な兵力を持

ロシア南部の草原地帯をすすむドイツ軍のⅣ号戦車G型。後方につづくのはⅡ号戦車。戦力を回復したドイツ軍は雪解けとともに反撃を開始した。

つ第二八軍である。

これに対するドイツ軍は、ホリト将軍の第一七軍団、フォン・ザイドリッツ・クルツバッハ将軍の第五一軍団で、両軍団合わせても六コ師団の戦力しかなかった。

いっぽう南側のバルヴェンコボ突出部から出撃したのは狙撃兵師団二六コ、騎兵師団一八コ、戦車旅団一四コの兵力を持つソ連第六、五七軍であった。

これに対するドイツ軍は、ハイツ将軍の第八軍団とルーマニア第六軍団のわずか六コ師団であった。

この兵力でソ連軍の進撃を防ぐことなど、不可能というものだ。しかし、ドイツ軍は善戦健闘した。北翼では、パウル

ウクライナ東部の要衝ハリコフ市街を行くドイツ軍。

スの第六軍はすべての兵力を投入してソ連軍を遅滞した。

ソ連戦車部隊はハリコフまで二〇キロに迫ったが、フレデリクス作戦のためにハリコフに控置されていた第三、二三機甲師団、第七一歩兵師団をハリコフ南東、テルノバヤでソ連軍の側面にぶつけて、なんとか攻撃を停止させた。

しかし南翼では、とてもソ連軍の攻撃を停止させることなど不可能だった。ソ連戦車と歩兵の大群はドイツ軍陣地を蹂躙し、西方へと突破した。

先頭をいく第六騎兵軍団は、一六日にはボック元帥の司令部のあるポルタヴァの南東二〇キロのクラスノグラードへ迫った。

この敵にいったいどう対処すべきか。二日後にはフレデリクス作戦開始のてはずになっていたが、すでに原計画どおりの作戦発起は不可能である。

北部の第六軍は、目の前の敵への対処に手いっぱいであり、予備兵力も戦線投入してしまった。いっぽう南部では、敵は進撃しているものの、攻撃の中心となるクライスト集団は無傷で残っている。

作戦を中止すべきか、それとも南部だけで攻勢をとるか。

ボックは躊躇し、逡巡をくり返した。参謀長のフォン・ゾーデンシュテルン将軍は、南の片腕だけでも作戦を決行することをすすめた。敵兵力は強大ではあるが、西へすすめばすすむほど戦力は弱まり、補給も不足し、その脆弱な側面がドイツ軍のまえにさらけだされるのだ。そこが勝利の唯一のチャンスとなる。

ボックはフレデリクス作戦の発動を決定した。敵が側面の防御を固めないよう、作戦決行日は一日早められて一七日となった。

ドイツ軍の反撃はじまる

「パンツァー、マアールシュ！」

五月一七日早朝、バルヴェンコボ突出部南部のドイツ軍集結地域では、満を持した戦車の集団が前進を開始した。

エンジンがうなり、キャタピラがきしむ音を残して、この鉄の怪物たちは緑の草原地帯へと前進を開始した。ドイツ軍の反撃開始である。

クライスト集団は、第一機甲軍と第一七軍の一部をもって、ソ連軍の戦線へと殴り込みをかけた。兵力は歩兵八コ師団、機甲二コ師団、機械化歩兵一コ師団、そして左翼をルーマニア師団群が防備する。主力となるのはマッケンゼンの第三機甲軍であった。

マッケンゼンは第一四機甲師団を中心に、右翼にウィーン第一〇〇猟兵師団、左翼にバイエルン第一山岳師団をおいて、ステパノフカからバルヴェンコボへと襲い掛かった。

師団の先頭は第三六戦車連隊第二大隊、指揮官は有名なヴィリィ・ラングカイト少佐である。

ソ連軍は完全に虚を突かれた。攻撃しているのは自分たちで、まさかドイツ軍が、こんなかたちで反撃してくるとは思っていなかったのである。

「パシン、パシン」

散発的に発射される対戦車銃の弾丸が、ドイツ戦車の装甲板を叩く。しかし、ソ連兵は有効な防戦もできないまま、スホーイ・トレッツ川の沼地へ圧迫され、バルヴェンコボはその日のうちに陥落した。ソ連軍突出部の南に、大きなドイツ軍の楔が打ち込まれた。

バルヴェンコボでスホーイ・トレッツ川に架橋し、ラングカイトはさらに部隊の先頭にたって前進をつづけた。舞い上がるものすごい土埃で、戦車は真っ黒となった。戦車兵も、みな土で汚れ、顔は煙突掃除をしたあとみたいだ。

それでも戦車兵たちは、文句ひとついわずに前進をつづける。第一四機甲師団の前面の敵は、ソ連軍の第五騎兵軍団である。騎兵といっても、もはや馬に乗っているわけではない。

しかし第五騎兵軍団は、ドイツ戦車の攻撃の前にもろくもくずれ、寸断包囲されてしまった。ドイツ軍が期待したように、ソ連軍突出部の側面は、まだ弱体だった。ソ連兵は激しく抵抗し、英雄的に戦ったが、戦線には大穴があく。さらに第三〇騎兵師団、第五一狙撃兵師団、第一二、一五、一二一戦車旅団が撃破され、北ドネツ川へ向かって北へ敗走した。第五騎兵軍団の残余の部隊と、第一〇六、三四九、三三五狙撃兵師団の残余は、第一機甲軍によって包囲されてしまった。

これらの部隊の処理は、あとにつづく歩兵部隊にまかせて、第一四機甲師団は前進をつづける。新手の戦車と戦うのは第一四機甲師団の役目である。

「注意しろ！　敵戦車接近中！」

ラングカイトは味方に警報を発する。

「右翼にまわれ！　側面から攻撃しろ！」

ドイツ軍の手練の前に、ソ連戦車は各個に撃破され、有効な反撃はできなかった。

「速度を落とすな！　前進をつづけろ！」

ラングカイトは先をいそいだ。いま重要なのは、個々の敵を打ち破ることではなく、突破し、前進することである。

一九日には、第一四機甲師団はヴァル・カミシェバフカに到達した。これで、すでに突出部反対側のバラクレイアまでの半分を前進した計算だ。オリジナルのフレデリクス作戦は、すでに達成された。クライストはソ連軍の南半分を、みごとに食いちぎったのだ。

これからどうするか。もちろん攻撃をつづけるだけだ。こんどは第六軍が噛みとるはずだった、もう半分を食いちぎるのだ。目標はウィーン第四四歩兵師団が守るバラクレイアである。

クライストは攻撃部隊の再編成をおこなった。ベレカ川をまえに第一線にならぶのは、西から東に第六〇自動車化師団、第一四機甲師団、第一六機甲師団の衝撃力を持った部隊で、第二線に第三八九、三八四歩兵師団がならんで続行する。

　このころ、イジュームとペトロフカイアのソ連軍飛行場はドイツ軍の砲撃を受け、ソ連空軍の運用は不可能となっていた。これはバラクレイア突出部と西方へ進撃するソ連軍のエアカバーを奪い去り、ドイツ軍の作戦をさらに有利に導くことになった。二〇日、第一四機甲師団はジーケナウス戦闘団の戦車中隊の協力を受けて、プロトポポフカでベレカ川を渡河した。バラクレイアまではあと二〇キロ。橋頭堡は長さ一三キロ、幅が二キロほどの小さいものであった。

　第一四機甲師団が橋頭堡を懸命に確保しているとき、クライストはまちがったことをしていた。彼は残りの衝撃兵力、第一六機甲師団と第六〇自動車化歩兵師団を西に進撃させたのである。これはソ連の第五七軍を包囲殲滅するための作戦だったが、うまくいかなかった。

　第五七軍の外周を防衛するルーマニア師団群にやる気がないために、第五七軍は南部、西部からの圧力を気にすることなく、ドイツ軍に対処できたからだ。

　クライストはこの無意味なこころみをあきらめ、第一六機甲師団と第六〇自動車化歩兵師団、第一山岳師団を後詰めとして、プロトポポフカ橋頭堡に送り込むことにした。三〇師団で北進するのだ。

ボックはパウルスに、第三、二三機甲師団をヴォリチャンスク方面から引き抜いて、南に進撃するようもとめた。その結果、オリジナルのフレデリクス作戦が、部分的だが実現することになった。

あとは袋の口を閉じて、ソ連軍を締め上げるだけである。二〇日夜、ボックは突出部を切断し、ソ連軍を殲滅するよう攻撃命令を発した。

ティモシェンコ軍の壊滅

第一四機甲師団は命令をうけて、一路北進をつづけた。先頭を行くのは、もちろん第三六戦車連隊第二大隊のラングカイト少佐である。

ソ連戦車の反撃は難なく撃退することができた。あちらこちらにソ連軍の抵抗拠点は残されていたものの、かまわず前進する。

ふと戦車の装甲板を叩きつづけた砲火が止んだ。ラングカイトが視察口からのぞき見ると、拠点からは疑わし気に視線をおくる見慣れたヘルメットが見える。ついにドイツ軍の戦線に到着したのだ。

第四四歩兵師団の将兵が、ラングカイトたちの戦車に駆け寄ってくる。どの顔も喜びでくしゃくしゃだ。彼らは一月以来、たえずソ連軍の脅威にさらされて、孤立無援で戦ってきたのだ。

第一四機甲師団は二二日の午後、バラクレイアの南のバイラクに到着、袋の口は閉じられた。ティモシェンコの第六軍と第五七軍は完全に袋のねずみとなった。

ティモシェンコはドイツ軍の攻勢の危険性を、一七日には気づいていた。しかし、スターリンはヒトラー同様、容易には退却を許可しなかったのだ。

二二日までにスターリンは、いやいやながら後退を許可したが、ドイツ軍の前進は余りにも早すぎた。

突出部で指揮を執るコステンコは、後退準備をはじめていたが、とても間に合わない。はたして、ドイツ軍の包囲鐶を突破できるだろうか。

ソ連軍は西方に突出した部隊が、ドイツ軍の追撃をうけながら東に後退する。東側では第三七、一九九、一九八、一三〇、一三一、一、三八戦車旅団などが懸命に脱出路をさぐる。突出部の東、イジュームからは第九軍が救援作戦を発動する。

ドイツ軍は突出部の全周から攻撃を加えるが、問題は薄っぺらいバルヴェンコボ～バラクレイアの包囲鐶が維持できるかどうかだ。

クライストはマッケンゼン集団のすべての戦車部隊、自動車化部隊、歩兵部隊を、

この切断部につぎ込んだ。

要となるのは第一四機甲師団で、バラクレイアの南に陣取り、イジュームからの反撃に対処し、そこから反時計まわりに、第一六機甲師団、第六〇自動車化師団、第三八四歩兵師団、第一〇〇猟兵師団が布陣した。そして、中央には火消し役として、第一山岳師団が控置された。

ソ連軍の包囲鐶突破のための攻撃は、すさまじいものがあった。このとき、控置されていた第一山岳師団が役に立った。

二五日、第六〇自動車化師団の戦線を突破した第一〇三狙撃兵師団そのほかのソ連軍部隊は、ロゾベンカに達したが、そこで第一山岳師団の反撃を受けた。

戦闘はきわめて凄惨なものとなった。ソ連軍は何波にもわたって「ウラー」の雄叫びで山岳師団の戦線に押しよせ、そのたびに死体の山を築いて撃退された。

多くのソ連兵がウオッカで酔っ払っていたという。ウオッカの助けを借りなければ、いくらソ連兵でも、そんな無意味な突撃などできるものではない。

いっぽうイジューム方面からの救出作戦も激烈だった。ティモシェンコは二四日には第三、一五戦車旅団を投入して、ドイツ軍包囲鐶に穴をうがとうとこころみた。しかし、第一四機甲師団と第三八四歩兵師団が、このこころみを防いだ。

包囲下のソ連軍部隊は、戦力をかき集めた攻撃集団をつくり、ドイツ軍の戦線突破をはかった。二八日朝には、突破部隊はバルヴェンコボに一キロほどのせまいコリドーをつくることに成功した。

先頭は六両のT34戦車で、あとから兵士、指揮官、政治委員がつづく。コリドーはありとあらゆるドイツ軍砲火にさらされたが、脱出はつづいた。

二七～三〇日に掛けて、ソ連軍の小グループの脱出がつづき、二万二〇〇〇人が脱出に成功した。しかし、これがすべてだった。

ソ連軍は、二コ軍団、狙撃兵二二コ師団、騎兵七コ師団、戦車、機械化一四コ師団を失い、二三万九〇〇〇名が捕虜となった。ドイツ軍の完全勝利であった。

南部でドイツ軍を包囲しようというソ連軍の春季攻勢は、ドイツ軍のみごとな反撃で逆に包囲され、信じられないような大敗に終わった。大兵力を失ったことで、南部戦線には大穴が開いた。

こんどはドイツ軍の攻勢の番だ。しかし、ドイツ軍はソ連軍とおなじ過ちを犯す。もう敵は完全に撃破され、反撃する力など残っていないと思い込んだのである。

こうしてドイツ軍とソ連軍の激闘は、まだまだつづくのである。

第12章 ヒトラーの壮大な賭け「ブラウ作戦」発動

ソ連軍と冬将軍の猛威に耐えて一九四二年の夏を迎えたドイツ軍は、ヒトラーの勘ちがいに端を発した南部ロシア制圧の「ブラウ作戦」を発動、交の要衝ヴォロネジをめざした！

一九四二年七月六日～一三日　ヴォロネジ攻防戦

ドイツ軍の夏季攻勢開始

一九四一年六月二二日、ソ連領への侵攻を開始したドイツ軍は、レニングラード、モスクワといった主要目標を占領することができず、勢力をもり返したソ連軍と冬将軍の猛威によって、各所で敗退し、後退をよぎなくされた。

ヒトラーの死守命令によって部隊は踏み止まり、なんとか戦線らしきものを形づくることができたが、ドイツ軍にはもはや緒戦の輝かしき常勝軍隊の面影はなかった。

いっぽうのソ連軍にしても、独ソ開戦いらいの痛手は隠しようもなかった。シベリア兵団などをかき集めた兵力でドイツ軍に反撃したものの、ドイツ軍の必死の防戦で

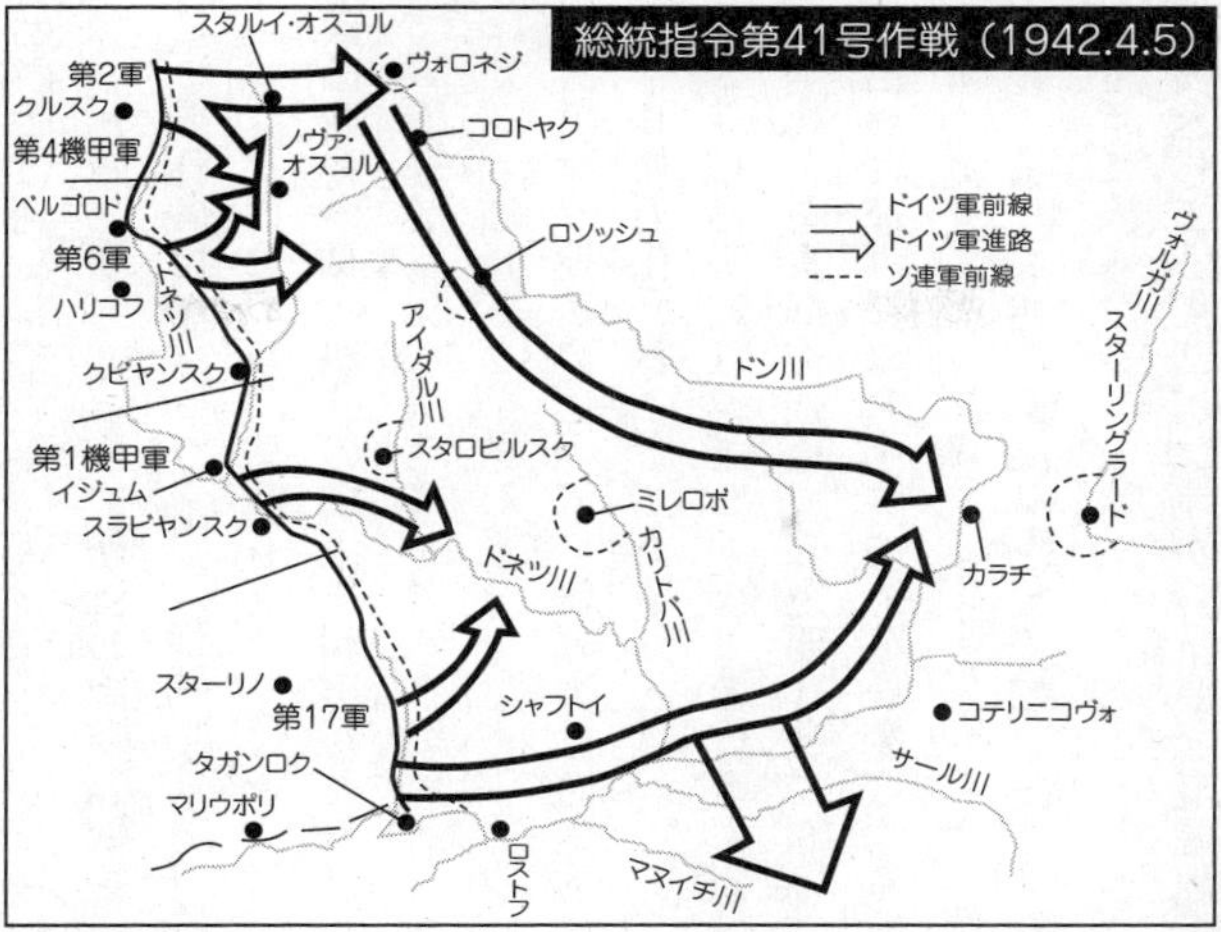

攻撃は限定的なものに終わり、しかもレニングラードやハリコフでは大損害を受けて、敗退する始末であった。

一九四二年春、東部戦線には、さながらドイツとソ連の二頭の猛獣が、どちらもおびただしい血を流しながら、がっぷり四つに組みあった壮絶な地獄絵図が眼前に広がっていた。

はたして戦争の行方はどうなるのか、鍵を握るのは二人の独裁者であった。

ヒトラーは彼独特の人種的偏見から、つねにソ連軍を侮り、戦力を過小評価しつづけたが、こんどもその致命的欠点はあらためられなかった。

彼は一九四二年冬のソ連軍の攻勢が撃退されたことで、ソ連軍の兵力は尽きたと勝手に判断していた。

一九四二年四月五日、運命の命令「総統指令第四一号」が下達された。

この作戦は「ブラウ（青）作戦」と名づけられた。

「ロシアにおける冬季戦も終わりに近い。……敵は人員、資材に甚大な損害を受けた。敵は緒戦の見せかけの成果を利用しようとしたこころみで、将来の作戦のため控置していた予備兵力の大半を、この冬に損耗してしまった」

この判断にもとづきヒトラーは、ドイツ軍が攻勢を取ることを命令した。

「目標はソ連軍に残っている戦力を徹底的に破壊し、最重要の戦争経済資源を可能なかぎり無力化することである」

こうして決定されたヒトラーの作戦構想は、壮大なものであった。

「全兵力を南部作戦地域の主要作戦に向け、ドン前面の敵を掃討し、カフカス地域の油田およびカフカス山脈の道路を奪取するものとする」

コーカサス（カフカス）――なんと遠大な目標か。もしコーカサスが奪取できれば、ドイツ軍にとって最大の懸案である石油問題が解決する。さらに、ドンバスの石炭と鉄も手に入る。

裏返していえば、ソ連から重要な資源地帯を奪うことになるのだ。そして、その輸送ルートはロストフ、スターリングラードをとおる鉄道と、ヴォルガの船運にたよっている。これをいっきょに切断することができるのだ。

もし、この目標が達成されれば、戦争はドイツの勝利に終わるかもしれない。もし達成されれば……、しかし、どうやって……。

一九四一年の冬以来、ソ連軍に押されつづけたドイツ軍の戦力は、なんとか現戦線を維持することで精一杯である。それがコーカサスへ侵攻するというのだ。そうなると、問題なのが側面の守りである。

ドイツ軍はそれをドン川とヴォルガ川にたよることにした。そしてもうひとつ、ハンガリー、イタリア、ルーマニアなどの同盟軍の部隊に……。それがどんなに恐ろしい結果をまねくかは、のちにわかることになる。

いっぽうスターリンはどうしていたか。

スターリンはドイツ軍の夏季攻勢、少なくともドン川流域でソ連軍を包囲しようとしたドイツ軍の計画の第一段階は知っていたといわれる。しかし、ドイツ軍のドン川進出の意図については勘ちがいしていた。

スターリンは、これが南から北へ、モスクワを攻撃するためのものと誤断していたのである。

そのため、ドイツ軍の攻勢開始の兆候が高まるなかでも、モスクワ周辺に予備兵力を集め、南に送ることはなかった。

そして、ドイツ軍の第一目標となったヴォロネジが、モスクワへの跳躍台となると思い込んでいたため、ヴォロネジ方面軍を編成して増援にあたった。

これは勘ちがいではあったが、結果的に電撃的にヴォロネジを占領し、南部でソ連軍を撃滅しようというドイツ軍の時刻表に、致命的な影響を与えることになるのである。

「ブラウ作戦」第一段階

一九四二年六月下旬、オリョールからタガンログにいたる南部戦区には、北から南に、南方軍集団（ボック）の第二軍（ヴァイクス）、第四機甲軍（ホート）、ハンガリー第二軍、第六軍（パウルス）、第一機甲軍（クライスト）、第一七軍（ルオフ）の大兵力がひしめいていた。

そして、イタリア第八軍、ルーマニア第三、四軍の控置兵力を加えた総兵力は八九コ師団におよんだ。うち九コは機甲師団であった。戦車は一四九五両、このうち一三三両は長砲身の七五ミリ砲を装備していた。

参謀本部の作戦計画では、作戦は段階をおって進められることとされていた。まずクルスク、タガンログ地区から北翼の部隊が前進し、挟撃作戦で同地のソ連軍を殲滅する。ドン川に到達後は南東に向きをかえ、ソ連軍をドン川流域から追い払う。それから南部の部隊が東に向かって前進し、ソ連軍を追撃する。この二つの部隊がスターリングラード西方で手をむすんで、さらに大規模にソ連軍を包囲殲滅する。そうしたあと、南に旋回してコーカサスの油田地帯に向かう、というものであった。

六月二八日、作戦正面のいちばん北を担当する第二軍と第四機甲軍は、クルスク地区からヴォロネジ攻撃を開始した。ブラウ作戦の第一段階の開始である。

ヴォロネジは、この地方の軍事と経済の中心都市で、ヴォロネジ川とドン川を制していた。そして、モスクワから黒海、カスピ海へいたる道路、鉄道、船運すべての南北交通の要であった。

このため、ヴォロネジはドイツ軍南部攻勢において、南への進出と側面援護のために、まっさきに占領しなければならない目標だった。

攻撃の中心となったのは、もちろん第四機甲軍であった。第四機甲軍は第二四機甲軍団を北、第四八機甲軍団を南に配置して、まっ直ぐヴォロネジへと突進した。

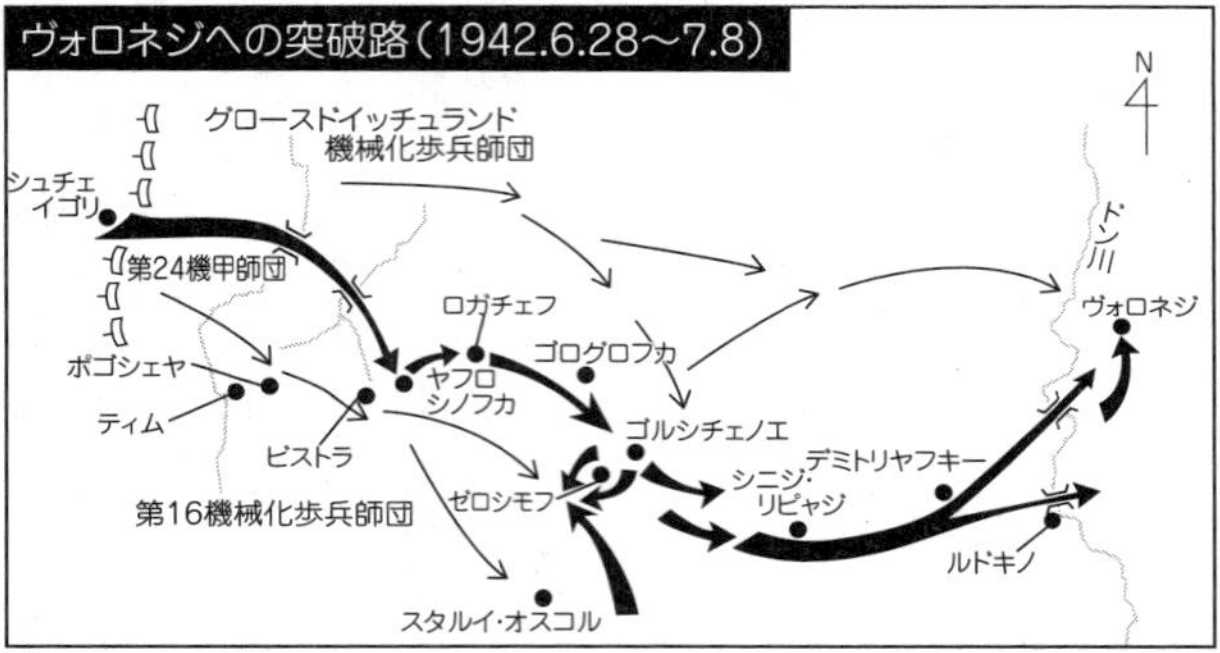

ヴォロネジへの突破路(1942.6.28～7.8)

ヴォロネジ攻略の主役となるのは第四八機甲軍団で、中央に第二四機甲師団、右翼に第一六自動車化歩兵師団、左翼にグロースドイッチュランド自動車化歩兵師団が配されていた。

第二四機甲師団は、攻撃開始とともにソ連第四〇軍の防衛線を蹂躙すると、すぐチム川に達した。

「急げ、橋はまだあるぞ！」

橋を奪取すると、脇き目もふらずクシャニ川をめざす。クシャニ川でも橋を無傷で手に入れると、そのまま突進を続行する。

「パンツァー、マールシュ！」

ホートは彼の機甲部隊に、側面を気にせず前進するよう指示していた。かつての電撃戦の再来である。

こうして第二四機甲師団は、三〇日にはヴォロネジまでの半分を突破し終わっていた。しかし、前面にはソ連軍狙撃兵四コ旅団が守る防衛陣地があり、

ヴォロネジ方面軍戦区で撮影されたT34 1942年型。
遠方に煙が上がっているが、遙か彼方まで見渡せるロシアの平原地帯が、独ソ両軍の戦車戦の舞台となった。

後方には機甲二コ師団もひそんでいるらしい。ソ連軍の反撃である。

危険なドイツ軍の先鋒戦車部隊に対して、フェデレンコは機甲三コ軍団で反撃をこころみたのだ。この兵力で逆にドイツ軍を包囲殲滅し、ヴォロネジへの脅威を絶とうというのだ。

「敵戦車群、前方から近づきます」

T34、KV1の大群である。

「各車、戦闘用意!」

パタン、パタンとハッチが閉められる音がする。

「徹甲弾!」

装填手が主砲に装填する。発射準備完了。

これまでとはちがう。師団には一二両の長砲身型Ⅳ号戦車が配属されていた。Ⅲ号戦

ロシア中南部で戦うドイツ軍戦車、自走砲部隊。上は第16自動車化歩兵師団第228戦車駆逐大隊所属のⅡ号戦車車台搭載7.62㎝ Pak36(r)自走砲架。Ⅱ号戦車D/E型車体を流用して、なんとロシア軍から捕獲した7.62㎝野砲を搭載した急造自走砲で、制式名称ではないがマーダーⅡとも呼ばれる。後方から続行しているのは、Ⅰ号戦車を改造した弾薬運搬車である。次ページ上は第4機甲師団のⅢ号戦車J型で、長砲身の5㎝砲を搭載している。次ページ下はⅣ号戦車G型。長砲身の7.5㎝砲を装備しており、これでやっとドイツ軍もT34と互角の戦いができるようになった。

車も、半分は六〇口径の長砲身型だ。

前年までは、ソ連戦車の性能に苦杯を飲まされてきたが、いまはなんとか対等な戦いができる。そのうえ、戦車戦の腕前はまだドイツ軍の方が上であった。彼らは偵察、機動、集中、卓越した指揮でソ連戦車を寄せつけなかった。

このころ、南のハリコフ周辺では、二日遅れで第六軍の攻撃が開始された。第六軍はおなじくヴォロネジを目標として北東に進み、

第四八機甲軍団とともに、ドン川西部のソ連軍を包囲殲滅するのが任務であった。

その主力となるのは、第四〇機甲軍団である。軍団は第三機甲師団、第二三機甲師団、第一〇〇猟兵師団、第二九自動車化歩兵師団からなる強力な部隊であった。

第四〇機甲軍団はウォルチャンスクから出撃し、オスコル川に着いたら、北に転じることになっていた。そして、第四八機甲軍団とがっちり手をむすび、ソ連軍を包囲殲滅する。

「前進！」

戦車が先頭に立ち、擲弾兵の乗った装甲兵員輸送車がつづいた。

「家の右、道路脇に敵対戦車砲」

「榴弾こめ！」

「フォイエル！」

対戦車砲は吹き飛び、突破口がひらける。

前線陣地では、例によってソ連兵は死に物狂いで戦った。強引に踏みにじって突破する。しかし、なにかがおかしかった。

敵はいつものように頑強に抵抗するが、それは防御陣地にたてこもった敵だけで、後方にいるはずの主力は、整然と東へ後退しているようだ。これでは、たとえ包囲網を閉じたとしても、あとはもぬけのカラである。

これに気がついた第四〇機甲軍団長のシュヴェッペンベルクは、オスコル川の東に小さな包囲網をつくるのをやめて、このままドン川へ突進するよう意見具申したが、第六軍は予定の包囲計画に固執し、北進を命令した。

その結果、包囲網は完成されたが、なかにはほとんど誰もいなかった。ソ連軍はまんまとドイツ軍を出し抜いたのである。彼らもこの一年の戦いで賢くなっていた。

ドイツ軍はドン川へ向けて進撃するものの、それは単に敵を向こうへ押しやるだけのことであった。このまま、兵力を温存した敵がドン川をわたってしまえば、包囲殲滅のチャンスは永久に失われ、緒戦で側面の脅威となる敵を撃滅するという、ブラウ作戦の最初の前提がくずれてしまう。

ヴォロネジを占領するや

もはや、最初の作戦計画にこだわっている場合ではない。もっと臨機応変にやらなければ。

ここでヒトラーが介入した。七月三日、ヒトラーはボックの司令部を訪ねて、こう

Ⅲ号突撃砲Ｆ型。1942年春に撮影されたもの。主砲の7.5cm砲に43口径の長砲身砲が装備されるようになり、対戦車火力が向上している。

命令した。

「私はヴォロネジ占領には固執しない。それを必要とも考えていない。ただちに南進することを貴官の裁量にゆだねる」

つねに将軍たちの手綱をしめたがったヒトラーにしては、驚くべきほどまっとうな命令であった。

これで前線部隊は、はるかかなたで実情を知らない総統本営からの介入に悩まされることなく、自由に行動できる。自由な行動、これこそ、これまでグデーリアンが、そしてマンシュタインが求めつづけてきたものだった。

この日の夜遅く、第四〇機甲軍団にドン川への東進が許可された。逃げるソ連軍に追いつくのだ。

ヴォロネジ市街で撮影されたⅢ号戦車J最後期型で、長砲身の5㎝砲を装備し車体前面には増加装甲も装着されていた。第16自動車化歩兵師団の所属車両である。

しかし、ボックはグデーリアンやマンシュタインではなかった。彼は躊躇し、逡巡し、考えを変えた。

そのきっかけとなったのは、この日、第二四機甲師団の第二六自動車化歩兵連隊がドネツ川の渡河点を確保し、さらに先鋒が、その日の夜遅くには退却中のソ連軍の隊列を突っきって、ヴォロネジの前方三キロの地点までたっしたことを知ったからだった。

ボックは迷った。もしかしたら、ヴォロネジはすぐに取れるのではないだろうか。それならば、やっぱりヴォロネジを占領してから南進しても間に合うのではないか。

四日午前、ボックは命令をひるがえし

た。第四〇軍団は東ではなく、ふたたび北へ進むことになった。

「ヴォロネジ方面に進出し、第四機甲軍の側面を援護せよ」

命令とあらばしかたがない。しかし、ヴォロネジは何日で取れるのだろうか……。

七月四日一六時、グロースドイッチュランド機械化歩兵師団はドン河畔にでた。第一六機械化歩兵師団の先鋒も、その南で川に到達した。

「橋だ、橋を取るんだ！」

二〇時には、グロースドイッチュランド自動車化歩兵師団第一歩兵連隊第七歩兵中隊は、セミルーキでドン川をわたる道路橋に到達した。ドイツ軍の速攻に、ソ連軍は橋を爆破することができなかった。

あわてて導火線に火をつけたものの、これに気づいたヘンペル軍曹は、川に飛びこんで導火線をひきちぎった。部隊はただちに東岸に渡り、橋を占領するとともに、橋頭堡を築いた。

このとき驚いたことに、橋がドイツ軍に占領されたことを知らないソ連軍部隊が、西岸からのこのこと撤退してきた。

「手を上げろ！」

何がなんだか分からないまま、あわれなソ連兵は捕虜となった。

歩兵をしたがえて前進するドイツ軍のⅢ号突撃砲Ｅ型。低いシルエットで短砲身の7.5㎝榴弾砲を装備した突撃砲は歩兵の突撃支援に大活躍した。

「速度こそが武器！」

グロースドイッチュランド自動車化歩兵師団第一歩兵連隊の兵士は、支援の突撃砲に跨乗して、すぐさまヴォロネジ突入をはかった。

「突撃砲、前進！」

ずんぐりしたシルエットの突撃砲が、ゆっくりと前進を開始する。

「カーン！　カーン！」

突撃砲の装甲板に、敵の機関銃弾がはねかえる。擲弾兵は突撃砲の後部エンジンルーム上に身を伏せて、必死で敵弾を避けようとした。

ヴォロネジ駅が見える。

「下車して散開しろ！」

ばらばらと擲弾兵が走り降りる。

「停止！」

突撃砲は停止すると、敵陣地に向かって射撃

を開始する。

「フォイエル！」

榴弾が炸裂し、土ぼこりが舞い上がる。結局、彼らは駅まで到達したものの、激しい敵の抵抗で撤退せざるを得なかった。それでも、ともかくヴォロネジに突入したのである。

ドイツ軍は兵力の蓄積をいそいだ。五日の夜にはヴォロネジ前面の橋頭堡には、グロースドイッチュランド自動車化歩兵師団の自動車化歩兵二コ連隊、第二四機甲師団、第三、第一六自動車化歩兵師団のオートバイ部隊が集結した。その北側は、追いついてきた歩兵師団が固めており、側面を衝かれる心配はない。

しかし、ソ連軍のティモシェンコは、ヴォロネジをやすやすと放棄するつもりはなかった。モスクワ攻撃をおそれるソ連大本営も、ヴォロネジにはおしまず増援を送ってきた。

ヴォロネジ周辺には第四〇軍の狙撃兵師団九コ、狙撃兵旅団四コ、機甲旅団七コ、対戦車砲旅団二コが集められていたのである。ヴォロネジのソ連軍は、ここまで後退戦闘をくり返したソ連軍とはちがっていた。市街は、必死で防衛戦闘をおこなう決意をかためたソ連軍であふれ返っていたのである。

ドイツ軍はどうすればいい。もはや速攻の効果は望めず、強攻するしかない。しかし、敵はすっかり防備を固めてしまっているのだ。どうする。

ここで、ふたたびヒトラーが介入した。強力なソ連軍の存在を知ったヒトラーは、市への無駄な攻撃を厳禁して、即座に南進するよう促したのだ。これは至当な決定であった。しかし、事態はふたたびおかしな方向に揺れ動く。

六日になって、ついに第二四機甲師団とグロースドイッチュランド自動車化歩兵師団の一部がヴォロネジ市内に突入した。このとき、ソ連軍は徹底抗戦せずに後退す……ように見えた。

これがヒトラーの判断に影響した。すぐに取れるものなら、取ってしまえばいいのだ。ヒトラーはヴォロネジ攻撃を許可した。

もっともヒトラーは、ヴォロネジの攻撃は許可したものの、南方への進撃が遅れるのを嫌った。このため、第四〇機甲軍団には南進をつづけることを命じ、第四機甲軍もヴォロネジ攻撃を歩兵にゆずって、すぐに後を追うことを命じた。

これはまた、ずいぶんふざけた決定であった。敵が必死で守るヴォロネジを、片手間で落とそうというのである。これもブラウ作戦中、ヒトラーがつねに抱きつづけた妄想で、「すでにソ連軍は打ち破ってしまった」という考えから来たものであった。

ヴォロネジの戦術的勝利

七月七日、第二四機甲師団とグロースドイッチュランド自動車化歩兵師団は、攻撃部署をそれぞれ第三自動車化歩兵師団と第一六自動車化歩兵師団と交替して、南に向かった。第三自動車化歩兵師団は北、第一六機械化歩兵師団は南にならんで攻撃にあたり、両師団の境界線はヴォロネジ駅とされた。

早朝、第三自動車化歩兵師団第八連隊は出撃命令をうけ、ドン川橋頭堡からヴォロネジ市街へ前進を開始した。先頭は第二大隊である。

路上は反対側に向かって行軍するグロースドイッチュランド自動車化歩兵師団の車両で、大渋滞であった。大隊はポドクレトノエの森に着くと、ヴォロネジ突入にそなえて戦闘準備をととのえた。

第一〇三戦車大隊の戦車が先頭にたち、装甲兵員輸送車がうしろにつづく。森を出て一キロ進むと、ヴォロネジ外縁の家並が見えてきた。そのなかには高い建物もまじっていて、敵に絶好の観測点となっている。

「狙撃兵に注意！」

戦車長は頭をハッチの陰にかくし、擲弾兵は注意深く周囲の建物を見張る。飛行場の北にたっしたとき、戦車の支援射撃がはじまる。いっぽう砲兵はさらに北方に、さかんに砲火を浴びせる。

前方の道路は猛烈な砲撃で制圧されるなか、前進が開始される。敵は対戦車壕と対戦車斜面、有刺鉄線の対戦車障害物などで防備を固めていた。

総攻撃の開始は午後二時が予定されていたが、二コ中隊がドン川橋頭堡の渋滞で遅れたため、午後四時に延期された。

「前進！」

午後四時きっかり、攻撃は開始された。ヴォロネジへの前進路の左側に第一大隊、右側に第二大隊が位置して、前進を開始する。連隊の装備する重機関銃と対空機関砲は、水平射撃で前方の敵を火力制圧する。

七月七日のちょうどこのとき、ドイツ放送はヴォロネジの占領を告げた。しかし、実際はまさにそのころ、攻略部隊はソ連軍との死闘のまっ最中だったのである。

この日の夜になって、やっと両師団はヴォロネジ市街に突入し、市域の西部を占領したが、なお市内を南北に流れるヴォロネジ川をわたることはできなかった。

戦闘は一軒一軒、一ブロック一ブロックを争う壮絶なものとなった。ドイツ軍はしだいにソ連軍を圧迫していったが、はじめの数日は、市東部も、北にある橋も占領することはできず、ヴォロネジ川東岸に沿って南北に走る、ソ連軍の大動脈である鉄道線路を占領することはおろか、使用を阻害することもできなかった。

ドイツ軍がヴォロネジをほぼ手中にすることができたのは、なんと七月一三日のことであった。しかし実際にはそのときでさえ、まだ大学付近と市北方の森では激しい戦いがつづいていたのである。その結果、第四機甲軍の多くの部隊は、いまだヴォロネジ近郊を離れて、南に向かうことはできなかった。

ブラウ作戦のヴォロネジの戦いは、ブラウ作戦でのドイツ軍の最初の勝利であった。しかし、その勝利は戦術的なものでしかなく、戦略的にはドイツ軍の足を止め、進撃を遅滞させたソ連軍の勝利といえた。そして、この勝利こそが、のちのスターリングラードの悲劇の導火線ともなるのである。

第13章　こじ開けられたコーカサスへの扉

ロシア南部の要衝ヴォロネジを占領したドイツ軍は夏季攻勢「ブラウ作戦」の第二段としてロストフをめざし、迎え撃つソ連軍は都市を要塞化して三重の陣地線を構築、コーカサスの扉をめぐる攻防の火蓋が切られた！

一九四二年七月二五日～二六日　ロストフの占領

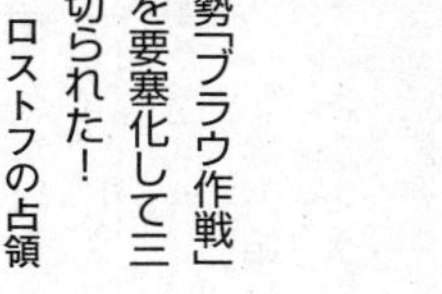

ドイツ軍のつぎなる目標

一九四二年七月一三日、ドイツ軍はヴォロネジをほぼ手中にすることができた。これによって、六月二八日に開始されたドイツ軍夏季攻勢の最初の目標は達成された。

しかし、そうはいうものの、ヴォロネジ前面でソ連軍を包囲殲滅するという目標は達成されず、ヴォロネジ占領自体も、ドイツ軍の時間表からは大きく遅れたものとなってしまった。

これを怒ったヒトラーは、南方軍集団司令官のボック元帥を罷免してしまった。そして、ヒトラーは南方軍集団をA軍集団（リスト元帥）とB軍集団（ヴァイクス上級大

スロバキア軍のLtvz.38戦車。ドイツ軍の38(t)戦車と同じ車体（大本はチェコスロバキアの戦車）。スロバキアはドイツの保護国となり、ドイツとともに東部戦線に部隊を送った。

将）に分割し、両軍集団にスターリングラードを攻撃するとともに、ドン下流域での敵軍の包囲殲滅という命令を下した。

「二兎を追うもの一兎をも得ず」というが、ヒトラーがこのような決定をしたのは、これまでのソ連軍の後退を、戦力のソ連軍の瓦解、敗走と信じ込んでいたためだった。

それをあらわすようにヒトラーは、攻勢が開始されたばかりのこの時期に、早くもSS自動車化歩兵師団と自動車化歩兵師団を西部戦線に送り返した。そして、クリミア占領を終えた第一一軍をケルチ半島からクバン地区に送るのではなく、はるかかなたのレニングラード攻略に派遣することを決定した。

ではそのころ、南のA軍集団の戦いはどのようになっていたのだろうか。

A軍集団が編成されたとき割りあてられた兵力は、第一機甲軍（クライスト大将）、第一七軍（ルオフ大将）とクリミアで戦う第一一軍（マンシュタイン大将）であった。

計画では、A軍集団は、B軍集団がクルスク、タガンログ地区のソ連軍を殲滅、さらにドン川に沿って南東に進撃し、ソ連軍をドン川流域から追い払ったのち、東に向かって進撃を開始し、スターリングラード西方でB軍集団と手を結んで、大規模にソ連軍を包囲殲滅することになっていた。

B軍集団がヴォロネジ占領のため、ソ連軍と激しい市街戦を演じていた七月九日、A軍集団はドネツ地区から東方への攻撃を開始した。

イジューム地区から出撃したクライストの第一機甲軍は、すばやくソ連軍の抵抗を排除すると、一四日には先鋒の第一五機甲軍団の兵士はミレロボの南西を通過した。

いっぽうタガンログ地区から出撃した第一七軍は、第一機甲軍にいくぶん遅れて攻勢を開始すると、右翼の第五軍団、左翼の第五七機甲軍団（第一三機甲師団、ＳＳヴィーキング自動車化歩兵師団、第一二五歩兵師団、スロバキア快速師団）がそれぞれ突破に成功し、ロストフとバタイスクの間をめざして、ドン川への突進を開始した。

ＳＳヴィーキング自動車化歩兵師団とは聞きなれない部隊だ。これは国防軍ではなく、ヒトラー親衛隊の野戦部隊で、大戦の中盤以降に多数編成されるようになった。大戦後半をのぞけば、全般に装備もよく、兵員の士気も高かった。ＳＳヴィーキング自動車化歩兵師団は、一九四二年六月に再編成と訓練を完了して、ロシア南部へと送られた。

自動車化歩兵師団のため戦車大隊が一コのみで、本部中隊と戦車三コ中隊および整備中隊による編成であった。

戦車は第一、二中隊に長砲身のⅢ号戦車、第三中隊にⅣ号戦車（長短砲身の混合）を装備し、ほかに本部中隊にⅢ号指揮戦車とⅡ号戦車、各中隊本部にⅡ号戦車を装備していた。大隊長は、のちに有名な戦車戦のエースとなるミューレンカンプＳＳ少佐である。

A軍集団に対しても、ソ連軍の作戦はおなじだった。ソ連軍は一定の防御陣地に拠ってドイツ軍に激しく抵抗し、その前進を遅滞させたものの、主力は攻撃を避け、隊列をまとめて重機材とともに東へと後退したのである。

このためA軍集団は順調に進撃をつづけたが、ソ連軍といえども、どこまでも後退するわけにはいかない。ソ連大本営は、部隊をドン川を越えて退却させたが、ドン川

ロシアの農村を行く第13機甲師団所属のⅢ号戦車Ｆ改修型。

西岸の重要都市ロストフだけは、頑強に防衛することにした。

ふたたびロシア人は、要塞造りのみごとな腕前を示した。内務人民委員部の工兵は、ロストフを完璧な都市要塞へと変貌させた。彼らは共産主義体制そのものの防衛隊であり、反革命の蜂起から政府を防衛する任務をもった、市街戦の名手であった。はたしてロストフは、どのように作り変られたのか。

要塞化されたロストフは、三重の陣地線で守られていた。これらは前哨陣地に奥行きの深い地雷原、対戦車壕、対戦車バリケードなどで守られていた。

いっぽうロストフ市街では、道路は掘り返され、舗装の敷石は積み上げられてバリ

バルカ（川床）か何かギャップを通過するヴィーキングのⅢ号戦車J初期型。右フェンダーにヴィーキング師団のシンボルマークが描かれている。

ケードに流用された。ありとあらゆるところに地雷が埋設され、各種の障害物が道路を閉鎖していた。

　家のドアはセメントで固められ、窓には土嚢が積みあげられて、簡易トーチカにしつらえられた。屋根にも銃座が設けられて、狙撃兵がひそんでいた。地下室には数万本のモロトフ・カクテル（火炎瓶）が用意され、ドイツ戦車を待ち受けた。

　そして、家々の入り口、窓などには爆薬、手榴弾、地雷、その他ありとあらゆる道具からつくられた物騒なブービートラップが仕掛けられ、不用意に触れたドイツ兵に牙を剥いていた……。

はじまったロストフ進撃

ヒトラーは当初の作戦計画を変更し、ドン下流域でのソ連軍包囲をおこなうため、第四機甲軍をB軍集団から引き抜いて南に送るとともに、第一機甲軍を東進させて挟撃作戦をおこなうことにした。このため第一七軍は、単独でロストフ攻略を進めなければならなくなった。

七月一九日、第一七軍の進撃が開始された。タガンログより東北東に進み、アレクサンドロフカから南東に方向をかえてロストフへ。ソ連軍の外周陣地を突破し、第五七機甲軍団を左翼、第五軍団を右翼に、西方からロストフへと進む。

第五七機甲軍団のキルヒナー大将は、ロストフの奇襲占領をねらっていた。快速部隊でロストフを突破し、ロストフとその南にあるバタイスクとのあいだのドン川に掛かる鉄橋を奪取しようというのである。SSヴィーキング自動車化歩兵師団は、スルタン・サルイとクリム間の対戦車壕を突破するのだ。

師団長のシュタイナーSS少将から戦車大隊長のミューレンカンプに命令が飛ぶ。

草原を進撃するSSヴィーキング機甲擲弾兵師団
のⅢ号戦車。手前はH型、向こうはJ型のようだ。

「ミューレンカンプ、工兵を支援して壕の周辺を占領せよ！」

二一日正午ごろ、ミューレンカンプの大隊は発進した。ミューレンカンプ自身が指揮戦車で先頭中隊とともに前進する。この地方の草原に点在するバルカ（乾いた川床）を越えたところで、なにか黒い点のようなものが動いた。

「警報！　ミーネフンデ！」

先頭戦車の車長が無線に叫んだ。ミーネフンデ（地雷犬）とは、ソ連軍がつくり出したいわば生物兵器で、犬の背中に角のような信管をつけた爆薬を背負わせたものだ。

彼らは戦車の下で餌をもらうよう訓練されていた。そうして、戦場で放たれると、一目散に敵戦車の下に潜り込むというわけである。それが自分の死につながるとも知らずに……。

「ボー！」

ミューレンカンプが乗る指揮戦車の砲塔機関銃が吠えるとともに、中隊全部の機関銃がいっせいに唸りを上げた。走りよってきた二匹のシェパードは、銃弾にはじき飛ばされもんどり打って倒れた。

「哀れな……」

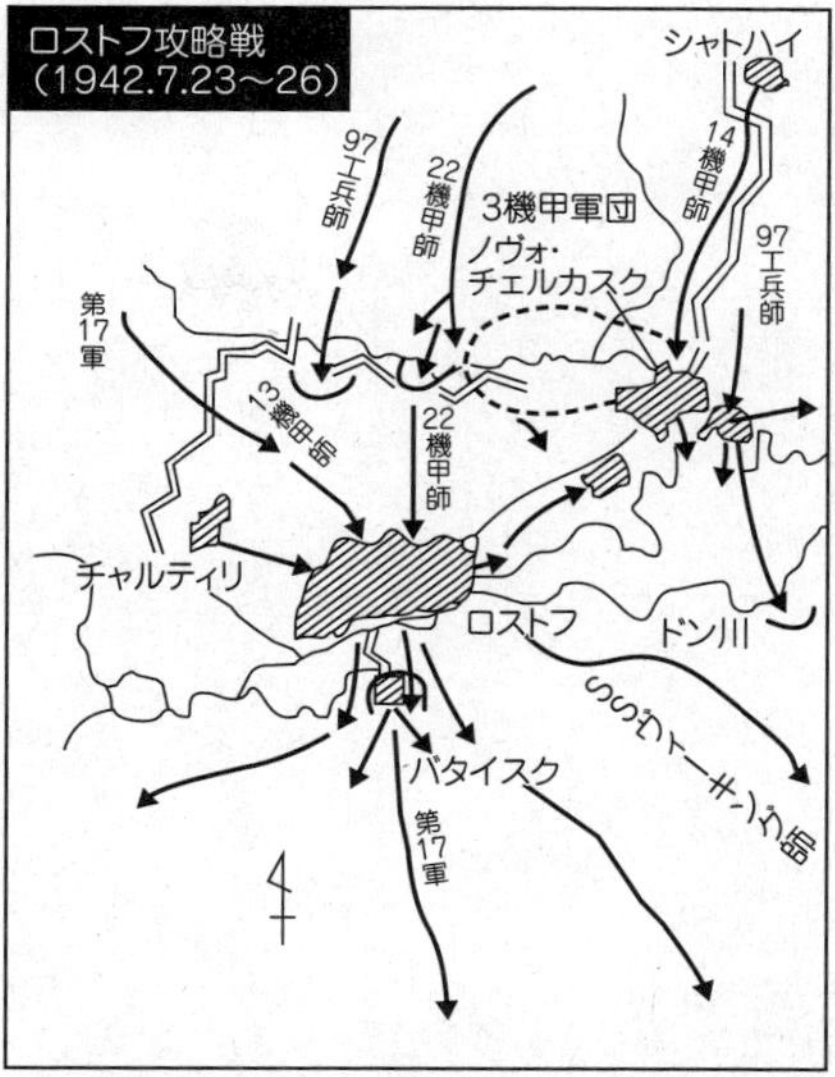

感傷にひたってる暇はない。すぐに前進再開。

「ドーン！」

大音響とともに土埃があがった。中隊の一両が地雷を踏んだのだ。乗員三名が戦死し、戦車は下部が大破して回収不能だった。

結局、この日のうちには対戦車壕までたどり着くことはできず、部隊は草原に全周防御のハリネズミの陣を敷いて夜営した。

ロシア南部で地上攻撃を行なう
Ju87スツーカ急降下爆撃機。

二二日朝、攻撃は再開された。明るくなってから観察すると、とくに戦線右翼にコンクリートで固められたトーチカ群が頑張っていて、とても戦車だけでは突破できそうになかった。

師団砲兵が呼びよせられ、空軍のスツーカの支援が要請された。ミューレンカンプは工兵隊をともなって前進する。スツーカが金切り声を上げてトーチカに襲い掛かり、敵陣は着弾の爆煙でつつまれる。

頃合やよしと見たミューレンカンプは、隷下の部隊に命令を下した。

「アドラーより全車へ、エンジン始動！　ハッチ閉め！　戦闘準備！」

「ヴィーキング戦車大隊、前進開始！」

先頭はシュナーベルSS大尉の第一中隊、すぐ後をフリューゲルSS中尉の第二中隊がつづき、最後に第三中隊のⅣ号戦車が追い掛ける。大隊は全速力で前進すると、すぐに対戦車壕のまえに出た。

「ピカッ！　ピカッ！」

トーチカ群から発砲炎が光る。まだ生き残った者がいたのだ。戦車も戦車砲で応戦する。激しい撃ち合いとなったが、敵の抵抗は軽微だった。

「工兵隊、前へ！」

ホイツィンガーSS曹長の率いる工兵隊爆破班が戦車を盾に前進し、対戦車壕にとりついた。

「ズーン！」

鈍い爆発音とともに胸壁がくずれ、壕を埋めた。戦車に随伴してきたゲルマニア自動車化歩兵連隊第一大隊の擲弾兵がすかさず飛びだして壕をわたる。

擲弾兵が残敵の掃討にあたるいっぽう、工兵は壕を埋めた通路の地ならしを終える。

「パンツァー、フォー！」

戦車がゆっくりと前進を開始した。大隊の戦車は一本棒となり、壕につくられた細い通路を前進した。敵から狙い撃ちされる危険があったが、この頃には、すでに周辺の敵は完全に掃討されて沈黙していた。

要塞都市が舞台の市街戦

いっぽう第一、第四機甲軍は、挟撃作戦を成功させたものの、ソ連軍の後退戦術のせいで、なにも獲物は得られなかった。七月二一日、第四機甲軍はロストフの東でドン川をわたり、おなじく第一機甲軍も、ロストフの北でドネツ川をわたった。ロストフ包囲の網はせばめられつつあった。

しかし、ヒトラーはここでふたたび考えを変えた。北部での第六軍のスターリングラード攻撃が進捗しないことに業を煮やし、すでにドン川を越えた第四機甲軍をスターリングラード攻撃に呼びもどしたのである。

第四機甲軍は進行方向を南から北東に変えると、スターリングラードに向かって前進していった。結局、彼らの南進は時間を無駄にしただけで、戦局になにも寄与しないどころか、貴重な戦車戦力をまったくの遊兵とする愚行であった。

その結果、ドイツ軍はスターリングラードもコーカサスもとれない結果に終わるが、

浮橋をわたるⅢ号戦車J初期型。ロストフ攻防戦は大河にかかる橋が攻防の焦点となった。

それはこれからの話である。

第四機甲軍は去ったものの、ロストフの攻撃はつづけられた。

西からの第五七機甲軍団の突入につづいて、北からはマッケンゼン大将の第三機甲軍団（第一四三機甲師団）がロストフに近づいた。一九四一年一一月とおなじく、彼らはふたたびロストフを攻撃したのである。

七月二二日、アペル少将の第二二機甲師団はロストフの北で激戦をまじえ、その第二〇四戦車連隊は南進をはじめていた。

いっぽうハイム少将の第一四機甲師団は、ロストフの北東のノヴォ・チェルカスクへ向かった。ロストフ北方は、とくに厳重に要塞化されていたため、要塞陣地線を突破する戦いは、まるまる一昼夜つづいた。

おなじ頃、第五七機甲軍団のヘア将軍の第一三機甲師団とSSヴィーキング自動車化歩兵師団も、市の北西外縁にとりついた。

第一三機甲師団の非装甲部隊は、第九八歩兵連隊を中心に西方から攻撃を加え、第四戦車連隊はスターリノとロストフをむすぶ道路に沿って、市の北部にまで進出した。その右翼を前進したSSヴィーキング自動車化歩兵師団は、ロストフとクリムの中間点レニアワンに向かった。

ミューレンカンプの戦車大隊が北からレニアワンを攻撃するいっぽう、ディークマンSS少佐のゲルマニア自動車化歩兵連隊第一大隊は、南西方向へ迂回してレニアワンの敵を後方から攻撃した。

ドルドの西方まで進出したが、クラスナヤ・クリムのソ連軍防御陣地に前進をはばまれた。この敵は、第一三機甲師団と共同で撃破し、ロストフへの前進が再開された。

二三日、ロストフ市街への攻撃が開始され、第三機甲軍団の第一二機甲師団は、北からゆっくり市街へと近づいた。第五七機甲軍団の第一三機甲師団も戦車、擲弾兵、オートバイ兵をもってロストフ市街への攻撃をつづける。

いっぽうヴィーキングのミューレンカンプ大隊は、敵が頑強に守る市北西高地の陣地帯に悩まされていた。しかし、ディークマン大隊に入った偵察機の報告で、南方のチャルティリのあたりは、陣地が構築されていないことがわかった。

ミューレンカンプは敵野砲陣地と撃ち合いの真っ最中だったが、この報告を聞くと、すぐさま数両の戦車をひきつれてディークマン大隊に向かった。

「擲弾兵は、戦車に跨乗せよ。パンツァー、フォー！」

ディークマン大隊長みずからが戦車のうしろに飛び乗って、即席戦闘団の進撃が開始された。戦車は前方左右を油断なく見張り、エンジンルームに鈴なりになった擲弾兵は身を低くして、砲塔の陰に身をひそめる。

驚いたことに、報告は本当だった。ミューレンカンプはほとんど敵の抵抗を受けずに突破に成功した。小さな川に掛かる木製の橋を奪取し、チャルティリ・クリムへの道は開けた。

ヴィーキング全戦闘部隊は、進行方向を南に変えると、あらたに開けた突破口へとなだれ込んだ。ついにロストフ市街への突入である。

一四時、ミューレンカンプの戦車とディークマンの擲弾兵は、ロストフ飛行場北側の鉄道線路に到達した。いったん停止して敵情把握のため、戦車による強行偵察班が送られた。

偵察班の報告は、飛行場付近の敵の防備は弱体というものだった。敵に立ち直りの時間を与えてはならない。ミューレンカンプは即座に攻撃を下令した。

「中隊ごとにパンツァーカイル隊形をとって、飛行場に突進せよ！」

ミューレンカンプの戦車たちは楔形隊形を取ると、飛行場に強襲を掛けた。ソ連軍は所在野砲部隊による反撃をおこなったが、戦車の砲撃で撃破され、ロストフ飛行場は占領された。

第一中隊長シュナーベルSS大尉車が、対戦車砲弾を受けて撃破されてはいたが、大隊の損害は軽微であった。

ミューレンカンプは休むまもなく、さらに攻撃を続行した。一時間後、ミューレンカンプの戦車大隊はロストフ市の南西郊外に達していた。

ふたたび対戦車壕に行く手をさえぎられたが、これはロストフ市の最終防衛線だった。

「工兵、前へ！」

ふたたび工兵が胸壁を爆破すると、そこから戦車が突入する。

「パンツァー、フォー！」

戦車はロストフ市街地に向かって、道路上を真っすぐ突き進んだ。道路上には廃材を積みあげたバリケードがつくられていたが、戦車は体当たりでくずすと、難なく踏みつぶして前進をつづける。

ミューレンカンプは道路脇の小高い丘に戦車を上らせると、そこからは、ロストフ市街地を一望のもとに見下ろすことができた。市街地からは、ドイツ軍部隊の砲爆撃によって、あちこちから黒煙が上がっていた。と見るまに、かなたのドン川に掛かる鉄道橋が爆破されて、橋脚の半分が、川に落下していった。

おなじ頃、ヴィーキングとならんでドイツ軍各部隊もロストフ市街へと突入していた。第一二五歩兵師団は、ヴィーキングにつづいてロストフ市街に突入すると、フォン・ガツァ中尉の第六六歩兵連隊第二中隊は敵陣地を突破、小川を越えて市街地へつうじる橋を奪取した。

第一三機甲師団はヴィーキングの左翼を前進へ、ドン川への足場を固めた。

第四三オートバイ大隊は市街に入ると、速度を生かして全速力で南に突進した。午後にはドン川北岸に到達したが、港湾施設と工場群に阻まれて、主道路橋よりずいぶん東で川に出てしまった。

オートバイ兵はきびすを返して西に急行したが、彼らの目のまえで橋脚のひとつが爆破されて、ドン川の流れに飲み込まれていった。しかし、第一三機甲師団が橋の周

第13機甲師団の機甲擲弾兵が乗るSdkfz251ハーフトラック。後方にはソ連軍から捕獲したと思われるGAZトラックがつづいている。

辺を掃討するまに、工兵部隊は敵の砲火を冒して、突貫工事で橋の修理にあたった。翌日までには仮設橋が完成し、人員と軽車両の通行が可能となった。

その間にも、市街での戦闘はつづけられた。市街地では、主役は歩兵である。ヴィーキング師団はディークマンの擲弾兵が先導し、ミューレンカンプの戦車が後方から支援にあたる。戦車が砲撃と銃撃で、抵抗する前方の敵拠点をしらみつぶしにし、おどり込んだ擲弾兵が一軒ずつ町並を掃討する。

戦闘中、戦車長たちは砲塔キューポラから頭を出して、周囲を油断なく警戒する。狙撃兵の危険があるが、こうしなければなにも見えないのだ。

夕方には、橋から北の市街はおおむね占領され、第六六歩兵連隊第一大隊は敵の抵抗が激しかった中央郵便局と内務人民委員部の一帯を占領した。

しかし、ロストフ市街のあちこちには、まだ徹底抗戦するソ連軍部隊がたてこもり、ドイツ兵と戦車に砲火を浴びせつづけた。この夜、ドイツ軍は戦車を中心に歩兵が周囲を固めて、夜を明かした。

宵のうちに北からきた第二二機甲師団、第一三機甲師団、ヴィーキング師団が手を握り、ロストフ戦の決着はついた。

さらに二四日には、第七三、二九八歩兵師団も到着し、戦闘に加入した。

ドイツ軍はシステマチックに敵の追い出しに掛かった。歩兵部隊は町中をブロック単位に区分し、それぞれの東西にひかれた統制線に沿って前進し、それぞれのブロックを掃討していった。

隣り合うブロックは、おたがいに突出することなく一線になって進み、側面からの攻撃を防いだ。

さらに、突撃班につづき第二班を後続させて、見落とした敵を探させた。

これで突撃班はうしろを気にすることなく、前方の敵を掃討することに集中できた。

ここでも主役は歩兵だったが、戦車は歩兵につき従い、煙突、地下室、バリケードと、ありとあらゆる怪しい目標を榴弾射撃で吹き飛ばした。

二五日早朝、第一二五歩兵師団は最後の攻撃を仕掛けた。この攻撃はうまくいった。河岸の敵部隊は夜のうちに川をわたり、ロストフを撤退していたのである。うちつづく苦しい戦闘のあと、ついにロストフはドイツ軍の手中に落ちたのだ。

駆けぬけたドン川の橋梁

ロストフの占領は、まだ完全にコーカサスへの扉を開けたことにはならなかった。それは、ロストフの特殊な地形にあった。

ロストフの南には、双子の町といっていいバタイスクの町が広がっていたが、ロストフから南につづく道路は、蜿蜒六キロにわたって見通しのよい土手上を、バタイスクでドン川支流をわたる橋までつづいていたのである。

この土手上の道路とバタイスクの橋を取って、はじめてコーカサスへの扉は開かれるのだ。

この攻撃をやってのけたのは、第一三機甲師団第四三オートバイ大隊と半コ中隊兵力のブランデンブルグ部隊であった。

二四日、ドン川の南岸にわたった彼らは、二五日にかけて必死で堤防道路を前進し、バタイスクの橋にとりついた。午前二時半、オートバイ兵が橋の前面でソ連兵を引き付けるいっぽう、ブランデンブルグ隊員は橋に駆けよると、いっきに対岸までを駆けぬけた。

彼らは対岸に橋頭堡をきずくと、二四時間守り抜いたのである。

七月二七日、バタイスクの橋を第五七機甲軍団の戦車と装甲車両が渡っていった。激烈な戦闘と多大の犠牲ののち、こうしてついにコーカサスへの扉は開かれたのである。

第14章　コーカサスを疾駆した快速機甲軍団

コーカサスへの扉をこじ開けることに成功したドイツ軍は、かつての電撃戦を思わせる快速力でマヌィチ川を渡河してアジアへ侵入した。しかし、そこには想像を絶するきびしい冬の足音が迫って来ていた！

一九四二年七月〜一一月　第四〇機甲軍団の奮戦

発せられたヒトラー指令

一九四二年七月二五日、ドイツのヒトラー総統は、「総統指令第四五号」を発した。

一、A軍集団の任務は、まずドン川をわたって逃れる敵兵力をロストフ南方、南東方で包囲殲滅すること。

二、ドン川南部の敵兵力を撃滅したのちのA軍集団の最重要任務は、黒海東岸全域を占領し……、その他の山岳、猟兵師団からなる全戦力をもってクバン川を強行渡河し、マイコプ、アルマトゥール高地を占領すべし。

三、同時に主として快速部隊をもって編成されたる兵力が、東の側面掩護にあたる部隊を除き、グローズヌイ地区を占領し、その一部をもってオセット〜グルジャ軍道を、でき得れば、峠において遮断せよ。ついでカスピ海沿いに進出し、バクー地区を占領せよ。

A軍集団の、この作戦の暗号名は「エーデルワイス」であった。コーカサスに進出し、ヨーロッパとアジアの境を越え、カスピ海沿岸を占領して油田地帯を占領する。まことに壮大な計画であった。ただし、実現できればである。

それもこれも、すべてヒトラーの妄想の産物であった。例の「すでにソ連軍を撃滅してしまった」という妄想である。

しかし、独裁者が決めた以上、どうすることもできない。A軍集団司令官リスト元帥は、なんとか総統指令に見合った作戦計画をつくりあげ

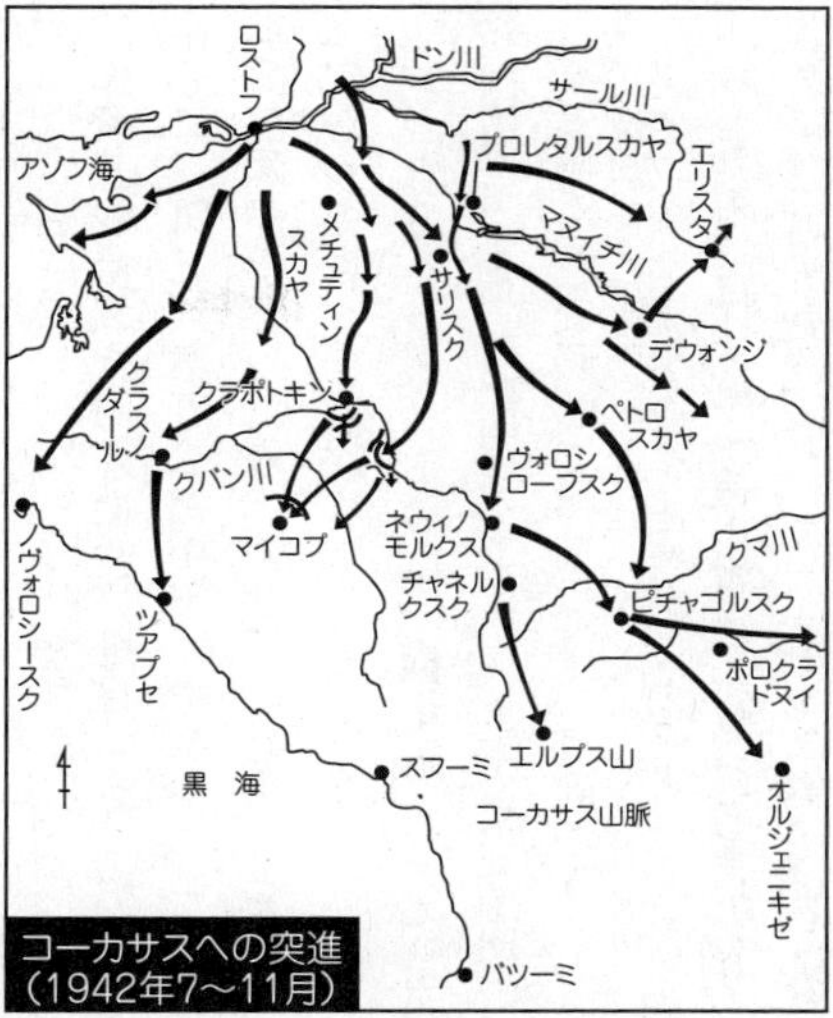

コーカサスへの突進
（1942年7〜11月）

た。

作戦部隊は大きくふたつに分けられる。第一七軍（四コ歩兵師団と二コ山岳師団）を中心に、第三、第五二機甲軍団やルーマニア第三軍などで増強されたルオフ集団軍は、歩兵部隊が中心のため、より短い経路をとり、ロストフ地区から南のクラスノダールに向かって真っすぐ攻め下る。

いっぽうクライストの第一機甲軍（三コ機甲師団、二コ自動車化歩兵師団、二コ擲弾兵師団、二コ歩兵師団およびスロバキア快速師団）は、その東でドン川の橋頭堡を出撃し、より外側を右旋回してマイコプへと向かう。

増援の第四機甲軍（攻勢開始直後の七月三〇日にスターリングラード攻撃のために取り上げられる）は、第一機甲軍の左翼につらなり、側面を掩護しながらヴォロシローフスクに進出する。こうして、ルオフ集団軍と第一機甲軍とで袋の口を閉じ、ソ連軍を包囲殲滅するのだ。

ロストフ周辺での戦闘がまだつづけられていた七月中旬、第一、四機甲軍部隊の一部はすでにドン川に達していた。二〇日には第二三機甲師団のオートバイ大隊が、ニコライエフスカヤ付近でドン川の渡河に成功し、南岸に橋頭堡を確保していた。

二三日には第三機甲師団の一部はさらに南に進出し、オルロフカ付近でドン川の支

1942年夏、コーカサス戦線で撮影された第23機甲師団所属のⅢ号戦車J初期型。遠方に煙が上がり歩兵たちは突撃のため身構えている。

流のサール川をわたった。そして、さらに南へ……。

いっぽう第四〇機甲軍団の第三、第二三機甲師団はマヌィチ地区へと進出する。

しかし、ソ連南西方面軍司令官ティモシェンコもドイツ軍の攻撃に、手をこまねいていたわけではなかった。いくら後退戦術をとるといっても、ただ逃げるだけでは、なんの意味もない。敵を遅滞し、出血させることが必要だ。

ティモシェンコは、サール川のドイツ軍渡河点のマルトゥイノフカ周辺に、戦車多数を装備した機械化軍団を伏在《ふくざい》させていたのである。

二七日、そんなこととは気づかずに、第二三機甲師団のマック少将は、第二三オー

草原地帯を行く第23機甲師団のⅢ号戦車Ｊ型。手前は長砲身砲を装備したＪ後期型で、その後方は短砲身のＪ初期型のようである。装甲防御力不足を補うため、車体前面、上部構造物前面、ところ狭しと多数の予備キャタピラを取り付けている。

トバイ大隊とともに、第三機甲師団のあとを追ってマルトゥイノフカへと向かった。

偵察機の報告では、マルトゥイノフカ周辺に残る敵は、ごくわずかの守備隊だけのはずだった。しかし、マックが攻撃を仕掛ける、なんとティモシェンコの機械化軍団が出現したのである。

マック少将は、すぐに直面する脅威を理解するとともに、反撃を決意した。正面攻撃で敵を引き付けるとともに、第二〇一戦車連隊に敵を迂回させた。

「パンツァー、フォー！　攻撃開始せよ！」

山岳地帯の小さなクリークをわたるⅢ号戦車。

三一日早朝、連隊は背後より敵に襲い掛かった。ドイツ軍を奇襲するはずが、ドイツ軍に奇襲されたソ連軍部隊は大混乱となった。

「全速力で敵を突き抜けろ！　接近して敵を撃破する！」

　砲力で劣るドイツ戦車は、ソ連戦車に接近戦を挑んだ。

　ソ連戦車もあわてて反撃するが、ドイツ戦車のすばやい動きに、なかなか対応することができない。ドイツ戦車は敵の懐に飛び込むと、二〇、三〇メートルといった距離から、必殺の射弾を送り込んだ。

　これだけ接近すれば、Ⅲ号戦車の五〇ミリ砲や号戦車の短砲身七五ミリ砲でも、なんとか敵戦車を撃破することができた。たちまち数両のT34が撃破され、敵の対戦車砲陣地は、ドイツ戦車のキャタピラで踏みにじられた。

ひさびさのドイツ軍の快勝であった。マルトゥイノフカに一番乗りした第九中隊だけでも、T34を一二両、T70を六両撃破し、対戦車砲や歩兵砲も数門破壊している。第二大隊長のフェヒナー大尉も、みずから数両のT34をやっつけた。

結局、ソ連軍は七七両の戦車と多数の砲兵器材そのほかを失い、ティモシェンコの反撃は発動前に粉砕されたのである。

ヨーロッパからアジアへ

こうして第二三機甲師団がソ連軍の反撃を撃退するいっぽうで、先をすすむ第三機甲師団の快進撃がつづけられた。

第三機甲師団の先鋒は、第一六機械化歩兵師団の先鋒とともに、二九日にはマヌィチ川に到達した。マヌィチ川の向こうはアジアである。ドイツ軍はついに、ヨーロッパの終わりに到達したのだ。

マヌィチ川は上流で、マヌィチ運河によってカスピ海につながる重要な河川で、途中は多数のダムによってせき止められた湖が連続している。このため、川幅は広いと

撃破されたソ連軍のT70M軽戦車。車体前面の操縦手ハッチ部分を見事に貫通されている。後方にも何両かのT70Mらしき車体が同様に破壊されている。

ころでは数キロにもおよび、渡ることは容易でなかった。

いくつか川幅のせまい渡河点も見つけられたが、当然そういう場所は、ソ連軍がしっかりと防備を固めていた。

どうすればいい。師団の作戦主任参謀のポムトゥ少佐が妙案を出した。

「イワンの裏を掻いて、いちばん広いところを渡河したらいかがでしょう。大ダムの近くです。まさか、ここを渡河されるとは、敵も思わないでしょう」

まさにコロンブスの卵である。危険な賭けではあるが、第三機甲師団長のブライト将軍はこれに賭けることにした。

進撃するT60軽戦車の隊列。多数の歩兵が便乗しているが、兵士と比べて車体の小ささがよくわかる。

突撃舟艇による歩兵の奇襲がおこなわれた。渡河点はマヌィチストロイ村のわずかに上流で、敵の守りは軽微だった。

三〇日、早朝に渡河は敢行された。第一波は成功、そして第二波も軽微な損害だった。

しかし、明るくなるとソ連軍の砲撃も激しくなり、それ以上の渡河は不可能だった。渡河部隊を救ったのは、ドイツ空軍の空襲だった。

さらに第三波がわたるとともに、戦車部隊もダム上を強引に突破して、川をわたった。

川の向こうはアジアだった。ドイツ軍はヨーロッパからアジアに第一歩を踏み入れたのである。

カルムイク草原の大進撃が開始された。八月二日の朝には、第三機甲師団のフォン・リーベンシュタイン戦隊はイク・トゥクトゥムまで進出し、パーペ戦隊はプレガトノエに達した。

あとにつづく第二三機甲師団も、八月一日に、マヌィチストロイでマヌィチ川をわたり、三日には、ラドイコフスコエに入った。そうしてディミトリイエフスコエの東をとおって、ビエソポスノヤに進出する。

おなじころ、第三機甲師団はヴォロシローフスクを占領した。戦いはふたたび電撃戦の様相を呈してきた。

マヌィチ川の防衛線から撤退するソ連軍部隊は、ドイツ軍につかまらないために必死で抵抗した。

六日早朝、ソ連軍の第四狙撃兵師団は、包囲鐶を突破するため、ドイツ軍の第二三機甲師団へ襲い掛かった。ソ連兵は西から東にしゃにむに突破をはかり、ビエリニチェヒニにいた高射砲部隊は飲み込まれてしまった。彼らはさらにスワチヒニツェフにたっして、第二三機甲師団と第三機甲師団の連絡路を断った。

第二三機甲師団の第二〇一戦車大隊にも、非常呼集が掛けられた。命令がとび、大隊の各車はエンジンを始動して出動準備をととのえる。

敵はすでに、わずか四キロに迫っているのだ。第二大隊長のフェヒナー大尉からの命令が下る。

「オートバイ兵はビエソパススノエに向かって、敵情をさぐりながら前進、その後、敵部隊を東に誘導せよ！　第五戦車中隊はスワチヒニツェフ西方をとおって、ビルチヒニへ向かえ！　第六戦車中隊は、梯隊を組んで第五戦車中隊に続行せよ。フィッシャー少尉の軽小隊は本隊に続行し、隊長の指示にしたがえ！」

クレーメル中尉の第五戦車中隊グラーン中尉の第六戦車中隊が、暗闇をついてあいついで発進する。そして、フェヒナー大尉が指揮する大隊主力も発進、フィッシャー小隊もそれにつづく。

フィッシャーのⅢ号戦車の後方には、エルスナー曹長のⅡ号戦車がぴったりとついてくる。

フィッシャーのヘッドホーンには、各部隊からのあわただしい通信がつぎつぎと入ってくる。

クレーメル中尉からフェヒナー大尉へ、

「第五中隊、交戦準備完了」

さらに、第五中隊に随伴した偵察装甲車からの無線が入る。

「ソ連軍野砲部隊二コ、北西方向に後退中」

すかさず大隊長はフィッシャー少尉に命令する。

「軽小隊、第五中隊を追及せよ」

フィッシャーも無線機に叫ぶ。

「エルスナー、行くぞ！」

二両の戦車はスピードを上げると、全速力で前進を開始する。二キロほど走るとソ連軍のトラックに出くわした。牽引砲や自走砲までいるソ連軍の砲兵部隊であった。

「フォイエル！」

「エルスナー、左にまわれ」

フィッシャーは射撃を開始するとともに、エルスナーに迂回して攻撃するよう命じた。速度を上げたエルスナー車は、道路の向こう側へと走って行く。二両で挟み撃ちにするのだ。

「前方五〇〇、一二時の方向、大型トラック」

「目標よし」

「フォイエル！」

初弾命中だ。Ⅲ号戦車の五〇ミリ榴弾が炸裂し、トラックは大爆発して吹き飛んだ。

どうやら弾薬トラックだったようだ。敵はあわてふためきながらも、反撃をこころみる。

「敵対戦車砲です！　こちらを狙っています！」

フィッシャー車の操縦手ハウマンが大声を上げた。すかさずフィッシャーは砲塔を旋回させ、第二弾を発射して、これを撃破した。

左にまわったエルスナー車も射撃を開始する。Ⅱ号戦車の武装の二〇ミリ機関砲は、敵戦車には無力だが、このようなソフトターゲットには絶大な威力を発揮する。毎分一二〇発の発射速度で、まるでシャワーのように降りそそがれる二〇ミリ榴弾は、ソ連軍砲兵部隊の隊列に大恐慌を引き起こした。

ソ連兵は戦車に肉薄攻撃をこころみたが、フィッシャー車とエルスナー車の機関銃が、たちまちなぎ倒した。

やがて抵抗は終わり、もはや道路上は燃え上がる砲や車両の残骸と、負傷したロシア兵のうめき声が聞こえるばかりであった。

フィッシャーとエルスナーが砲塔ハッチを開けると、生き残ったロシア兵は、戦意を失って手を上げた。

しかし、これ以上、彼らにかかわりあっている暇はない。

「いそげ、ハウマン！」

フィッシャーは操縦手に声を掛けると、戦車を発進させた。フィッシャーらの攻撃の手から逃げのびた、敵の砲兵部隊の生き残りを追うのだ。

ハウマンは速度を上げて、道路上を全速力で西進した。敵は二両の戦車が驀進してくるのに気がつくと、すぐに抵抗をあきらめて降伏した。

フィッシャーはわずか二両の戦車で、ソ連軍一コ砲兵大隊を壊滅させたのである。大勝利であった。

同様に本隊の活躍で、ソ連軍第四狙撃兵師団の突破は阻止された。フィッシャーたちも本隊に復帰して、ディミトリイエフスコエへもどっていった。

コーカサス草原の大激闘

カルムイク草原には、戦線というものはなかった。進撃するドイツ軍と退却するソ連軍は、ほとんど平行して疾走していた。どちらが速いか？

もし、ドイツ軍が先にコーカサス山脈にたどり着いて袋の口を閉めれば、ソ連軍は包囲殲滅されてしまう。しかし、ソ連軍が先にコーカサス山脈の向こう側に逃げ込め

WH

森の中に集結したソ連軍のT34 1942年型。ヒトラーの「ソ連軍はやっつけてしまった」という妄想と異なり、ソ連の新着部隊が続々と投入されドイツ軍を苦しめた。

ば、ドイツ軍の進撃は、無人の草原を占領しただけのことで、ただのむだ足となってしまう。

八月三日、第三機甲師団はヴォロシローフスク市に到達し、短時間の交戦ののち、これを占領した。さらに南進すると、一〇日にはピャチゴルスクが占領された。

いっぽう第二三機甲師団の前進は、七日に再開された。彼らも第三機甲師団のあとを追って南下をつづけ、一〇日にクマ川沿いのミニェラルヌィエ・ウォドゥイを占領した。

もはや、コーカサス山脈は目の前である。ここからコーカサス山脈までの障害物は、チェレク川の激流だけであった。

八月二一日早朝、第二三機甲師団第二〇

一戦車連隊第二大隊はノヴォ・イワノフスキイェを通過した。五時一五分にプラブルガンスキーの南のコルコゥツで敵の観測拠点が見つかったが、これを排除して一部を捕虜にした。

コーカサスの高原地帯を進むドイツ軍のⅢ号突撃砲Ｆ型。

八時に大隊は、ナルチク～マイスィエ鉄道線に到達し、ちょうどそこに差し掛かったナルチク発の列車を血祭りに上げた。随伴した工兵部隊が線路を何ヵ所かで破壊したのち、大隊はコルコゥツへ帰還した。

コルコゥツに帰り、大隊は事前に受けていた命令にしたがい、ブルマイスター戦闘団に加わった。戦闘団はマイスィエのチェレク川に掛かる橋梁を奪取するのだ。

一〇時、戦闘団は攻撃を開始した。支援には第一二八機甲砲兵連隊の第一、第三大隊が加わった。

戦車はソ連砲兵の激しい砲火を冒して、橋から六〇〇メートルにまで肉薄した。

橋では二重の防衛地帯に配置された四門の対戦車砲がさかんに撃ち掛け、これ以上、一歩も進めなくなった。攻撃を再興しようにも、敵の弾幕射撃は激烈になるばかりである。

結局、一六時に敵は橋を爆破し、攻撃は不成功に終わった。

しかし、戦車部隊に休みはなかった。一七時四五分、大隊はマイスィエの道路橋より南に掛かる鉄道橋の攻撃に取り掛かった。

戦車のあとからは、第二三自動車化歩兵大隊がつづく。砲兵とロケット砲の支援を受けて、攻撃は橋から五〇〇メートルまで近づいた。さらに激しい対戦車砲火や弾幕射撃を突破して、一〇〇メートルまで近づいたがそこまでだった。

ソ連軍は橋に仕掛けられた爆薬に点火し、貴重な橋はドイツ軍の目の前で急流にくずれ落ちた。攻撃は中止され、ブルマイスター戦闘団はむなしく攻撃発起点に戻るしかなかった。

八月二二日早朝、第二〇一戦車連隊第八中隊と第二三自動車化歩兵大隊の一部をもって、プラブルガンスキー橋頭堡から、前日、失敗したマイスィエ橋梁への攻撃が再開された。なんとか対岸にわたれないものか。しかし、くずれ落ちた荷重一二トンの橋梁は、やはり対岸にわたる用をなさなかった。

ドイツ軍の橋頭堡に対するソ連軍の反撃は増し、戦車部隊は攻撃よりも防御に兵力をさかなければならなくなっていた。

第五中隊は、橋頭堡の西側で圧力を受けている第八〇〇ブランデンブルク連隊の支援に派遣され、また、一コ小隊はナルチク方面のソ連軍の攻撃を撃退した。

補給も補充もなく、ドイツ軍の兵力はやせほそるばかりなのに、ソ連軍の反撃は激しくなるばかりだった。

二四日、ついにドイツ軍はプアティゴルスク～ナルチク道路の突破をあきらめた。プロクラドヌィを迂回し、攻撃方向を東に変える決定が下された。

まず第三機甲師団がひき抜かれて、第二三機甲師団の後方を東に転進し、第二三機甲師団第二〇一戦車連隊（第三大隊欠け）と第一二六歩兵連隊も、そのあとを追った。二六日、部隊はポロホラドニヤに到着した。

八月三〇日、第三機甲師団第三九四機甲擲弾兵連隊は、イシェルスカヤ付近でチェレク川の奇襲渡河に成功した。しかし、ソ連軍の激しい砲火で、部隊は橋頭堡を確保するのが精いっぱいだった。

いっぽう第二三機甲師団の第二〇一戦車連隊第二大隊は、九月二日にピチャゴルスクの南で、第一一一歩兵師団の指揮下に入ることを命令された。モズドク付近でチェレク川を渡河した第一一一、三七〇歩兵師団の戦果を拡大するのだ。

しかし、ドイツ軍は完全に攻勢終末点に到達していた。七日午後おそく、ソ連軍の反撃が開始された。ソ連軍はチェレク川南岸に沿って進出し、ドイツ軍橋頭堡を東側側面から襲うつもりだった。

第二〇一戦車連隊第二大隊は、この攻撃を頓挫させるべく橋頭堡から出撃して、迂回して敵左側面を北に向かって攻撃することにした。フィッシャーたちの戦車は戦闘準備をととのえて敵の出現を待つ。

「前方に、なにか光るものが見えます！」

フィッシャー車の砲手が叫んだ。林のなかで、なにかうごめくものが見えた。

「戦闘用意！」

フィッシャーは隷下の戦車に命令を下す。

「ザッザッザッザッザッ！」と林の下生えを掻き分けて、黒い巨体が走り出た。敵のT34戦車だ。
一、二、三、四両もいる。T34はドイツ軍歩兵陣地におどり込んで、思うぞんぶんに暴れまわる。
「もっと引き付けるんだ」

フィッシャーは歯がみしながら、砲手に命じた。

彼の戦車の主砲は短砲身の五〇ミリ砲で、T34相手ではかなり引き付けなければ、装甲を貫徹することができなかった。

「今だ！　撃て！」

グワッという軽い衝撃とともに、五〇ミリ徹甲弾が発射された。ガンと、敵戦車の前面装甲板に火花が上がる。命中だ。

しかし、弾丸は装甲板を貫徹せず、前面に突き刺さったままだった。敵戦車はフルスピードでこちらに向かって突進してくるが、どこにいるかは分からないようだった。

おあつらえ向きに、こちらに横腹を向けた瞬間、フィッシャー車の第二弾が命中した。

「ガーン！」

こんどはみごとに装甲板を貫徹し、T34からは火の手が上がった。

「前進！」

フィッシャーは隠れ家から飛び出して、残りの敵戦車めがけて突進した。たちまち一弾がもう一両のT34に命中し、敵戦車は擱座する。すると、形勢不利と見た敵戦車は、まわれ右をして林のなかへ遁走をはかった。追いすがったフィッシャーは、さらに一両を撃破し、敵の反撃はついえた。

オルジェニキゼ陥落せず

九月二五日、ドイツ軍はトビリシへの経路上の要衝オルジェニキゼの攻略に取り掛かった。第二三機甲師団は第一一一歩兵師団とともに進み、その南ではヴィーキング機甲擲弾兵師団グルジャ軍道へと向かった。

グローズヌイ北部の油田地帯を占領したものの、敵の抵抗は激しく、各部隊は大損害を受けつつ道を切りひらかねばならなかった。このため部隊は、人員、資材、燃料の補給、再編成をおこなうのに、一ヵ月を費やさねばならなかった。もう冬は、すぐそこに迫っていたのに。

一〇月二五日、この戦区での最後となるドイツ軍の攻勢作戦が発動された。第一三機甲師団が左翼、第二三機甲師団が右翼となり、ヴィーキング師団はモズドク近くで隣接戦区との連絡を保った。戦車部隊は橋頭堡から南東への突破をはかった。

この攻撃は、めずらしく異例の進捗をみせた。なんと敵四コ師団が粉砕され、七〇〇〇名もの捕虜が得られたのだ。

第一三、第二三機甲師団は一一月一日にはアラギルを占領し、オセット軍道を閉鎖した。さらに二日には、オルジェニキゼ北端に達したが、町を占領することはできなかった。

ついにドイツ軍は、防御に移らざるを得なかった。彼らには、もはや攻撃する力はなかったのだ。一一月中旬には天候はくずれ、もはや攻撃再開は不可能となった。そしてコーカサスは副次的な戦場となり、戦闘の焦点は、運命のスターリングラードへと移っていくのである。

第15章　ついに開かなかった最後の関門

ソ連軍は壊滅したという誤った確信を抱くヒトラーは、ついにスターリンの町「スターリングラード」攻略の大号令を発し、ドイツ第六軍の機械化軍団は津波のように襲い掛かった！

一九四二年七月二三日〜九月三日　スターリングラード攻略戦

難航する独第六軍の進撃

ドイツA軍集団がロストフを陥とし、コーカサスへの突進をすすめている間、北方のB軍集団戦区ではなにが起こっていたか。

一九四二年七月一三日、ヒトラーはフォン・ヴァイクス上級大将が指揮するB軍集団（第六、第二軍、ハンガリー第二軍）にスターリングラードへの進撃を命じた。

しかし、このうち実際にスターリングラードへの進撃にあたったのは、北方を守る第二軍、ハンガリー第二軍をのぞく第六軍のみで、しかも、その衝力《しょうりょく》となる第四〇機甲軍団の二コ機甲師団は、ロストフ戦のため南に転進させられていた。

残されたのはフォン・ギュンタースハイム将軍指揮の第一四機甲軍団（第一六機甲師団、第三、第六〇自動車化歩兵師団）のみである。

歩兵を中心とするわずか一コ軍によるスターリングラード攻略――それもこれも、すべては例のヒトラーの妄想「ソ連軍はすでにやっつけてしまった」という思い込みによるものだった。

ソ連軍は兵力を後退させたあとヴォルガ川に踏み止まって、ドイツ軍に痛撃を加えるつもりだった。

七月一二日、スターリンはスターリンの町スターリングラード軍集団を編成するとともに、第六二軍に最後の一兵までスターリングラードを守り抜くことを命令していた。

当初、第六軍の攻撃は順調にすすんだが、やがてその進撃速度は落ち、しだいに停滞していった。問題となったのは、戦闘部隊よりも補給部隊であった。逃げるソ連軍を追って戦闘部隊は急進撃をつづけたが、補給部隊がそのペースについていけなかったのである。

ロシアの輸送インフラストラクチャーは、ドイツ本国とはくらべものにならない。鉄道は非効率的で、道路事情は輪をかけて貧弱だった。一雨降れば、かつて道路と呼

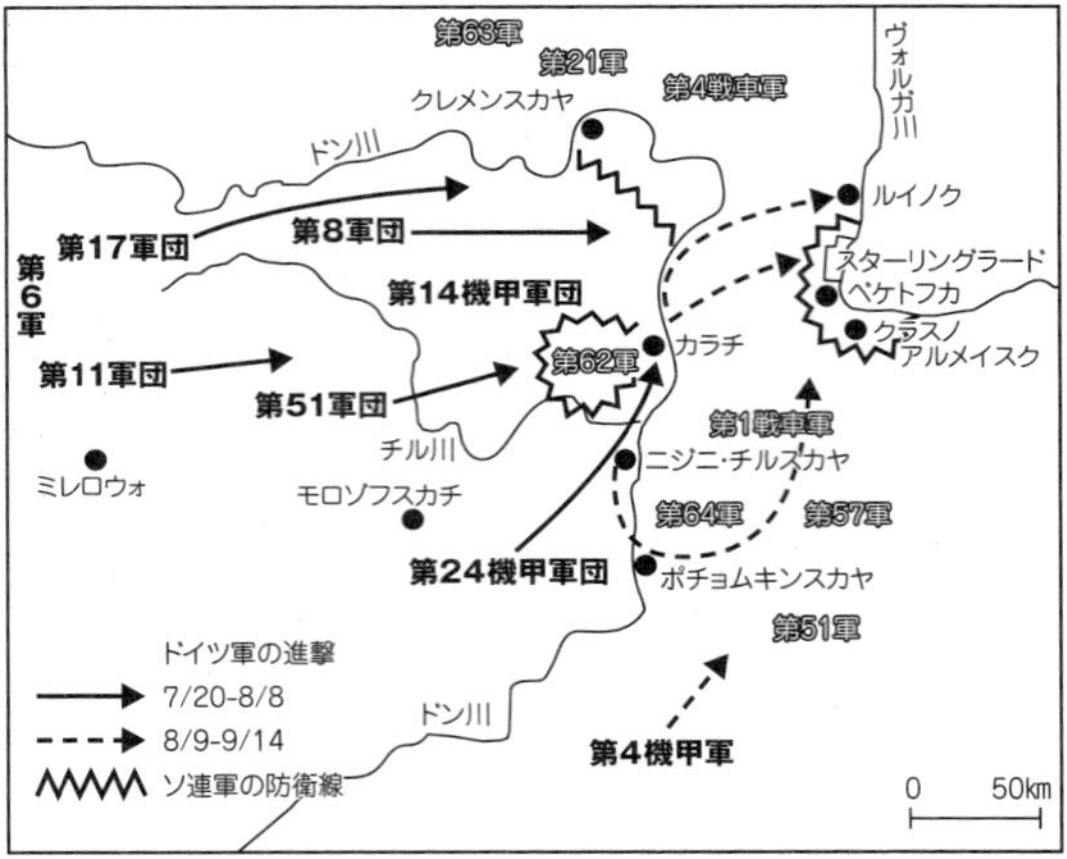

ばれていたものは泥沼の暴れ川と化し、晴れれば晴れたで、土埃で一寸先も見えなくなる。

その上、東に向かって進撃すればするほど、耕《たがや》された土地や放牧地のようなまともな土地は減り、人跡未踏のステップ地帯が広がる。

ステップはバルカと呼ばれる涸《か》れ谷でところどころ切断され、敵の航空攻撃から身を隠せる森林はどこにもない。人間や馬に必要な飲み水もなく、ソ連軍は地元のサイロに遺棄した馬の飼料に毒を混入した。

それをさらに悪化させたのがヒトラーの決定であった。ヒトラーはコーカサスへの進撃に集中するため第六軍への補給を削減し、あとまわしにしたのである。燃料がなければ戦車は動くことができず、弾薬がなければ敵を射撃することもできない。

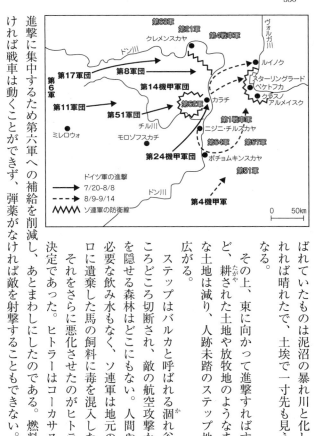

当然ながら、第六軍の進撃はしだいに停滞していった。とくに先鋒たる第一四軍団などは、せっかく快進撃をおこなったものの、チル川の西一五〇キロのミレロウォの北で燃料切れとなってしまった。彼らはその後、補給を待ってじつに一八日間も足止めを食らうありさまとなった。

ソ連軍はこの時間を有効に活用した。ドイツ軍が来ないのなら、なにもスターリングラードまで下がる必要はないではないか。

こうしてスターリングラードの前面、ドン川大屈曲部のカラチ周辺に防衛陣地が築かれることになった。ソ連スターリングラード軍集団司令官のゴルドフ少将は、カラチ橋頭堡に第二、第六二、第六三、第六四の四コ軍を集結させた。

ドイツ第六軍がスターリングラードに進撃するためには、カラチの橋頭堡をなんとしても撃滅しなければならなかった。第六軍のパウルス将軍は、カラチ橋頭堡を両翼から攻撃し、包囲殲滅することを計画した。

攻撃は左翼から第一四機甲軍団が進撃し、右翼からは第四機甲軍より派遣された第二四機甲軍団が進撃する。両者はカラチの背後で手をむすび、橋頭堡に集結したソ連軍部隊を殲滅する。いっぽう第五一軍には敵を引きつけるため、カラチへの正面攻撃が命じられた。

カラチ橋頭堡の大勝利

七月二五日、総統指令が発せられた。それによれば、あらたにB軍集団にあたえられた任務は、つぎのようなものだった。

「ドン防衛線の構築、およびスターリングラードへ進出して同地に集結中の敵戦力を撃滅のうえ、同市を占領し、ドン〜ヴォルガ間の地峡部を遮断すること。それに呼応して、快速部隊はヴォルガに沿ってアストラハンまで進出し、ヴォルガ主流を遮断すべし」

そして、作戦名は「灰色アオサギ」とされていた。

明らかにこの任務は、当初の作戦計画でB軍集団（当時は南方軍集団北翼）に与えられたものとちがっていた。

当時の任務は、ドン川に沿って防衛線を構築し、スターリングラードを制圧する（かならずしも占領する必要はない）というものだったのが、スターリングラードを占領したうえ、さらにアストラハンまで進撃しろというのだ。アストラハンとは、なんと遠くにあることか。前線の兵士には、そんな指令を気にしている暇はなかった。

　そのころカラチでは、ドイツ軍の偵察機が上空を舞い、ソ連軍の防備の手薄なところを探していた。七月二五日、カラチ橋頭堡に対するドイツ軍の攻撃は激しさを増した。

「パンツアー、フォー！」

　第二四機甲師団の戦車は、第六四軍の前線部隊に襲い掛かった。しかし、攻撃はかんたんにはいかなかった。

「ドーン！」

　突然の爆発。戦車が地雷を踏んだのだ。二コ中隊と機甲捜索連隊の一部による攻撃は、最初は地雷原を突破することができなかった。しかし、午後の攻撃はうまくいき、敵陣地の奪取に成功して、ソレナヤ川の西の高地を占領することができた。

　二六日には第二六機甲擲弾兵連隊が、ソレナヤ川のほとりに突破口をあけることに成功した。

「操縦手、全速力で突破しろ！」

　ハーフトラックに乗った擲弾兵は、そのまま東に突っ走る。さらに第二六機甲擲弾兵連隊に戦車一コ大隊が加わり、突破口を広げると、ニジニ・チルスカヤ付近のチル川渡河点に突進した。

上 ロシアの平原地帯を行く第24機甲師団のⅢ号戦車とハーフトラック群。Ⅲ号戦車は長砲身砲を装備したＪ後期型のようだ。ハーフトラックとSdkfz250で、右側の車体の前面にはっきりと師団マークが描かれている。左上 同じく草原地帯を進撃する第24機甲師団の車両群。戦車はⅡ号戦車Ｆ型でハーフトラックはSdkfz251である。Ⅱ号戦車は偵察用の軽戦車として配備がつづけられていたが、武装、装甲とも不足しておりＦ型で生産が終了した。はるか遠方には戦闘によるものか煙がたなびいているのが見える。左下 1942年夏、ドン川周辺戦区で撮影された第24機甲師団のⅢ号戦車。短砲身5cm砲のＪ初期型で、前面には多数の予備キャタピラが取り付けられている。ブラウ作戦初期の勝ち戦のムードに、車体上に跨乗した歩兵の表情も明るい。

「橋だ、橋を確保するんだ！」

午後には川に到達し、橋をめざす。

夜、ニジニ・チルスカヤを占領すると、夜半前には、そのすぐ東側の渡し場と橋を奪取する。さらに戦車とハーフトラックは、森を抜けて東に進んだ。森の中には敵がうじゃうじゃしていた。

「左右の敵にかまわず前進しろ！」

あっけにとられたソ連兵の中を突き抜けると、夜明け前にドン川に達した。ソ連軍はあわてて橋を爆破しようとしたが、一部が爆破されただけで、橋はほとんど無傷でドイツ軍の手に陥ちた。

右翼でのドイツ軍の突破は、ソ連軍にパニックを引き起こした。

「ゲルマンスキー！　ゲルマンスキーの戦車だ」

ドイツ軍戦車が彼らの後方を切断するのではないか。ドン川をわたるポンツーン橋に逃げ出そうとする部隊が殺到する。後方部隊の動揺は、前線部隊にも伝染した。

第六四軍司令官は司令部将校をドン河畔に送って、パニックを静めなければならなかった。しかし、ドイツ戦闘機が襲い掛かり、司令部将校にも負傷者が出た。

左翼ではどうなっていたか。第一六機甲師団の攻撃は、七月二三日に開始された。チル川の上流から、カラチの北をめざして進撃は開始された。

師団は四つの戦闘団に分かれて、第六二軍の防衛陣地に対して襲い掛かった。まず、ロシユカ丘陵地帯での激しい戦闘では、ムーエ戦闘団の擲弾兵がハーフトラックで敵陣にせまる。

「擲弾兵下車！」

いっせいにハーフトラックを飛び降りた擲弾兵は、機関銃の援護のもと、白兵戦で敵を打ち倒す。

敵陣には破口がうがたれ、午後にはヴィッレーベン戦闘団が南東に突破した。彼らはひたすら前進をつづけ、二四日にはカラチ北西二〇キロのリスカ川に達した。

シュトラハヴィッツ戦闘団はラットマン戦闘団とともに東にすすみ、二四日早朝には、カラチ北方の最後の敵陣地線に到達した。

ドイツ軍の急進撃に呆然とする敵を蹴ちらすと、シュトラハヴィッツ戦闘団はさらに南に転じて、敵陣地を大混乱におとしいれた。速度こそが最大の武器であった。かつての電撃戦の再来である。

第一六機甲師団につづいては、第三自動車化歩兵師団が進撃し、翼側をかためて占領地を確保する。

ソ連軍はカラチとルイチョフの橋をとおって、戦車、狙撃兵部隊を送り込んだが、ドイツの擲弾兵たちはこれを撃退した。

第六二軍戦区の状況は、第六四軍戦区より悪かった。第三三親衛狙撃師団のアレクサンドラ・ウトベンコ大佐は、彼らがドイツ軍の罠に落ちたことに気がついた。彼の師団の兵力は、あっという間に三〇〇〇名にまで減少してしまった。

負傷者は夜に、ラクダに載せて後送された。弾薬はとぼしくなり、捕獲したドイツ軍の武器で戦わなければならなかった。食料も尽き、まわりの畑に実っている小麦をちぎってきて、ゆでて食べるありさまだった。

しかし、絶望的条件にもかかわらず、ソ連軍は頑強に抵抗した。彼らは包囲の危険

に対して、手持ちの全兵力を投入して、反撃をくわだてた。ここで踏みとどまらねば、後はない。

「敵戦車！」

第一六機甲師団は、ソ連軍の大反撃に直面した。戦闘は一〇〇両単位の戦車同士が、あいまみえる激戦となった。戦車戦は草原の中で、たがいに有利な位置を得ようと、走りまわって迂回する機動戦となった。

ドイツ軍にとっては、少数ながら長砲身のⅢ号戦車とⅣ号戦車がまじっていることが、前年とのちがいだった。これらを使えば、Ⅲ号戦車はT34とほぼ互角に、Ⅳ号戦車はT34に有利に戦いを進めることができた。

ただ、KV1にはいまでもお手上げだった。この怪物には、敵の後ろにまわって、零距離射撃で仕止めるよりなかった。

戦線は錯綜し、第一六機甲師団のフーベ将軍の司令部が、T34に蹂躙されかかることさえあった。逆に、突出したドイツ戦車部隊が、ソ連軍に包囲されることも……。

彼らは燃料を空中投下してもらい、戦闘を継続した。ソ連軍は訓練未了で、ろくに武器も食料も持たない部隊まで、無理やり第一六機甲師団にぶっつけた。その結果は、悲惨な大殺戮となった。

ロシアの町中で撮影されたIII号戦車J後期型。この角度だと長砲身化した主砲の様子がよくわかる。ソ連軍の後退戦術もありドイツ軍はソ連軍を追って快進撃をつづけた。

八月六日、カラチ包囲戦の最終局面が開始された。南からは第二四機甲師団第二四戦車連隊を中心としたリーベル戦闘団が、第二九七歩兵師団とともに北への進撃を開始する。敵陣地を強攻突破して前進を続行、暗くなるころには、カラチ前面の一八四高地に達した。

八日、第一六機甲師団と第二四機甲師団の先鋒は、ついにカラチで手をにぎり、カラチ橋頭堡のソ連軍包囲網は完成した。

包囲網内の掃討戦は一一日までつづき、じつにソ連軍狙撃九コ師団、機械化二コ旅団、戦車七コ旅団が撃滅された。捕虜は三万五〇〇〇名にのぼり、戦車二七〇両、砲五六〇門が破壊された。
ブラウ作戦開始いらいのようやくの大勝利であった。

ヴォルガ川での記念写真

八月二一日、第七六、第二九五歩兵師団の歩兵と工兵によって、ドン川の渡河作戦が敢行された。ドン川対岸のルチンスコイとウェルチャチに橋頭堡が確保され、すぐに工兵隊によって、一四〇〇メートルの長さのポンツーン・ブリッジが敷設された。

「空襲！　空襲！」

「ヒューン、ヒューン」というロケット砲の射撃音が聞こえる。ソ連軍は航空機、カチューシャ・ロケット、その他ありとあらゆる方法で橋を破壊しようとしたが、すべて失敗に終わった。二二日のうちに戦車、ハーフトラック、自走砲が対岸にわたされる。

二三日、攻撃の衝角となる第一六機甲師団と第三自動車化歩兵師団による橋頭堡からの攻撃が開始された。計画では、攻撃部隊はドン川からヴォルガ川に向けて、わずか六〇キロの地峡部を一路突進し、スターリングラードを北から切断する。

そして、これに呼応する、南からの第四機甲軍の攻撃で、南北から挟撃してスターリングラードを締めあげるのだ。

第四機甲軍はヴォロネジ攻略のあと、一度はB軍集団から取り上げられて、コーカサス攻撃に向かっていた。しかし、第六軍の攻撃進捗の遅れに怒ったヒトラーが、スターリングラード攻撃のため、ふたたびB軍集団に呼び戻したものである。

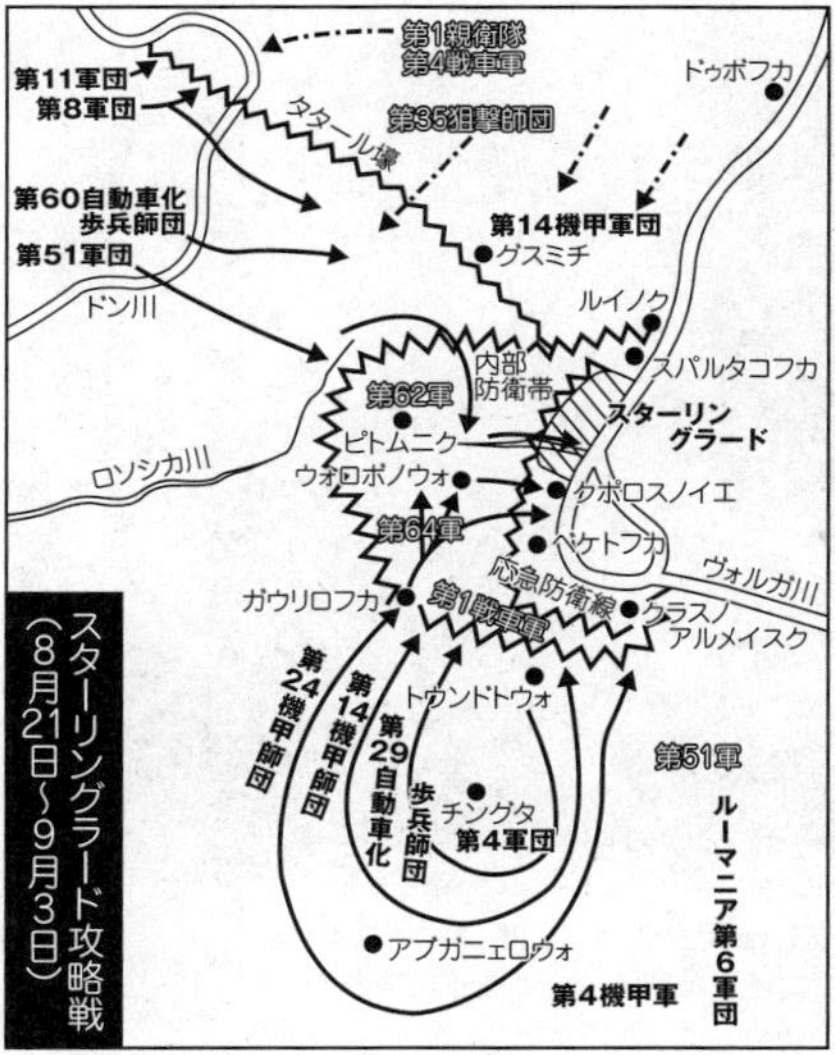

ヒトラーの気まぐれな命令は、貴重な戦車兵力を右往左往させたあげく、無駄に時間と資材を浪費させただけだった。この遅れが、結局はドイツ軍にとって最大の悲劇の原因のひとつともなるのだが、それはのちの話である。

「パンツァー、マァールシュ！」

ジーケニウス中佐が隷下部隊に命令を下した。

午前四時三〇分、第一六機甲師

ソ連軍の37㎜対空機関砲。ボフォース40㎜機関砲のコピーだが優秀な性能を発揮した。

団の先鋒のジーケニウス戦闘団が、まるで軍事演習のようなみごとなパンツァー・カイル隊形で出撃する。

そのあとには、クルンペン戦闘団とフォン・アーレンスドルフ戦闘団がつづく。さらに、左翼は第三自動車化歩兵師団、右翼は第六〇自動車化歩兵師団が守る。空からは「空飛ぶ缶切り」と呼ばれたヘンシェルHe129が支援にあたり、頑強に抵抗する敵陣地を粉砕した。

戦車部隊の攻撃ルートは、一三七高地の尾根筋がえらばれた。ここなら小川も渓谷もなく、戦車の進撃に最適だ。

敵はこの方向からのドイツ軍の攻

撃を予想していなかったらしく、あわてふためいて逃げまどうばかりだった。危惧されていた防御拠点のタタール壕も、予想外にかんたんに突破することができた。

コトルバンの南で、フロロヴォ〜スターリングラードの鉄道線を越える。列車がさかんに炎を吹き上げているのが見える。

進撃は予想外に順調で、午後はやくにはスターリングラード市街を望見することができた。

「右手にスターリングラード！」

「あれがスターリングラードか」

戦車長は口々になにごとかつぶやく。スターリングラード市街の向こうには、ヨーロッパとアジアをわかつヴォルガ川が、ゆったりと流れているのが見える。ここがドイツ軍の攻勢の終点だ。

はるかかなたに霞むスターリングラード市街は、スツーカの集中爆撃で、あちこちからもくもくと黒煙を上げていた。

一五時、師団はスターリングラード市の北部郊外に到達した。スパルタコフカ、ルイノク、ラタシンカといった地域である。

ここで突然、ソ連軍激しい砲火が浴びせかけられた。スターリングラード防空の高射砲陣地であった。陣地からは、ドイツ戦車に対する激しい射撃が浴びせられた。

「ザッ！　ザッ！　ザッ！」

戦車の周囲には、着弾の爆煙があがる。ソ連軍の三七ミリ機関砲だ。しかし、幸い味方に損害はでない。

フォン・シュトラヴィッツの第六四戦車連隊第二大隊がすぐに対処し、三七ヵ所もの高射砲陣地を撃破した。戦車兵たちは破壊された高射砲陣地に入って驚いた。なんと、これらの陣地に配兵されていたのは、女性だったのだ。ソ連軍は、赤いバリケード工場の女性工員を即訓練して、高射砲陣地に付かせていたのである。

なにかを考えている時間はない。戦車兵たちはすぐに進撃を再開する。日が暮れるころ、先頭の戦車は、ついにヴォルガ川の河岸に到達した。なんと一日で六〇キロを走り抜けたのである。

「おい、シャッターを押してくれないか」

何人かの戦車兵は愛用のカメラを取り出し、ヴォルガ川をバックに記念写真を撮った。しかし、のちにこの写真は、彼らの苦い思い出となった。もし、彼が生き残っていればの話だが……。

夜になると師団は、スターリングラード北端のヴォルガ河畔に、ハリネズミの陣を敷いて、全周防御の態勢にはいった。突破には成功したものの、師団は敵中に孤立していたのである。

しかし、戦車兵たちはなんの不安も抱いていなかった。スターリングラードは、明日にも彼らの手によって占領されることだろう。

失われた早期攻略の機会

二四日四時四五分、クルンペン戦闘団は市北部の工場街、スパルタコフカの攻略に取り掛かった。

「あそこの窓を砲撃しろ！」

戦車は歩兵を支援して、敵陣地を砲撃する。

しかし、戦闘団の兵士たちは、スターリングラード攻略が容易な任務でないことを思い知らされることになる。

ソ連軍は民兵、工場労働者と、ありとあらゆる人員を送り込んで、スターリングラードの防衛をすすめた。

戦車はスターリングラード・トラクター工場で完成するそばから、工員が操縦して

スターリングラードへと向かうドイツ戦車群。手前がⅣ号戦車Ｇ型、向こうがⅢ号突撃砲Ｆ型で、ともに43口径の7.5㎝砲を装備していた。

目と鼻の先の戦場に到着する。なかには塗装されていない戦車まであった。

戦う兵士たちには、イェレメンコ上級大将とフルシチョフ軍事評議会委員から最後まで戦い抜くよう厳命が出されていた。一歩でもしりぞけば、ＮＫＶＤ部隊の弾丸がうしろから飛んでくるのだ。

第一六機甲師団は攻撃をつづけたが、自身も全周からの敵の攻撃を受けて、しだいに危険な状態におちいりつつあった。

「後方との連絡はどうなっている？」

後続する第三自動車化歩兵師団が、なんとか合流したものの、北から駆けつけたソ連軍の第三五狙撃兵師団により、彼らとドイツ軍のドン川橋頭堡との連絡は遮断されてしまった。

結局、突破した二つの師団は、ヴォルガ川からタタール壕までの二九キロもの針ネズミ陣地をつくって戦うはめになった。

「至急、補給を請う。師団は、戦闘力を消失しつつあり」

補給は空からおこなうよりなかった。しかし、パラシュート投下された荷物は、おおくは無人地帯に落ちるか、敵のものとなった。

とくに燃料が不足したため、二つの師団の攻撃はほとんど不可能となった。第一六機甲師団では、以前の楽観的なムードはすっかり影をひそめた。

ドイツ軍の前線はフロロヴォの鉄道端にちかく、ソ連軍は鉄道を利用して、新手の部隊をつぎからつぎへと送り込むことができた。

「いそげ、いそいで降りろ。敵はすぐそこまで来ているぞ」

第二四軍、第六六軍に第一親衛軍と、戦力は逐次投入となり、準備不足のあまりうまいやり方ではなかったが、ともかくドイツ軍は絶えまない圧力を受けつづけて消耗し、身動きが取れなかった。

この危機を救ったのは、南方での第四機甲軍の突破であった。八月一九日、ソ連第六四軍の防御陣地にぶつかると、すぐにアブガニェロウォ付近に突破口をつくり出した。

突破口からは第二四、第一四機甲師団、そして第二九自動車化歩兵師団がなだれこむ。翌日にはトゥンドトゥオ高地に達した。しかし、攻撃はここで行きづまってしまった。

トゥンドトゥオを突破されては、スターリングラードの防衛線は崩壊してしまう。ソ連軍は防衛のために、あらゆる兵力をかき集めた。第一戦車軍、第六四軍、民兵、工場労働者etc。

彼らによって、トゥンドトゥオ前面のクラスノアルメイスク、ベケトフカ高地周辺一五キロにわたる応急防衛線が構築された。第二四機甲師団は何度もこの丘に挑み掛かったが、どうしても抜くことができなかった。

第四機甲軍司令官のホトは、やり方をかえることにした。この丘は戦車向きの場所ではない。このままでは出血が嵩むばかりで、いずれ戦車部隊はすり切れてしまう。

「もっと離れた、別の場所を攻撃しよう」

ホトは決断した。攻撃は中止され、戦車部隊はあらたな攻撃目標へと転進する。

しかし、敵に感づかれてはならない。夜のうちに戦車、ハーフトラックは戦線を抜け出し、あとを歩兵部隊がひきつぐ。二昼夜かけて、第二四、第一四機甲師団と第二九自動車化歩兵師団はアブガニェロウゥォ周辺への集結をすすめ、あらたな攻勢開始にそなえた。

攻撃目標はガウリロフカである。敵の陣地帯の西側端で、ここを突破して敵戦線の後方に進出し、陣地群を包囲攻撃するとともに、第六四軍にも痛打を与えようというのだ。

八月二九日、ホトの攻撃が開始された。この攻撃は予想以上にうまくいった。第二四、第一四機甲師団のあいだの狭い攻撃地域を受け持った第二九自動車化歩兵師団は、空軍の支援を受けて第一農場付近に突破口を開くことができた。

突破口から侵入した部隊は、夜には敵陣地後方まで侵入し、敵の師団司令部に達した。前線部隊との連絡はたたれ、敵は大混乱におちいった。戦車部隊は敵砲兵部隊を蹂躙し、三一日の夕方にはスターリングラード～カルポフカ鉄道に出た。

これはあらたな可能性を生みだした。このまま北上して、北の戦車部隊と手をむすべば、スターリングラード西部のドン～ヴォルガ地峡域で戦っているソ連軍部隊を、いっきょに包囲殲滅することができる。そうすれば、スターリングラードは終わりだ。

B軍集団司令部は三一日、第六四軍のパウルス将軍に打電した。

「第六軍は可能なかぎり兵力を集め～南に進出～スターリングラード西の敵兵力を第四機甲軍と共同して撃破せよ」

第四機甲軍部隊は側面の脅威を気にせず、戦車部隊の突進を命じた。これこそが電撃戦の極意だった。しかし、パウルスは動かなかった。敵の攻撃のため、南への攻撃は無理だと考えたのである。

九月二日、ようやくパウルスは重い腰を上げた。しかし、三日に両軍が手をにぎり、袋の口を締めたときには、ソ連軍はすでにスターリングラードに逃げ込んだあとであった。

ドイツ軍はスターリングラード早期攻略の最後のチャンスをのがし、以後、泥沼の市街戦へと巻き込まれることになるのである。

第16章　「スターリンの町」に襲い掛かった鋼鉄の嵐

スターリングラード市街に逃げ込んだソ連軍を追撃するドイツ軍はヴォルガ川に達し、南北から攻勢を掛けて来た。これに対しフルシチョフ政治委員は徹底抗戦をさせるため恐怖をもって防衛軍を叱咤した！

一九四二年九月一三日〜一〇月一六日　スターリングラード攻防戦

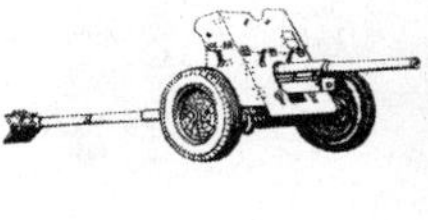

スターリンからの命令書

九月三日、ドイツ第六軍と第四機甲軍はスターリングラードの西で手をむすんだ。ソ連軍の主力は間一髪で包囲をまぬかれ、スターリングラード市街へと逃げ込んだ。ドイツ軍は勝利を逃したが、誰もそれが重大なミスだとは思っていなかった。実際、ソ連軍主力はかたちのうえでは健在だったかも知れないけれども、ドイツ軍の目には、ほとんど敗残の兵が逃げまどうだけにしか思えなかった。

それはソ連軍側から見ても、似たようなものだった。スターリングラード市街は、すでに無統制の大混乱におちいりつつあった。

コルホーズ農民、ソフォーズ労働者が家族と家畜をつれて、ドイツ軍から逃れようとヴォルガの渡しに殺到していた。農民、労働者だけでなく、兵士たちも戦意を失いつつあった。ドイツ軍への投降、逃亡兵が続出する。

ソ連軍はなんとかドイツ軍を撃退しようと、攻撃をくり返した。最大の目標となったのはスターリングラード北方でヴォルガ川に達していた第一六機甲師団の先鋒部隊であった。

スターリングラード方面軍司令官イエレメンコ上級大将は、ドイツ機甲部隊がつくった細い回廊をなんとか奪回し、できればこれを撃滅しようとした。

第一六機甲師団第二戦車連隊第一大隊長のフォン・シュトラハヴィッツ伯爵は、冷静に激烈な戦車戦闘を戦い抜いた。彼は目標にまっすぐ狙いをつけ、すばやく射弾を送った。

ソ連軍は何波にもわたって戦車の攻撃をくり返した。みなれたT34にまじって、奇妙な戦車が見受けられた。それはなんと、アメリカがレンドリースでソ連軍に送った供与戦車だった。

アメリカ戦車は背の高いシルエットと薄い装甲で、彼らにとっては容易に破壊できる楽な相手だった。乗るソ連兵にとっても、あまり歓迎されていなかった。

ソ連軍野砲部隊。ロシアでは砲兵は戦場の神として尊重されたが1942年夏、押し寄せるドイツ軍相手にソ連軍砲兵部隊は猛烈な砲撃を浴びせて抵抗をつづけた。

ドイツ軍の捕虜となったソ連戦車兵ドライバーは、こう言った。

「アメリカ戦車はいい戦車ではなかった。エンジンはオーバーヒートするし、トランスミッションは役にたたない」

アメリカ戦車は信頼性が高いといわれるが、それもロシアの苛酷な自然には通用しなかったのか。

第六二軍司令官ロパチン中将は、もはやスターリングラードが守れるとは思っていなかった。ロパチンはスターリングラードの放棄を決め、実際に部隊の後退も開始されたが、参謀長のクルイレンコ将軍がこれを認めなかった。

アメリカ製のM3戦車。ソ連兵の評判はあまり良くなかった。

なによりも、ソ連の恐怖の独裁者であるスターリン自身が、自分の名前のついた町スターリングラードを、ドイツの独裁者に引き渡すことを許さなかったのだ。

スターリンは軍と市民に徹底抗戦させるために、お目付役として、腹心の熱心な共産主義者を政治顧問として送り込んだ。彼の名はニキータ・S・フルシチョフ。スターリングラード方面軍政治委員で軍事評議会委員である。

スターリングラードを救ったことが、彼の出世のきっかけのひとつとなり、のちにソ連共産党書記長となる。彼はスターリンの町のために死ぬことは、すべての共産主義者の名誉であるとして叱咤激励した。

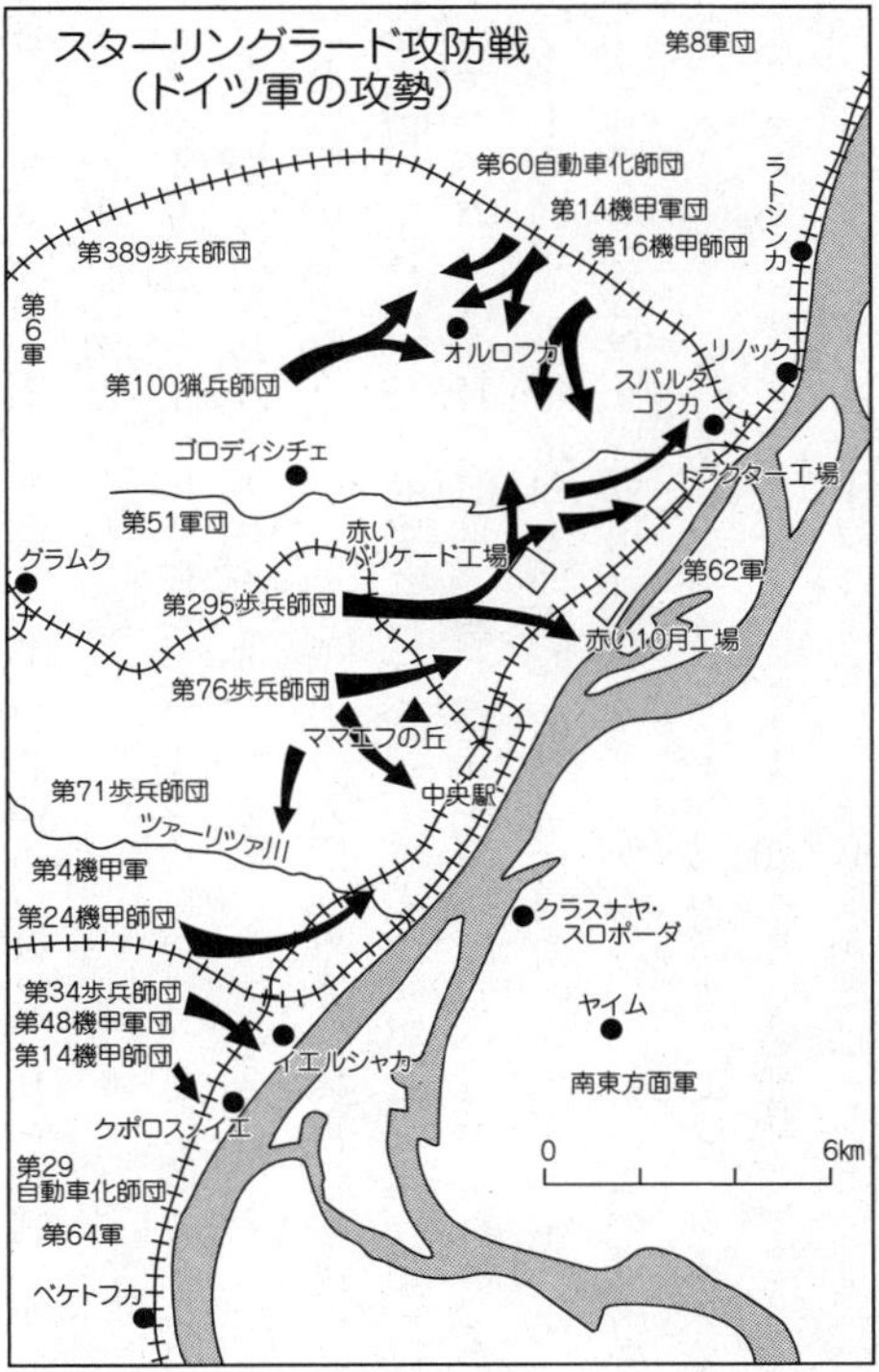

スターリングラード攻防戦（ドイツ軍の攻勢）

しかし、そのわずか一〇年後、彼の口からスターリンが恐怖の独裁者であったことを暴露する、いわゆる「スターリン批判」がおこなわれようとは、まさに歴史の皮肉というしかない。

スターリングラードに赴任したフルシチョフは、まず敗北主義におちいったロパチンを解任し、かわりにチュイコフ中将を第六二軍司令官にすえた。チュイコフは戦略にたけ、勇敢で粘り強い。そして、一九四二年まで極東にいたので、これまでドイツ軍と戦ってきたソ連軍将兵とちがって、ドイツ軍恐怖症にとらわれていなかった。

チュイコフは九月一二日、朝、ヴォルガ東岸の小村ヤイムにおかれたスターリングラード方面軍および南西方面軍共同軍事委員会への出頭を命じられた。

チュイコフはヴォルガ川をわたり、わかりにくい委員会の場所を捜しあてるのに、ほとんど一晩かかった。チュイコフがアメリカからレンドリースで送られたジープを走らせるあいだ、スターリングラードの燃え上がる建物は煌こうと夜空を照らし、対岸ですらジープのヘッドライトをつける必要がなかったという。

結局、チュイコフがイエレメンコとフルシチョフのもとにたどり着いたのは、翌朝であった。あいさつもそこそこに、フルシチョフはチュイコフを第六二軍司令官に任命する旨を告げるとともに問うた。

「同志チュイコフ、貴官は自身の任務をどのように考えているか」

チュイコフは答えた。

「われわれはスターリングラードを守り抜くか、死ぬかであります」

フルシチョフとイエレメンコはチュイコフを見て、「それでよろしい」と告げた。

その日の夕方、チュイコフはクラスナヤ・スロボーダから渡し舟でヴォルガ川を渡った。チュイコフの乗る渡し舟には二両のT34戦車が同乗していた。

渡し舟が西岸に近づくと眼前にひろがる光景は、まさにこの世の地獄であった。何百もの人々が戦火を避けて対岸に渡ろうと、渡し場に集まっていた。

おなじく多数の負傷者が、運よく渡し舟に積み込まれる順番を待って、そこここに横たわっていた。軍医が見まわり、なにかを指示する。すると兵士の載った担架は、脇へどかされて場所があけられた。彼は神の御許《みもと》へと旅立ったのだ。

共産主義は神を信じない。では、彼はどこへ行けばいいのだろう。

逃げまどうソ連軍司令部

チュイコフと彼の司令部部隊は、大混乱の群衆をかきわけて第六二軍司令部へといそいだ。司令部は、スターリングラードの中央部にそびえるママエフの丘におかれていた。ママエフの丘は古いタタールの墓所で、標高一〇二メートルをとって、一〇二高地とも呼ばれていた。

そびえるというほどの高さではないが、スターリングラード周辺はほとんど平坦な地形でここからは、町の中心部からヴォルガ川岸一帯をひろく見渡すことができ、その戦略的重要性は大きかった。

チュイコフらは何度も道に迷ったが、やっと工兵部隊の政治委員にみちびかれて司令部にたどり着くことができた。

着任すると、チュイコフは第六二軍に恐怖政治をしいた。彼にはそうしなければならない十分な理由があった。

第六親衛戦車旅団では、戦車兵が中隊長を射殺し、操縦手と無線手を拳銃でおどして戦車から放り出し、白旗を掲げて、戦車もろともドイツ軍に投降するといった事件まで起きていた。すでに、あちこちの部隊で中堅将校が部隊を捨てて、ヴォルガ川に向かって逃亡していた。

チュイコフはＮＫＶＤ（内務人民委員部）部隊に渡し場を管理させ、いかなる高級将校といえども、勝手に川を渡れないようにした。

九月一三日、まさにチュイコフの到着に合わせたかのように、フォン・ザイドリッ

スターリングラードを目指して大平原をすすむ第24機甲師団のIII号戦車。道路脇には遺棄されたソ連軍の車両が見える。

ツ・クルバッハ将軍のドイツ第五一軍団によるスターリングラード中心部への攻撃が開始された。

ママエフの丘は激しい砲爆撃を受け、地獄さながらのありさまとなった。すでに第六二軍の兵力はわずか二万人にまで低下し、戦車は六〇両にも満たなかった。

ドイツ軍は左翼に第二九五歩兵師団が位置してママエフの丘をめざし、その右に第七六歩兵師団と第七一歩兵師団がならび、スターリングラード中央駅とヴォルガ川の渡し場をめざした。

攻撃の主役は歩兵であったが、歩兵の前進を第二二機甲師団の第二〇四戦車連隊の戦車が支援した。歩兵が市街地に突入してソ連軍の拠点を攻撃、戦車は主砲と機関銃射撃でこれを支援した。

激しい攻撃に耐えかねて、その夜、チュイコフは司令部をヴォルガ川渡河点に近いツァーリツァ川河口の洞窟に移すことにした。チュイコフと彼のスタッフは二両の車両に分乗し、夜陰にまぎれて司令部を脱出した。

ママエフの丘は九月一五日に陥落した。しかし、ソ連軍はこの重要拠点の奪回をはかり、わずか三日後の一八日には、丘はソ連軍の手にもどった。

その後、この丘は両軍争奪の的となり、激戦がつづいた。やっとドイツ軍が占領したのは、一〇月二〇日であった。

ママエフの丘の南では、第七一歩兵師団が町の中心部に突入した。攻防の焦点となったのは、スターリングラード中央駅と赤の広場であった。

中央駅はもちろん陸上交通の中心であり、また赤の広場からは、川上交通の中心でもあるヴォルガ川の中央渡し場まで、一直線に見通すことができる。

ドイツ軍は中央駅に殺到し、近くの「技術者の家」を占領、渡し場を機関銃射撃で火力制圧することに成功した。

ソ連軍はこれを排除するため、攻撃を加えた。この日、中央駅は四回も持ち主を代えたという。

正午、ドイツ軍はチュイコフの司令部からわずか八〇〇メートルのところに迫っていた。

ツァーリツァ川の南からは第一四、第二四機甲師団と第九四歩兵師団の攻撃がすすめられていた。彼らはスターリングラードの空にそびえるコンクリートの穀物サイロをめざして、進撃をつづけた。

第二四機甲師団はスターリングラード南駅に突入し、スターリングラード市街南部はほとんどドイツ軍の手に陥ちた。

ソ連軍はしだいにヴォルガ川畔に追いつめられていった。

チュイコフは方面軍司令部のイエレメンコに状況を報告した。イエレメンコは渡し場を守ることを命令した。チュイコフは、手もとに残された最後の予備となる戦車旅団のT34戦車一九両を投入することにした。

旅団の一コ大隊は司令部の目の前で中央駅と渡し場を守る、もう一大隊は南の穀物サイロから渡し場への連絡路を……。しかし、たった一九両の戦車でなにができる。いや、いま必要なのは、とにかく時間を稼ぐことであった。イエレメンコは増援を送ることを約束した。それには、なんとしても渡し場を守らなければならない。しかし、戦車はその日のうちに、ほとんど全滅した。

暗くなるまえに、旅団のホプカ少佐が報告した。

「まだ射撃できるT34が一両残っています。走行は不能。人員は一〇〇名のみ」

チュイコフはホプカに命令した。

「戦車のまわりに兵を集めて、渡し場の入り口を守るんだ。できなければ、貴官を銃殺する」

ホプカは命令を守って、渡し場を守りぬいた。彼は銃殺されずにすんだが、半数の部下とともに、ドイツ軍の弾丸で戦死した。

その犠牲によって、ソ連軍が増援を送るためには致命的に重要であったツァーリツァ川河口近くの渡し場は、死守されたのである。

九月一四日の日没後、ドイツ空軍の爆撃を避けて第一三親衛師団の一万人が渡河した。

彼らはわずか一日で、ほとんど戦力を失ったが、一五日のドイツ軍の攻撃で、スターリングラード中央部市街地が陥落することを防いだ。

戦理的には、ばかげた戦力の逐次投入だが、ソ連軍にはそうする以外の手段はなかった。実際、無駄に思える彼らの犠牲が、ドイツ軍に時間を費消させ、出血を強要した。

スターリングラード炎上

それでも、ドイツ軍の前進はつづいた。

一六日朝には、南駅を占領した第二四機甲師団は西へまわって、市外縁と兵営の丘に陣どるソ連軍部隊を粉砕した。

戦車の砲火に支援されて、歩兵が前進した。白兵戦で塹壕を占領すると、三〇メートル先に二番目の塹壕、その背後の茂みのなかにはトーチカがあり、戦車も隠れていた。

わずか五〇〜一〇〇メートルのところに数両のT34がいた。

「フォイエル！」

すぐに戦車の射撃で沈黙させて、前進再開。前方に馬の群れ。注意深く近づくと、右手の森のなかにうまくかくされた二、三両のT34を発見した。戦車砲がふたたび吠える。

左側の茂みのなかにも、何かいた。燃えつきた戦車だ。これは昨日、別の方向から攻めたときに撃破したものだ。

チュイコフはフルシチョフに電話して、すぐに増援を送るよう要請した。フルシチョフはスターリンに直訴して、海軍歩兵一コ旅団と戦車一コ旅団の増援を受けとった。一七日に海軍歩兵は市街南部に、戦車は中央駅付近に投入され、なんとかスターリングラードの戦線を支えた。

おなじ日、ドイツ軍はスターリングラードを占領する全権を、第六軍のパウルス将軍にまかせることを命令した。その結果、ホトの第四八機甲軍もパウルス将軍の指揮下に入り、スターリングラードを南北で分けたツァーリツァ川の戦闘境界を越えて、戦闘がやりやすくなる。

ヒトラーは、スターリングラードの早期占領を望んだ。

「けりをつけるんだ。スターリングラードを陥落させねばならない」

しかし、チュイコフとちがってパウルスは、増援を得ることはできなかった。

一七日正午ころ、第七一歩兵師団の兵士は、プーシキン通り近くのチュイコフの司令部入り口にあらわれた。司令部将校みずからが、サブマシンガンをつかんで戦うという状況下で、チュイコフはやむなく司令部を脱出することにした。

チュイコフは一七日未明、闇にまぎれてヴォルガ川の川岸にたどり着くと、船で対岸に渡った。しかし、彼は安全な対岸に止まることはなく、船でスターリングラード北部市街地にある「赤いバリケード工場」裏の、ヴォルガ川岸の絶壁につくられた司令部に移動した。

ドイツ軍は九月二二日には、渡し場からソ連軍を追い散らした。スターリングラード中央部および南部市街地は、ほぼドイツ軍の手中に落ち、戦いの焦点は、北部市街地に残されたソ連軍の掃討だけとなった。スターリングラードの占領は時間の問題のように思えた。

しかし、ソ連軍はあきらめなかった。抵抗するだけでなく、一八日にはスターリングラード北部からドイツ第六軍部隊左翼に三コ軍が反撃を仕掛けた。

ドイツ空軍の爆撃と、フーベ将軍の第一四機甲軍団の反撃で撃退されてしまった。

ドイツ戦車はひさしぶりに働くことができた。

戦車は視界が利かない。市街地では、遠距離射撃能力も機動力も生かすことができず、歩兵の肉薄攻撃にさらされる。都市戦闘は、戦車にとっては不向きな任務であった。戦車は市街地の外のステップ地帯でこそ、有効に活用できる兵器である。

泥沼の市街戦を生身で戦う歩兵にとって、戦車は鋼鉄の鎧《よろい》をはおった無敵兵器に見えた。カメラード（戦友）を見捨てられるはずもなく、戦車は苦手の都市戦闘にかり出され、無駄に犠牲をかさねていった。

戦闘は電撃戦どころか、機動戦でもなく、ただの力押しか、第一次世界大戦のような膠着した陣地戦、塹壕戦になりつつあった。

ソ連軍はたくみにカモフラージュをおこない、対戦車砲や半分車体を埋めたT34戦車で、ドイツ戦車を痛撃した。

ドイツ戦車が歩兵をともなうと、ソ連軍は戦車と歩兵を分離しようとつとめた。迫撃砲の射撃で、戦車の後方につらなる歩兵を追い散らし、対戦車砲や戦車の砲手は、戦車が孤立したところを撃ちとった。

北部工場地帯での市街戦

北部市街地で戦いの焦点となったのは、数多くの軍需、金属、機械工場地域だった。スターリングラードは当時から一大工業都市であり、北部には重要な「スターリングラード・トラクター工場」をはじめ、「赤いバリケード工場」「赤い一〇月工場」「ラツール化学工場」などがならんでいた。

とくに「スターリングラード・トラクター工場」は、スターリングラード工業地帯の象徴であった。戦前は年産一万両もの農業用トラクターを生産しており、ウラル山

ソ連の貨車に載せられたT34 1941年型。スターリングラード・トラクター工場製の車体で、まさに工場から戦線に直送されたものである。

脈西方で最大のトラクター工場であった。

開戦初頭に戦車工場に転換され、ソ連軍の主力となった傑作中戦車T34戦車を製造したことで知られる。

「スターリングラード・トラクター工場」は、スターリングラード攻防戦のさなかにもT34の生産をつづけ、完成しT34は塗装もされないまま、工員の手で運転されて、そのまま戦場に投入されたといわれる。

九月二七日朝、第六軍は北部工業地帯への総攻撃を開始した。

「パンツァー、マールシュ」

満を持した攻撃に、パウルスは八〇両もの戦車を投入したが、ソ連軍の抵抗は熾烈だった。ソ連側資料では、九月三〇日には、攻撃するドイツ軍の第六〇自動車化歩兵師団と第一六機甲師団の装備する七二両もの戦車を撃破したという。

実際、ドイツ軍は北部工業地帯北西のちっぽけなオルロフカ突出部の攻略に、ほぼ一〇日間もの日数が必要だった。

いっぽうドイツ第二四機甲師団と第三八九歩兵師団の大部分と第一〇〇猟兵師団は、南から飛行場を抜けて「赤いバリケード工場」「赤い一〇月工場」の工員住宅地に攻撃を仕掛けた。

廃墟と化した工場地帯は、まるで迷宮だった。スツーカの爆撃と激しい砲撃は、防御側に有利な隠れ場所を与えただけだった。歩兵たちは一メートル、一センチを戦い取らなければならなかった。

パウルスは「赤い一〇月工場」の占領のため、第一四機甲師団と第九四歩兵師団も呼び寄せた。

チュイコフも第三九親衛狙撃兵師団、第三〇八狙撃兵師団を増援に受けとった。しかし、一〇月二日にドイツ軍は、チュイコフの司令部の真上にある石油タンクを攻撃した。直撃弾が石油タンクを破壊し、チュイコフの司令部のあるヴォルガ川岸は、燃え上がる炎につつまれた。

「チュイコフ、どこにいる？」

スターリングラード方面軍司令部から、チュイコフを心配する電話がはいる。

「いちばん激しく炎が上がっている場所が、われわれの司令部の場所です」

これがチュイコフの答えだった。さすがのチュイコフにも、もはやスターリングラードを守り通せるものかどうか、懐疑的にならざるを得なかった。

ドイツ軍戦車が第一九三狙撃兵師団と海軍歩兵がまもる学校の廃墟を攻撃してきたが、彼らには、もはや対戦車兵器の弾薬は残っていなかった。海軍歩兵のミハイル・パニカコは、二本の火炎瓶をつかんで戦車に肉薄攻撃を仕掛けた。

彼が一本目の火炎瓶を投げようとしたとき、ドイツ軍の銃弾が彼のもつ火炎瓶に命中した。

パニカコは全身火だるまになって数メートル走ると、もう一本の火炎瓶を投げつけ、そのまま戦車に身を投げた。火炎瓶は戦車のエンジンデッキに当たって燃え上がり、戦車を炎上させた。

第二四機甲師団は損害にめげず、「スターリングラード・トラクター工場」の工員住宅を占領した。一〇月一八日になって、やっとレンガ工場へ突入し、ヴォルガ川に達することができた。

彼らはさらに南下して、「ラツール化学工場」を攻撃した。しかし、戦力は低下しつづけ、この攻撃のあと、第二四機甲師団に残された戦車は、わずか一コ中隊（！）強にすぎなかったという。

いっぽう「スターリングラード・トラクター工場」を攻撃したのは、第三八九歩兵師団と第一四機甲師団の一部であった。

一〇月一四日、工場に突入したドイツ軍はヴォルガ川畔に達し、さらに南の「赤いバリケード工場」に進んだ。突破はしたものの、「スターリングラード・トラクター工場」の抵抗は止まなかった。

このため、工場占領をめざして、一五日には第三〇五歩兵師団が投入された。これに対峙したのは、ソ連軍第三〇八狙撃兵師団である。

廃墟と化した工場内部での歩兵と歩兵の肉弾戦は、これまでの独ソの戦いのなかでも、このうえなく悲惨なものとなった。

ソ連軍はNKVD部隊を投入して督戦した。グロテスクなエピソードが残っている。ドイツ軍第一四機甲師団への反撃のため、第八四戦車旅団の戦車が第三七親衛狙撃兵師団の兵士を満載して出撃しようとした。しかし、どちらの部隊もスターリングラードに投入されたばかりで、周囲の状況に通じていなかった。

このため、一両の戦車がドライバーのミスで、砲撃穴に落ちこんでしまった。する

フェリー埠頭で撮影されたスターリングラード・トラクター工場製のT34。

と、激怒したＮＫＶＤ部隊将校は戦車の前に走りより、ハッチを開けてドライバーを射殺したという。

この血の督戦にもかかわらず、一六日に「スターリングラード・トラクター工場」は、ドイツ軍によって占領された。

しかし、ソ連軍の抵抗はつづいていた。そして、チュイコフの確保する地積は、もはや見る影もなくやせほそっていた。

第17章　「第二突撃軍」雪中に壊滅す

積雪と厳しい寒気の中で驚異的な速度で戦線を突破し、ドイツ第一軍団を包囲せんと進撃を開始したメレツコフのヴォルフォフ方面軍の前に、長砲身砲搭載のⅣ号戦車を受領されたカウフマン戦闘団が待ちかまえていた！

一九四二年一月一三日～六月　ヴォルホフ攻勢～北方軍集団の戦い　その1

ヴォルホフ攻勢

「レニングラードは攻略せず包囲する」

このヒトラーの決定によって、レニングラードへの攻撃は停止された。しかし、これはレニングラードを巡る戦いそのものを終わらせることはなかった。ドイツ軍はレニングラードの東、スヴィル川への攻勢をつづけた。

ドイツ北方軍集団は、一九四一年一二月、まだチフヴィンで激しい戦いがつづけられていた間に、乏しい兵力で防衛線を安定させるため、大規模な部隊の再編成に取り掛かった。北方軍集団の二つの軍、第一六軍と第一八軍の作戦境界は、チュードヴォの西のボビノから北西にチフヴィンの北に走ることになった。

ここから北、ヴォルホフ川下流とラドガ湖の南、ネヴァ川流域が第一八軍の守備地域で、その南ヴォルホフ川中流から上流が第一六軍の守備地域となっていた。

レニングラード戦線のドイツ軍は、戦車部隊のほとんどが引き上げられ、陣地を守る歩兵ばかりとなっていた。その中でわずかに残された戦車部隊は、突破する敵をくい止め打撃する火消し役を果たすことになる。

ソ連軍は一九四一年一二月、あらたにメレッコフ将軍の指揮するヴォルホフ方面軍を編成し、ドイツ軍への反撃をくわだてた。

この方面軍には第五二、五九軍に加えて第四軍、第二六軍が配備された。この一二月の反撃で、ドイツ軍のチフヴィン突出部が切り落とされたが、ドイツ軍は、キリシからヴォルホフ川に沿ってイリメニ湖、デミャンスク、セリゲル湖につづく戦線をなんとか確保することができた。しかし、それは疲れ果てた一握りの部隊が守る、薄っぺらい紙のような戦線でしかなかった。

ソ連軍は、ドイツ軍戦線を突破するため、大攻勢を仕掛けることにした。

一九四二年一月、ヴォルホフ方面軍は新しく配属された多数の部隊で再編成をおこない、第二六軍は第二突撃軍に改編された。第二突撃軍には八コ狙撃兵師団、八個突撃旅団、一コ砲兵大隊、一コ迫撃砲大隊に、特別に冬季戦にそなえたエリート部隊のスキー大隊一〇コが配属されていた。

ソ連軍の目的はドイツ第一八軍の後方連絡線を切断して、レニングラード前面で撃滅してしまおうというものであった。第二突撃軍と第五二軍は北西にリュバン方向にすすみ、北方から進撃する第五四軍と手を結びドイツ軍を締め上げる。さらに一部はルガ方向に進みドイツ軍戦線後方に楔を打ち込む。

斥候、頻繁な小競り合いといったソ連軍の行動はドイツ軍の注意を引いた。ソ連軍の攻撃近し。しかし攻勢がどこに指向されるかは分からなかった。ソ連軍はおもしろい欺瞞手段を取った。

「ヴォルホフ方面軍は防衛態勢を取るべし」

一月一二日、こんな暗号電報がドイツ軍に傍受された。

そうか攻勢はないのか。

「ズーン、ズーン」

一月一三日朝八時、前線のドイツ兵たちはソ連軍が嘘つきであることを思い知らされた。ソ連軍の大攻勢の開始である。三〇分間の準備砲撃が、ノヴゴロドの北方、第一二六歩兵師団と第二一五歩兵師団戦区に見舞われた。これでどこが攻撃地点かはわかった。しかし、ソ連軍はうまいところを攻撃する。第一二六歩兵師団は第一六軍、第二一五歩兵師団は第一八軍に所属し、そこはちょうど防衛線の繋ぎ目であった。

やがて砲撃はしだいに着弾点を後方に移して行く。そして生き残った歩兵たちの目の前を、白い雪煙に包まれたぽんやりとした影がヴォルホフ川をわたって近づいて来た。

「ウラー！」

「ウラー！」

ロシア兵の叫び声。

「イヴァーン！」

歩哨が怒鳴る。

警報が飛び、ドイツ軍の機関銃が射撃を開始する。

ばたばたと倒れるがスキー兵はかまわず前進をつづけた。

ドイツ兵は圧倒され、戦線は突破された。

一〇時半にはソ連軍はゴルカで、ヴォルホ川を越えて橋頭堡を確保した。ドイツ軍は反撃をこころみたものの、どうしてもソ連軍を排除することができなかった。一四日の朝にはソ連軍はさらに部隊を増強して橋頭堡から西への進出をはかった。

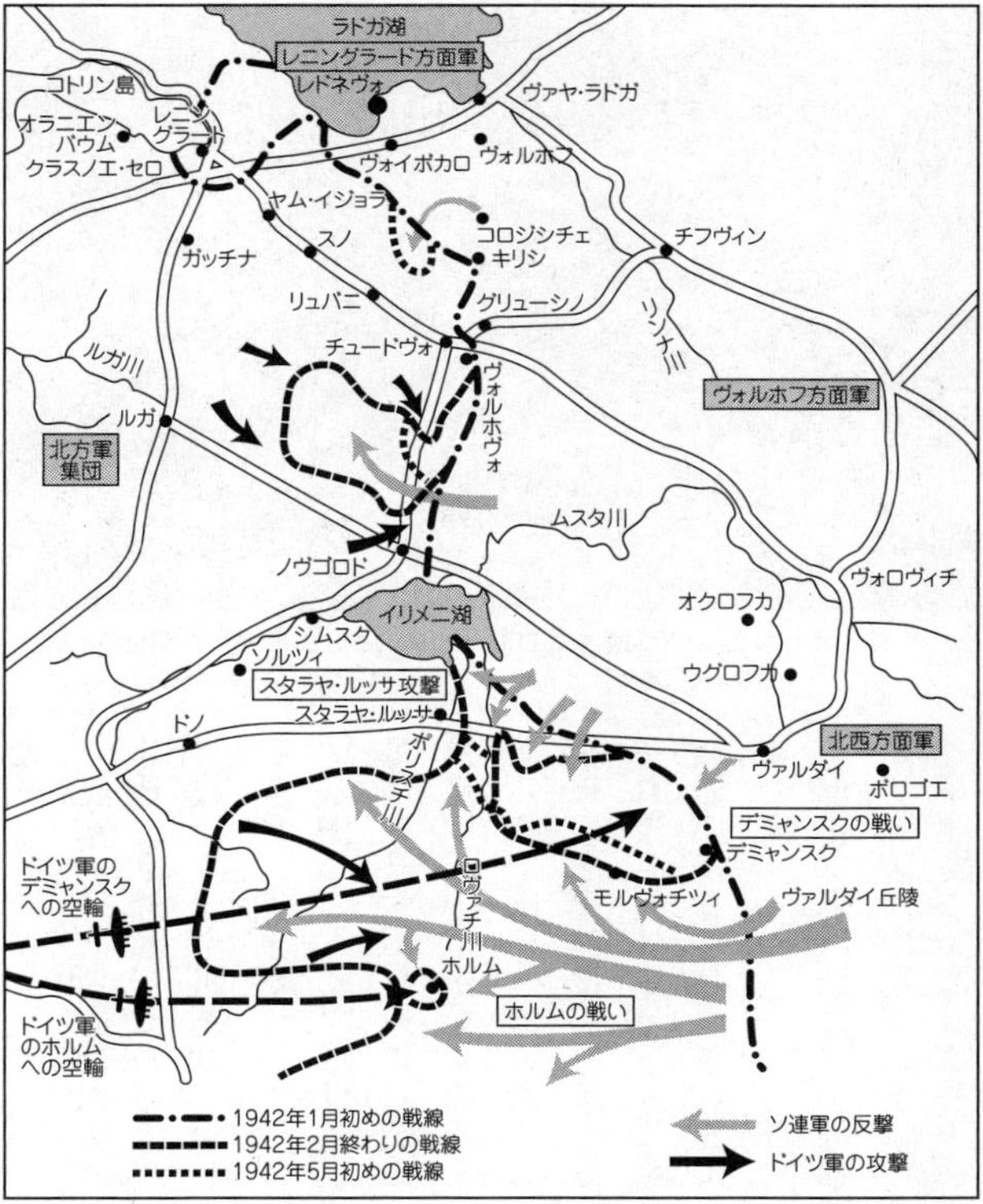

ドイツ軍がこの敵の対処に追われているあいだに、ソ連軍はさらに北のヤムノ、アレフィノ地区で突破をはかった。第三二七狙撃兵師団と第五七狙撃兵旅団が、ドイツ軍たった三コ大隊が守る戦線に襲い掛かったの

森の中に集結したソ連軍のT60軽戦車。まさに攻撃前進開始直前という状態で、車体、砲塔問わず多数の歩兵が跨乗している。

だ。

潮のように押し寄せるソ連兵はドイツ軍陣地に浸透し、その守備兵を押し倒した。突破口は三〜四キロの幅となり、あとからは騎兵、戦車がつづく。

しかし、ドイツ軍は必至に戦った。戦線は崩壊せず、ソ連軍に突破されて孤立した拠点は、弾薬がなくなるか全員が打ち倒されるまで戦いつづけた。このためソ連軍は突破口を迅速に広げることができなかった。それでもソ連軍はしゃにむに前進をつづけ、瓶の口から押し出されるように北西へすすんだ。

ドイツ軍は懸命に予備部隊をかき集めたが、突破口を塞ぐことはできなかった。

五日後には先頭はキリシ〜ノヴゴロド鉄

道線路に到達した。ヴォルホフ川から八キロの地点である。積雪と厳しい寒気のなかで、単に移動するだけでも困難なのに、この前進スピードは驚くべきものだった。一〇月二〇日にはソ連軍の突破口は三〇キロの幅に広がり、二八日には、レニングラードとノヴゴロドを結ぶ鉄道のほぼ中間点にあるイエグリノを脅かした。レニングラードまでへの道のほぼ半分を走破したのである。このままレニングラードを目指すのか？

しかし、ここでソ連軍の先頭は北西に向かわず北へ転じて、チュードヴォとレニングラードを結ぶ鉄道線路上のリューバニに向かった。二月中旬にはリューバニに近接し、ここまででソ連軍は一〇〇キロも前進したことになる。

これに呼応するようにヴォルホフ方面軍の北方からも、第五四軍の攻勢が開始された。ソ連軍はラドガ湖南方ポゴスチェから南に向けて、ドイツ軍歩兵部隊の陣地を襲ったのである。

ソ連軍の意図ははっきりした。南と北から挟撃してヴォルホフ戦区北部にいるドイツ第一軍団を包囲してしまおうというのだ。すばらしい着想。しかし足元には危険が潜んでいた。ドイツ軍の第一二六歩兵師団と第二一五歩兵師団は繋ぎ目からの突破を許したものの、突破口の左右を固めて、頑として突破口の拡大を許さなかった。

カウフマン戦闘団の戦い

ソ連軍の態勢は、まるで蛇が鎌首を持ち上げたようなものだった。首根っこを捕まえられたら頭は一巻の終わりとなる。しかし、問題はどうやってやるかだ。ドイツ軍は戦線を繕《つくろ》うためのパッチワークに必死で、とてもそんな余裕はなかった。

細切れの戦力は、第二一二歩兵師団の一部と第二五四歩兵師団の一部、第八オートバイ大隊を戦線北部に、第八機甲師団第一大隊の補充要員とエストニア義勇兵を西に、第二〇自動車化歩兵師団の一部を南にといった具合に、その場その場で費消されてしまった。

第一八軍の唯一の機甲師団であった第一二機甲師団のただひとつの戦車連隊である第二九戦車連隊にも、こうしたパッチワークの役が割り当てられた。連隊はすでにチフヴィンで戦い、装備は消耗し人員も疲弊していた。

もともと同連隊の装備は貧弱で、一九四一年六月二二日にソ連に侵攻した当時装備していた戦車は、Ⅰ号戦車が四〇両、Ⅱ号戦車が三三両、38（t）戦車が一〇九両、Ⅳ号戦車が三〇両、38（t）指揮戦車が八両というありさまだった。

391　カウフマン戦闘団の戦い

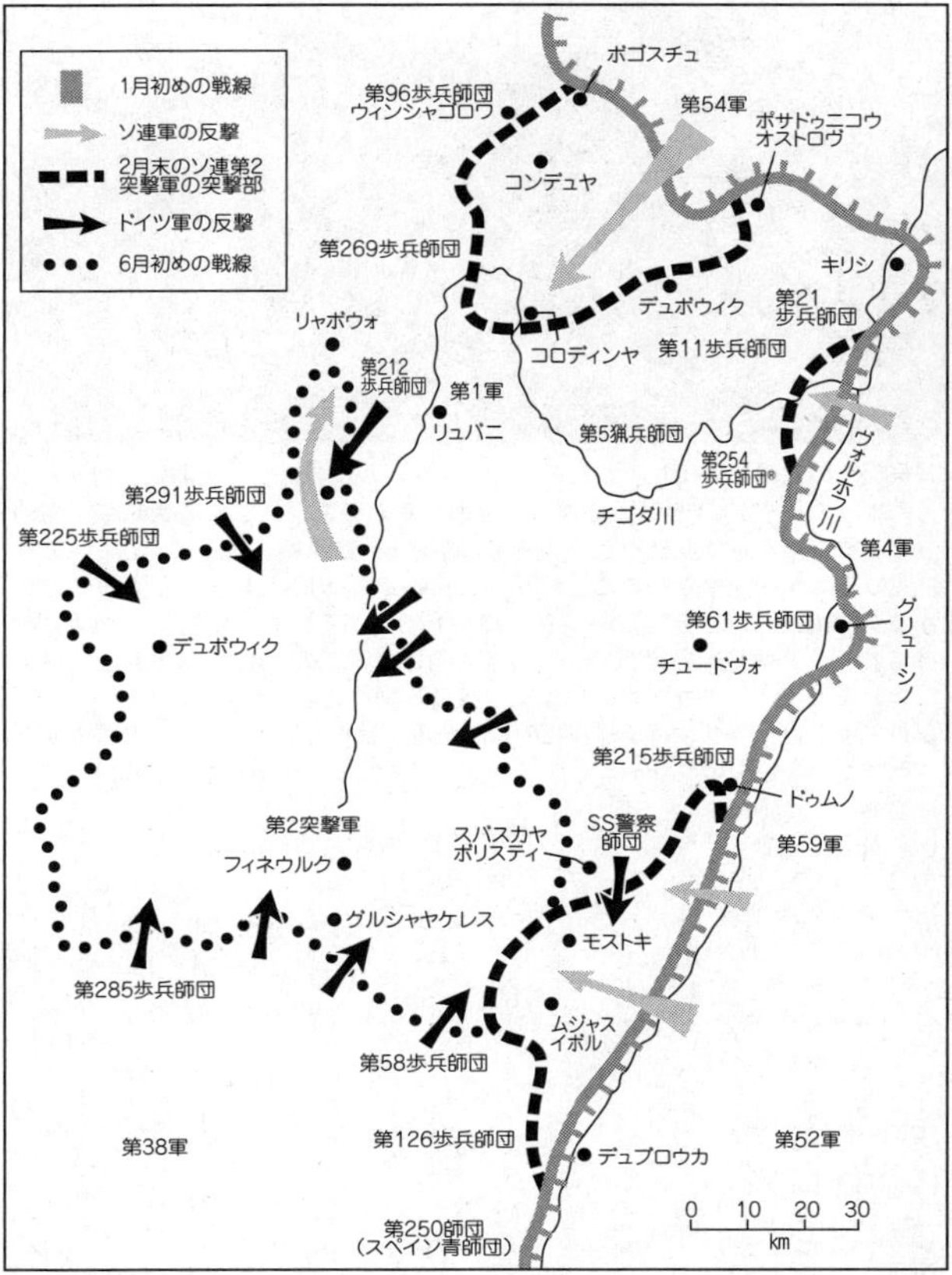

Ⅳ号戦車の武装を強化しようというプランはバルバロッサ作戦開始以前からあったが、T34やKV1といった強力なソ連戦車との遭遇によって大急ぎで進められることになった。当初G型から43口径7.5cmが搭載されることとされたが、F型の途中から変更されることになり、長砲身型はF2型に分類されることになる。F2型は1942年3月から7月までに175両が新造されF型から25両が改造された。なお最近の資料によると最終的にすべての43口径砲搭載型はG型に含められることになったという。写真は初期に生産されたF2型で、マズルブレーキにはシングルバッフル式のものが用いられている。また砲身長が延長されたための追加のクリーニングロッドが車体側面に装備されている。

その戦力は八月二六日付では、Ⅰ号戦車九両（うち稼働七両）、Ⅱ号戦車三〇両（二五両）、38（t）戦車が六二両（四二両）、Ⅳ号戦車二二両（一四両）、38（t）指揮戦車が八両に過ぎなかった。この間に補充されたのは38（t）戦車七両だけで、戦力ががた落ちとなるのは当然だった。

「なんでも本国に帰れるというぜ」

うわさだぜ」

戦車兵たちには、ドイツ本国に帰還して休養と再編成をおこなうというわさが流れていた。

しかし、司令部はそれほど慈悲

深くはなかった。まだここで戦わなければならない。一二月に連隊には補充装備が届けられた。
Ⅲ号戦車とⅣ号戦車だ。Ⅲ号戦車は四二口径五センチ砲装備型だったが、それでも連隊の戦車兵にとっては初めての装備である。Ⅳ号戦車はこれまでも装備されていたが、これは秘密兵器であった。生産が開始されたばかりの、長砲身の七・五センチ砲を装備したⅣ号戦車だったのだ。これならソ連戦車と対等に戦える。虎の子の戦車は第三中隊

に割り当てられた。みな腕っこきの戦車兵たちである。

一月初め、連隊に出動命令が下った。行き先は南ではなく北。ナルヴァで鉄道に乗車せよ。ドイツに帰還ではなくふたたび戦場に逆戻りである。激しい寒気の中、連隊の移動は困難をきわめた。戦わないで道路上を進むだけでこのありさま。ようやくナルヴァに到着。戦車が貨車に積み込まれる。

連隊は二つの戦闘団に分けられることになった。一つはヴォルホフで戦い、もう一つはポゴスチェで戦うというわけだ。とにかく戦力が足りないのだ。火消し役は引っ張りだこ。どちらの火も消さなければならない。ナルヴァで搭載された連隊は鉄道で移動して、キンギセップで降ろされた。

ポゴスチェへ向かう戦闘団を率いたのは、カウフマン少佐であった。キンギセップからは戦車は自走して、クラスエグバルディスクをとおって前線へと向かうのだ。この戦闘団には虎の子の新型Ⅳ号戦車三両が割り当てられた。

一号車の乗員は車長フェンデサック、操縦手タイセン、砲手ギアスドルフである。二号車は車長リベル、操縦手ベロチ、無線手ブラウナー、砲手クニスペル、装塡手ホルステル、三号車は車長ハーダー、操縦手オピッツ、無線手ラウシュであった。

カウフマン戦闘団の任務は、ソ連軍の攻撃を妨害して進撃を遅滞、阻止することで

森の中をすすむソ連軍のKV1戦車。相変わらずドイツ戦車にとっては手ごわい敵だった。

あった。ポゴスチェの敵をヴォルホフ川を突破した敵と握手させてはならない。戦闘団の戦闘地域は、第一二一歩兵師団戦区が割り当てられた。戦車は歩兵の防御と攻撃戦闘の双方を支援すること。

戦闘団は三両のⅣ号戦車を行軍からそのまま戦線投入した。

「ヒューン」

森の縁に近づくや否や、弾丸が木々のあいだを飛び抜け、木片を飛び散らかす。

「ポシュ」

深い雪のなかに突き刺さり蒸気が上がる。戦闘団が森のなかに突入すると、茂みに隠された敵の対戦車砲がさかんに撃ち掛けて来た。

「榴弾込め！」

「フォイエル！」

奇襲であったが、ドイツ戦車兵たちは手練の腕を示してたちまち沈黙させた。指定された地点に到着した戦車は、まさに最適の時間に戦線加入した。敵戦車の突破攻撃が開始されたのである。

この戦いでとくに目覚ましい働きをしたのが、二号車の砲手のクルト・クニスペル兵長だった。彼はタフでありながら敏感な砲手として、誰よりも早くかぎられた視野の中で敵を発見することができた。

クニスペルは三度戦車戦をおこなったが、ここでクニスペルは、敵味方の誰よりも優れた腕を示した。

「敵戦車！　右の木立の影」

クニスペルは発見するや否や、敵戦車を照準に捕らえた。車長の命令を待たずに間髪を入れずに弾丸が発射される。

クニスペルににらまれた敵は、三回ともたった一、二発で仕留められた。彼らは、おそらくどこから撃たれたか気がつきはしまい。永遠に……。

ソ連軍は小規模な兵力で小出しに攻撃をくり返したため、ドイツ軍戦線を大規模に蚕食することはできなかった。戦車兵のあいだにクニスペルへのやっかみ半分の変なうわさが流れた。ソ連軍の攻撃が不活発なのはきっと弾薬がないにちがいない。だっていつも戦うときには奴らの戦車は発砲しないじゃないか。しかし、これが間違っていることは、すぐにわかった。

ドイツ軍歩兵部隊はソ連軍を押しもどし地歩の回復のため、カウフマン戦闘団をともないソ連軍前線への反撃を仕掛けた。戦車は深い積雪の中をかき分けて前進した。

「ガーン！」

とつぜんクニスペルの乗る戦車に衝撃が走った。

（「脱出！」）

命令は？　乗員は衝撃でふらつきながら、あたりを見回した。大丈夫、やられていない。

撃ったのは後方の雪に覆われた大きな茂みの陰に隠れたＫＶ１だった。あんまりあわてたのか、徹甲弾でなく榴弾で射撃したのである。

クニスペルは瞬間的に反応した。すぐに砲塔を巡らせるとＫＶ１に狙いをつけ発射ペダルを蹴った。

「ドーン！」

ものすごい衝撃とともに、四三口径の長砲身から放たれた弾丸は、ＫＶ１戦車の砲

塔と車体の繋ぎ目に突き刺さった。貫徹はしなかったが、これで敵戦車は砲塔が旋回できなくなった。

「徹甲榴弾39！」

装塡手が重い砲弾を砲尾に差し込み、左手の拳固でまだ煙を上げている薬室に押し込んだ。

「フォイエル！」

弾丸はほとんど同じところに命中して、重たいＫＶ１の砲塔がターレットリングからずれて止まった。

戦闘団はいったん再編成のためナルヴァにもどったものの、三月にはふたたびヴォルホフ戦線に投入された。

三月二十七日、戦闘団の三両のⅣ号戦車はふたたび戦線に投入された。地歩を拡大しようとするソ連軍と防衛するドイツ軍との血みどろの戦いがつづく。

戦車連隊はもっぱら二両、三両といった単位で出撃して、歩兵の攻撃を支援するか、敵戦車の突破を防ぐ役割を果たした。地味だがこの戦線では、大規模な戦車群の突破作戦などは用意されていないのだ。華々しい戦車兵にとっては損な役回りだが、文句を言うわけにもいかない。

歩兵の攻撃を支援したルベル車は、恐ろしい怪物にぶつかった。五二tもある巨大な怪物、ソ連軍のＫＶ２戦車である。

「敵戦車！　化け物だ」

クニスペルはすぐに狙いをつけ、徹甲を見舞った。

「ガーン！」

命中した弾丸は滑って森の中へ消えた。なんて頑丈な。しかしもう驚きはしない。ＫＶ２は何もなかったかのように動きはじめた。車体がゆっくりと回りはじめる。旋回してお尻をさらしたいまこそが、クニスペルの待っていた瞬間であった。

「カクン」

発射ペダルが踏まれると、必殺の弾丸はＫＶ２のエンジンルームに吸い込まれた。何秒かすると、エンジン室から炎が上がり、敵戦車は燃え上がった。

二日後、ふたたび戦車対戦車の戦いが生起した。リベル車は歩兵を支援して夜間パトロールに出動した。夜明けが近く東の空は明るみはじめていた。このときも最初に敵を発見したのはクニスペルであった。それはふたたび怪物のＫＶ２戦車だった。すでに敵は砲塔を巡らせて、クニスペルの戦車を狙っていた。

「敵戦車！　撃ちます」

クニスペルはすぐに照準をつけると主砲を発射した。初弾が命中し、ＫＶ２は燃え上がった。

森の中の戦いは四月に入ってもつづいた。戦車にとって恐ろしかったのは、雪解けで泥沼となった地表と、あちこちに潜むソ連軍の狙撃兵だった。

操縦手は戦車を泥沼に沈めないよう細心の注意を払わねばならない。戦車長がキューポラから身を乗り出すや否や、狙撃兵の銃弾が戦車長の脳天を貫いた。

四月一七日以降、戦車戦はふたび激しさを増した。リベル車も命中弾を受け、車長のリベルと砲手のクニスペルは無傷だったが、無線手のブラウナーと装塡手のホルステルは負傷した。しかし戦闘はつづいており、彼らは新しい戦車を与えられて、ソ連軍と戦いつづけた。このころ戦いは最終局面に入りつつあった。

罠にかかったソ連軍

ソ連軍がヴォルホフから突出した最前線で、ドイツとソ連の戦車の死闘がつづけられているころ、後方のヴォルホフの突破点では、ドイツ軍によってソ連軍の反撃そのものを頓挫させる巨大なたくらみが進められていた。蛇の首根っこを切り落とそうと

うっそうと茂る森の中で撃破されたソ連戦車。
手前にT60、左側にT34、奥にはKV1が見える。

いうのだ。狭い突破点を切断する役割をおおせつかったのは、第五八歩兵師団とSS警察師団であった。

第五八歩兵師団は南から、SS警察師団は北から攻めて敵の突破点を圧迫する。瓶の口を締めてしまえば、補給に窮した敵はロシアの冬の中では放っておいても自滅するだけだ。戦車は燃料がなければ動くことができず、馬はかいば不足で斃れてしまう。兵隊だって暖かいスープもパンもなければ、戦うどころか生き延びることさえ困難なのだ。

反撃は三月一五日に開始された。第二二〇歩兵連隊は、なんと分捕ったソ連戦車の支援を受けて攻撃、第二〇九歩兵連隊と第一五四歩兵連隊は突撃砲の支援を受けることができた。

もう春も近い季節だが、ヴォルホフにはまだ冬が荒れ狂っていた。急降下爆撃機の爆弾も雪煙を上げるだけで効果はない。砲兵も迫撃砲も砲身に雪が詰まって十分に撃てない。戦闘は白兵戦で決着がつけられた。

一九日夕、第二〇九歩兵連隊第二大隊の先鋒は、地図にEと示された林道に到達した。これこそがエリカ林道、ヴォルホフの両軍の戦いの焦点となった重要な道である。

「ハルト！」

道の反対側で機関銃が唸った。あれはドイツ軍のだ。味方だ。白い信号弾が打ち上げられた。反対側の森の中からは、ＳＳ警察師団の兵士たちが姿をあらわした。

ついにドイツ軍はソ連軍突破部隊の後方切断に成功したのである。ソ連軍は罠に落ちた。

ソ連軍は第二突撃軍を救うべく、救世主を送り込んだ。アンドレイ・アンドレヴィッチ・ウラソフ将軍である。彼は独ソ戦初期にキエフを二ヵ月間守り抜き、モスクワ戦ではモスクワを目指すドイツ軍北翼を、ソルチノゴルスク突撃ウェロコラムニスクで撃退する、赫々《かくかく》た戦果をあげていた。

三月二一日に包囲された第二突撃軍に飛んだ。ウラソフは第二突撃軍の司令部に到着すると、すぐに反撃を組織した。シベリア突撃旅団群とかき集めた戦車部隊によって、早くも二七日にはエリカ林道が解放された。わずか三キロの間隙ではあったが、ともかくこれで補給を得ることができる。

しかし、ソ連軍の最大の誤りは、危険な態勢にもかかわらず、いちど手にしたヴォルホフ突出部を手放そうとしなかったことだろう。スターリンはそんなことを許しはしなかった。

この後ヴォルホフ突出部周辺では激しい戦闘がつづいた。春の訪れは大地を泥濘と化し、すべての車両の移動を不可能にした。車両だけでなく人も馬も。突出部とヴォルホフ川方面を結ぶのは、たった一本の道、エリカ林道しかなかった。

四月二九日、ソ連軍はヴォルホフ川方面から第五九軍が、突出部から第二突撃軍が呼応する大攻勢を仕掛けた。ドイツ軍によって締め上げられた瓶の首を噛りとるのだ。しかし、防衛するドイツ軍は突破口の拡大を許さなかった。

逆に五月二二日に開始されたドイツ軍の攻勢はソ連軍の息の根を止めた。二九日、ヴォルホフ川方面と突出部を結ぶかけ橋は、ふたたび完全に閉ざされたのである。

もはやソ連軍に統一的戦闘をおこなう力は残っていなかった。突出部は圧迫され細切れとなり、部隊はそこここで各個撃破されていった。やがてウラソフにはもはや第二突撃軍なるものが存在しているのかどうかもわからなくなった。彼は六月二一日に、手元に残った大隊、中隊サイズの部隊をかき集めて最後の突破を試みた。先頭には生き残りの戦車がすすむ。しかし、スツーカの爆撃で最後の突破部隊は粉砕されてしまった。

ソ連軍の攻勢は完全に粉砕された。北方軍集団北翼の危機は去り、レニングラード周辺はふたたび静寂がもどったのである。

第18章　ロシア兵を震撼させた七両の突撃砲兵隊

モスクワを守り抜いたソ連軍は、戦線のうすい北方軍集団南端で総攻撃を開始したが、兵站能力の不足から進撃の速度は停滞していた。ドイツ軍は兵力をかき集め、空軍からの絶え間ない補給を受けて粘り強く抵抗した！

一九四二年一月一三日～六月　ホルム包囲戦～北方軍集団の戦い　その2

スタラヤ・ルッサ、ホルム攻勢

一九四一年一二月にモスクワ前面にせまったドイツ軍を駆逐したソ連軍は、一九四二年一月に入ると攻勢の第二段階にすすんだ。ドイツ北方軍集団南翼は、イリメニ湖からセリゲル湖に戦線を敷いていたが、この戦線もソ連軍の攻撃目標のひとつとなった。ソ連軍はこの戦区に、六コ軍を集結させた。

北から南に、モロソフ中将の第一一軍がイリメニ湖岸、ベルサリン少将の第三四軍がヴァルダイ高地、クセノフォントク少将の第五三軍、そして、プルカエフ将軍の第三突撃軍がホルムへの突破をおこなう。その南に位置する第四突撃軍とウシェケビッツ中将の第二二軍は、南にすすんで、ドイツ中央軍集団の戦線に楔を打ち込む重要な役割を担っていた。

一月八日午前三時、暗闇のなかをついて第一一軍によるスタラヤ・ルッサ攻撃が開始された。輸送機と輸送グライダーで兵員を凍ったイリメニ湖に降ろし、戦車部隊にも大きく湖上迂回させた。ぶ厚く凍った湖面は、重量級のKV戦車でもOKだ。雪煙を上げて戦車の大集団が湖をわたる。イリメニ湖岸に陣取るドイツ第二九〇歩兵師団は、とつぜん後方に出現したソ連軍部隊によってたちまち包囲分断されてしまった。

ソ連軍は第一、第二親衛軍団により突破をはかり、西にすすんでイリメニ湖畔の要衝スタラヤ・ルッサの攻略を狙うとともに南に進撃した。南にすすんだ軍団は快進撃をつづけポーラで、ヴァルダイ高地から出撃し、ドイツ第三〇歩兵師団の戦線を突破した第三四軍部隊と握手をした。イリメニ湖〜セリゲル湖戦線左翼のドイツ第一〇軍団の各部隊は、散り散りになって敗走した。

一月九日、こんどは南のセリゲル湖をわたってのソ連軍の攻勢が開始された。ソ連軍はここで、ドイツ北方軍集団と中央軍集団の繋ぎ目を衝いた。第五三軍、第三突撃軍、第四突撃軍、そして第二二軍が、南北に長いセリゲル湖とヴォルガ川上流域を西へと進撃した。

歩兵を鈴なりに載せて移動するⅢ号戦車。ドイツ軍でも装甲ハーフトラックは不足しており、戦車と歩兵の共同行動ではこういう手段を取らないわけにはいかなかった。

およそ二〇コ師団と数十の独立戦車旅団、スキー旅団が凍った湖を押しわたる光景は壮観なものであった。しかし、ドイツ兵にとっては感慨にひたる暇などない。八〇キロの戦線には第一二三歩兵師団と第二五三歩兵師団しかいなかった。攻撃は第一二三歩兵師団戦区に集中された。これだけの大兵力を支えられるわけもなく、たちまち師団は突破、蹂躙された。

突破したソ連軍の第五三軍団は、西から北西に方向をかえ第一一軍と呼応して、ドイツ第二軍団を包囲する態勢にあった。いっぽう第三、第四突撃軍と第二二軍は、もっと大きな目標を持っていた。ドイツ軍の西方はるかに進出してその戦力を瓦解させようというのだ。第三突撃軍はトレスチノを突破すると、真一文字にホルムへと進撃した。

ソ連軍の攻勢は、順調に進捗しているように見えた。しかし、彼らにも弱点があった。兵站補給能力の不足である。作戦開始時に食料一日分さえ持っていない部隊さえあったという。足りない分は敵から奪え。ソ連軍にとって最大の目標は、ドイツ軍の食料倉庫、補給部隊、野戦炊飯車となった。兵士たちは重要目標を奪取しても、しばしば略奪と飲食にかまけ、ドイツ軍の反撃を許した。

ドイツ軍はソ連軍に押しまくられながらも、必死で戦線を立て直そうとしていた。戦線は極めていびつなものとなり、ドイツ軍の手もとにはソ連軍の大波の中に浮かぶ島のような、いくつかの重要拠点が残された。デミャスクとホルムであった。

デミャンスク、ホルムそしてスタラヤ・ルッサは、この地域を結ぶ街道の重要な交差点であった。ソ連軍はどうしてもこの拠点を奪う必要があった。厳冬期のいまはまだ、凍った湖や湿地帯を通行することもできた。しかし、春がくれば補給はすべて道路に頼らなければならなくなる。

これらの地域を奪取しないかぎりソ連軍の補給の問題は解決されず、それ以上の攻勢の継続は不可能となる。

デミャンスク、ホルム包囲網

ドイツ第一〇軍団の各部隊を粉砕したソ連第一一、三四軍は南にドイツ軍を圧迫した。いっぽう東から進撃した第五三軍と第三突撃軍によって、ドイツ軍の戦線は、デミャンスク周辺だけが亀の首のように東に突き出たいびつなものとなった。

第二軍団は軍司令部に対して撤退許可を求めた。

「ロワチ川まで撤退するチャンスがありしだい、わが軍は即座に撤退行動に移りたい」

しかし、ヒトラーがそんなことを認めるわけはなかった。

最高司令部からの無線連絡。

「デミャンスクは最後の一兵まで守られなければならない」

これが第二軍団に対する命令だった。

第二軍団長のブロックドルフ・アーレンフェルト中将は手持ちの大隊をかき集めると、SSトーテンコップ師団長のアイケSS中将の指揮下にアイケ戦闘団を編成し、いそいで包囲網が閉じられようとしていたサリューチ地区に送った。戦闘団は展開地

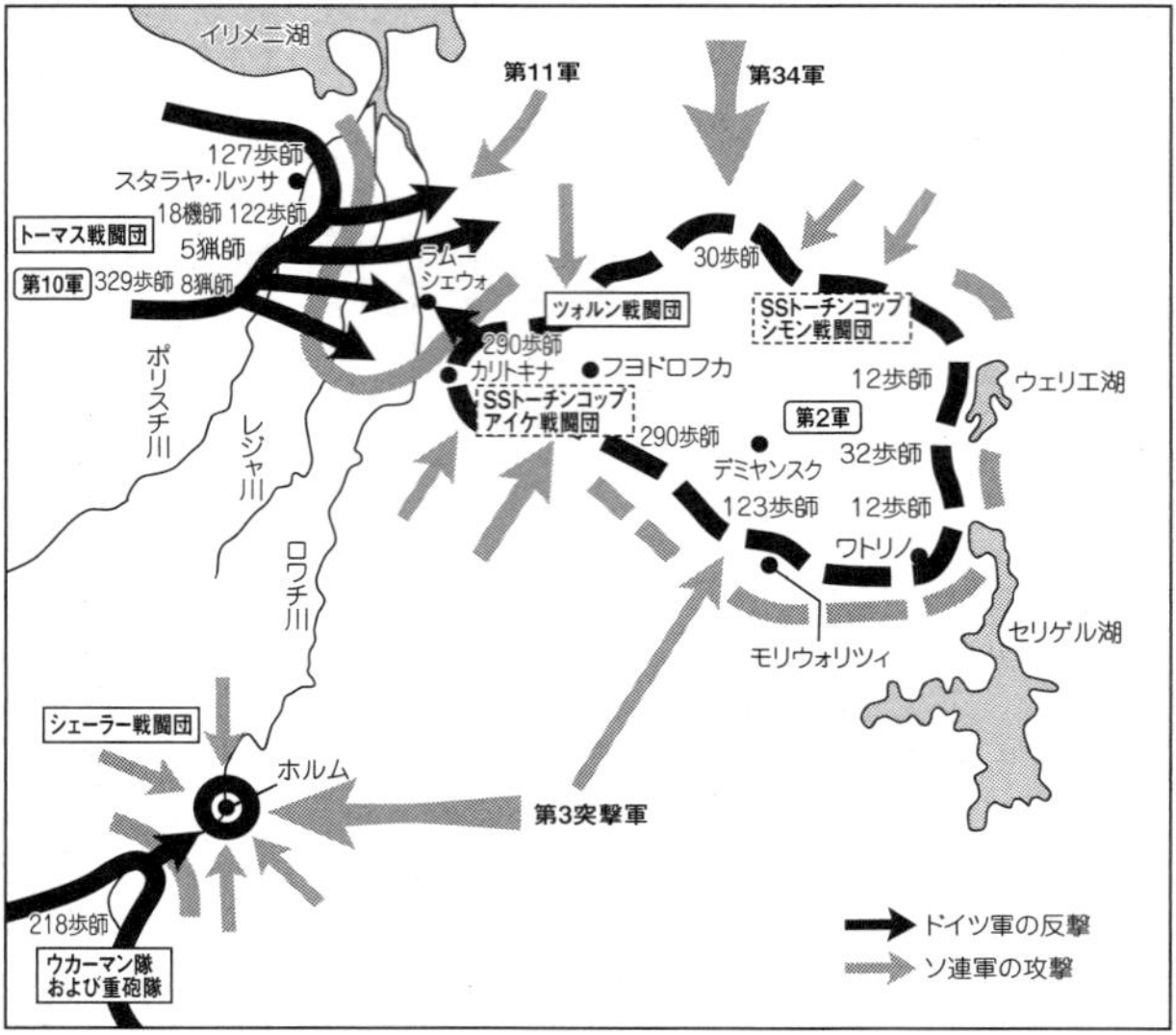

域に到着するや否や、すぐに防衛陣地の構築に取り掛かった。

二月八日、ついにそのときは来た。ソ連第三四軍と第一親衛旅団は、ロバチ川沿いのラムーシェヴオで、完全にドイツ第二軍団の後方を切断したのである。デミャンスク周辺には、セリゲル湖からロワチ川に至る、東西に長い楕円形をした大包囲網が形成された。周囲は三〇〇キロ、幅は五〇～七〇キロメーター、面積三〇〇〇平方キロもあった。

ここには第二軍団の各歩兵師団に、ソ連第一一軍の突破によって退路を断たれ、南西に撤退して来た第二九〇歩兵師団の一部もふくまれていた。兵力は九万六〇〇〇名である。

デミャンスク防衛を任されたアーレンフェルト中将は、部隊をつぎのように配置した。第一二歩兵師団と第三二歩兵師団をデミャンスクの東と南、第一二三歩兵師団を包囲網の南西部、第三〇歩兵師団と第二九〇歩兵師団にデミャンスクの北を守らせ、SSトーテンコップ師団を包囲網の北東に配置した。そしてアイケ戦闘団がいちばん西の突出部を守備する。包囲網のなかの部隊をドイツ軍は空輸で支えた。

デミャンスク近くのペルチに応急飛行場がつくられ、五〇〇機ものJu52、Ju96、He111といった輸送機、爆撃機が往復して補給物資をとどけた。一日に一〇〇機もの機体が往復し、包囲戦のさなかに膨大な補給物資をとどけた。

その量は六万四八四四トンにものぼり、かわりに三万五四〇〇人の負傷者が運び出された。しかし、彼らが払った犠牲も大きかった。ロバチからヴァルダイ高地のあいだの森と湿地のなかには、二六五機もの機体が墜落し骸《むくろ》をさらしたのである。

デミャンスク包囲網の第二軍団が孤独な戦いをつづけているあいだに、ドイツ第一六軍もかさなるソ連軍の攻勢に堪えて激しい防衛戦闘をつづけていた。イリメニ湖の南から駆逐された第一〇軍団の残兵力は、スタラヤ・ルッサの防衛戦に投入された。もしその防衛線が破られれば、デミャンスクで戦いつづける第二軍団にはもはや見込

デミャンスクの架橋作戦に参加した第5猟兵師団といわれる写真。おそらく戦車は第203戦車連隊のⅢ号戦車で、貴重な実戦場のショットである。

みはない。激しい攻防の後、フランスからの増援も到着し、二月一九日にはスタラヤ・ルッサへのソ連軍の攻撃は撃退された。

いっぽうホルムのドイツ軍はどうなっていたか。ホルムはデミャンスクほど立派なものではなかった。第三突撃軍の突進はあまりにも早く、ホルムはとつぜん戦場となったようなものだった。このため第二八一警備師団長のシェーラー少将は、雑多な前線部隊の生き残りや補給部隊要員をかき集めて、シェーラー戦隊をでっちあげなければならなかった。

その兵力はわずか五〇〇〇名、

第一二三歩兵師団、第二八歩兵師団の一部に、第三二九歩兵師団第五五三歩兵連隊の兵士、山岳猟兵に空軍地上連隊、警備師団や海軍オートバイ兵、砲兵はいなかった。装備はせいぜい軽歩兵で、迫撃砲と対戦車砲、軽歩兵砲がわずかにあるだけだった。怒濤のソ連軍の攻撃に抗し得るわけもなく、ホルムは一月二八日に包囲された。

ホルムは人口一万二〇〇〇人の小さな町だった。ホルムを取り囲む包囲網はデミャンスクとは比べ物にならないくらい小さかった。その広さはわずか二キロ四方の広さしかなかったのだ。そのうえ最前線の一部は市街地にかかっていた。ホルム要塞などとはおこがましい。それでもシェーラーの寄せ集め兵士は必死で戦った。

補給はもちろん空輸するしかなかった。しかし、どうやって。工兵が戦線の外側の無人地帯の草地に七〇メートル×二五メートルの臨時の着陸場を設けたが、ここへの着陸はまさに命懸けだった。強行着陸する輸送機の大半は壊れ、着陸場のまわりは輸送機の残骸で埋まった。空軍は輸送機の使用をあきらめ、兵員と重機材はグライダーを使い、弾薬類はコンテナにおさめて投下した。

しかし、グライダーにとっても着陸は命掛けだった。着陸にはピンポイントの精度が必要だった。グライダーには動力はない。やり直しはきかない。敵軍のところに降りれば万事休す。着陸場に降りることができても、グライダー目がけてのドイツ軍とソ連軍との競争となる。ソ連軍も補給不足であり、天から降ってくる獲物を狙っていた。

結局、包囲戦中にホルムには八〇機のグライダーが降り、二七機の輸送機が失われた。

ホルムを救ったのは、砲兵隊の砲撃であった。砲兵隊？　ホルムにはないはず。そうホルムの中ではなく、ホルムの外、はるか西のドイツ軍戦線から砲撃したのである。ホルムそのものが砲兵観測所の役割を果たした。突入をはかったソ連軍の戦車は、砲兵射撃で直撃弾を受け、市街戦で集束手榴弾を投げつけられて撃破された。打ちつづくソ連軍の攻撃はすべて撃退され、ホルム要塞は守り抜かれた。

デミャンスク、ホルム解囲戦

第一六軍による、デミャンスク包囲網の第二軍団を救うための解囲作戦は、すでに二月中旬には発案されていた。解囲部隊を率いるのは、第一二歩兵師団長であったフォン・ザイドリッツ・クルスバッハ中将である。中将は約四コ師団の戦力で戦闘団を編成して、包囲網の外側から解囲攻撃を仕掛ける。作戦名は「架橋作戦」

作戦は春の雪解けが始まる前におこなわなければならなかった。雪解けが始まれば、大地はどこもかしこも泥濘《ぬかるみ》となり、車両はおろか人馬さえ通行困難となるからだ。いっぽう適当なタイミングを見計らって包囲網の内側からも、包囲するソ連軍部隊への反撃をおこない、内と外から包囲網を突破し、デミャンスク包囲網と主戦線をつなぐ回廊をつくるのである。こちらの作戦名は「舷門作戦」、重要なのは打って出るタイミングである。早すぎては弱体な反撃部隊などひとひねりされてしまう。遅すぎては戦機を逃してしまう。

ザイトリッツ戦闘団に割り当てられたのは、以下のような部隊であった。

第五猟兵師団（アルメンディンガー中将）、第八猟兵師団（ヘーネ少将）、第一二八自動車化歩兵師団（フォン・エルドマンス少将）、第一二二歩兵師団（マッハホルツ少将）、第三二九歩兵師団（ヒップラー大佐）、そして第四四空軍野戦連隊第二大隊、第一三二建設大隊、第七四五対空大隊第三中隊の一個小隊、第三一対空大隊第五中隊の一個小隊、これに機甲打撃力として第二〇三戦車連隊第一大隊と第六六六突撃砲大隊（さらに第六五九突撃砲大隊という資料もある）が加えられた。

第二〇三戦車連隊は一九四一年七月五日にフランスで編成された部隊で、当初はフランス軍から捕獲した戦車を装備していた。しかし、ドイツ製戦車に装備換えされ、

道路上に一列となってパークするⅢ号戦車。破損や汚れも少なく、ほとんど新造といった状態の車両だ。ソ連の新型戦車に比べて非力ながら、Ⅲ号戦車はドイツ戦車兵の技量を生かしてなんとか戦いつづけた。

ロシアの草原地帯を行くⅢ号戦車。車体、砲塔には装甲防御力を補うキャタピラが取り付けられている。手前を歩く兵士はMG34機関銃を肩に担いでいる。遠方にも多数の戦車、装甲車両が集結しており、大きな作戦行動の準備作業中かもしれない。

一九四一年一二月にロシアに送られた。おもしろいのは北方軍集団直轄部隊として、機甲師団に所属しない独立戦車連隊となっていたことであった。

連隊は二コ大隊からなり、Ⅱ号戦車を四五両、Ⅲ号戦車短砲身型を七一両、Ⅳ号戦車短砲身型を二〇両、指揮戦車を六両装備していた。ただしロシアに展開以来その戦力は低下の一途をたどっており、このころの稼働戦車は二〇～三〇両しかなかった。

いっぽう第六六六突撃砲大隊は一九四〇年五月にドイツ国内編成された独立突撃砲部隊で、当初はイギリス上陸作戦に投入される予定であった。しかし、上陸作戦の中止とバルバロッサ作戦発起により、一転してロシアに送られることになる。

ロシアでは第二軍団に配属され、第三二歩兵師団に協力してリトアニアに侵攻する。その後、大隊は第一二歩兵師団に配属されて、ホルムからイリメニ湖、セリゲル湖方面で戦った。

一九四一年一二月から大隊はスタラヤ・ルッサの後方に配置され、ソ連軍のスタラヤ・ルッサ、ホルム攻勢では、火消し役として活躍したのである。ただし、たびかさなる激戦で大隊戦力は大きく低下していた。

作戦の主軸となるのは第五、第八猟兵師団である。第一八自動車化師団はスタラヤ・ルッサの防衛線と連携して、猟兵師団の北翼を固める。いっぽう第三二九歩兵師団は南を固める。そして、第二〇三戦車連隊第一大隊と、たった三コ大隊の戦力でしかない第一二二歩兵師団は、予備として猟兵師団の後方に控える。

「架橋作戦」は一九四二年三月二一日に開始された。

午前七時三〇分、ソ連軍戦線に激しい砲撃が指向され、第一航空艦隊の爆撃も開始された。鋤《す》き返された戦線に最初に小走りで滑り込むのは工兵、敵の埋設した地雷を掘り出す。あけられた突破口に猟兵が突入する。

三月末というのに気温はまだ零下二〇度に下がる。戦車のエンジンを掛けるには何時間も掛かった。第二〇三戦車連隊第一大隊と第六六六突撃砲大隊は、轡《くつわ》をならべて出撃命令を待つ。

「パンツァー、フォー！」

戦車部隊に出撃命令が発せられた。

「ボボボボボ」

エンジン音が高まる。

「キュラキュラキュラ」

キャタピラが回りはじめ、雪煙を上げる。

攻撃は始めはうまくいった。第五猟兵師団はウチノの近くで突破し、第三二九歩兵師団は敵塹壕線に深く食い込んだ。第一八自動車化歩兵師団は北翼のペンナを奪い、新しい戦線を構築した。第五猟兵師団はミハルキノに近づき、その第七五猟兵連隊第一大隊はヤスヴィに襲い掛かった。

こうして三月二五日には、スタラヤ・ルッサ～ラムーシェヴァ間のソ連軍補給ルートは切断された。

第二〇三戦車連隊第一大隊第三中隊は、凍ったポリスチ川をわたってソ連軍の後方に侵入した。

「榴弾！」

「フォイエル！」

戦車兵たちは機械のように動き、ソ連軍火点を沈黙させていく。

第六六六突撃砲大隊も戦車部隊とならんで攻撃に参加する。といっても全戦力はわずか七両！　しかし、突撃砲は歩兵相手には無敵の武器だ。

「ドイツ軍の突撃砲は恐ろしい兵器だ。われわれには歯が立たない」

ロシア兵は突撃砲を忌み嫌った。

戦車部隊は、ヤスヴィ～ラムーシェヴァ道を閉鎖する。

「敵戦車！」

戦車警報が発せられる。

ソ連軍は補給路を開放するため、戦車部隊による攻撃を発起した。

「徹甲弾！」

「フォイエル！」

たちまち命中。装備はソ連軍が上でも、まだ戦車兵の練度はドイツ兵の方がはるかに高かった。ソ連戦車は、ドイツ戦車の激しい射撃に圧迫されて逃げ出した。

三月二六日、激しい積雪。しかし、四月に入ると天候は劇的に変化した。暖かな日差しで気温は急速に上がり雪と氷が解け出した。たちまち道路は泥沼になり、雪原は腹までつかる水浸しの湿地に変わった。重さのあるものはすべて泥に沈む。戦車も車両、砲も動きは取れなくなった。

それでも四月五日、ドイツ軍の攻撃は再興された。主役は歩兵。激しい砲撃のあと、ソ連軍の塹壕線に突入する。塹壕とタコツボはひとつひとつ戦い取らねばならなかった。

しかし、一二日になって、第八猟兵師団の先鋒はラムーシェヴォに到達した。ラムーシェヴォは、スタラヤ・ルッサとデミャンスク間の最大の拠点。ロウチ川の渡河点を扼《やく》し、最大の補給拠点となる。この町を取れば、「架橋作戦」はほぼその目的を達

1942年夏、軽車両とともにロシアの森を進撃するドイツ軍突撃砲部隊。Ⅱ号突撃砲E型で、戦闘室および車体上には多数の歩兵が跨乗している。

したようなものである。

「架橋作戦」につづいていまこそ「舷門作戦」が発動されるときである。攻撃部隊の指揮のために第二〇歩兵師団長のツォーン少将がデミャンスク包囲網に飛んだ。将軍のもとに突破のための兵力がかき集められた。ＳＳトーテンコップ師団に第二軍団突撃連隊。突撃連隊とは勇ましいが、実際には第一二、第三〇、第二九〇、第三二歩兵師団から抽出された大隊兵力と、ＳＳ第五オートバイ大隊とのよせ集め部隊だった。

「舷門作戦」の作戦準備はソ連軍の目をひいた。攻撃発起点のカリキノには砲撃と爆撃が集中した。

「ズーン、ズーン」

激しい砲爆撃に兵士が首をすくめる。

「カタカタカタ」

あの音は戦車の襲撃だ。ソ連軍のT34戦車一〇両がドイツ軍陣地に襲い掛かる。

「対戦車砲！」

五センチ対戦車砲が狙いをつけ、肉攻班は収束爆薬を引っつかんだ。この攻撃が撃退されたのは奇跡といってよかった。

ツォーン戦闘団の攻撃は四月一四日に開始された。しかし、攻撃を予期していたソ連軍は激しい砲撃でこたえ、攻撃部隊は塹壕から頭を上げることさえできなかった。

攻撃が進捗したのはようやく翌日のことであった。突撃連隊はソ連軍防衛線に穴をこじ開け、一七日にはロバチ川の東岸のソ連軍陣地に襲い掛かった。

一九日、先頭部隊はロバチ川に到達し、二〇日にはラムーシェヴォ東岸が確保された。

「おーい！　あれは誰だ」

見慣れたヘルメットはドイツ兵のものだ。一八時三〇分、両岸のドイツ兵士は互いの姿を認め合った。夜、SS工兵将校がロバチの急流をわたり、第五猟兵師団の兵士と握手を交わした。デミャンスクの包囲は解かれた。

ホルムはどうなったか。ホルムはデミャンスクより長く耐え抜かねばならなかった。

ホルム解囲のためにドイツ軍は第二一八歩兵師団を送った。師団には支援兵力として第一八四突撃砲大隊が派遣された。大隊にはデミャンスク解囲戦にも加わった第六六六突撃砲大隊の生き残りも編合されていた。

五月一日、ソ連軍はなんとかホルムを押し潰《つぶ》そうとして、最後の大攻勢を仕掛けた。第三三狙撃兵師団、第二六、第三七、第三八狙撃兵旅団が嵩《かさ》に掛かってホルムに襲い掛かった。

激しい砲撃につづいて歩兵と戦車の大群が押し寄せる。ホルム東側の戦線が突破され、敵はロバチ川まで一〇〇メートルに迫った。この一〇〇メートルを突破されれば敵は河岸の高地を手中にすることができ、ホルムの命運は尽きる。

しかし、ソ連軍は最後の一〇〇メートルを取ることができなかった。それを拒んだのは、スツーカの激しい爆撃と砲撃、そしてホルムで戦った兵士たちの奮戦であった。南墓地で五センチ対戦車砲にとりついたベーレ曹長もそんな一人であった。

ベーレの対戦車砲は被弾して照準器が破壊されてしまった。しかしベーレは持ち場を離れなかった。墓地に五両の敵戦車が迫ってきた。ベーレは砲尾から砲身を覗いて敵戦車を狙った。

「よし！」

「徹甲弾装塡！」

「閉鎖機閉鎖！」

「フォイエル！」

「命中！」

ベーレはこうして二〇発で五両の戦車全部を屠《ほふ》った。最後の戦車はベーレの目の前四〇メートルに骸をさらした。

ドイツ軍のホルム解囲作戦は、五月三日に開始された。第一八四突撃砲大隊第二中隊の五両、第三中隊の二両の突撃砲は、サヴィナを一一時きっかりに出撃した。プロニノの森に到着したときには激しい雨が降っていた。

「警戒を厳重にしろ」

突撃砲は姿勢の低いのはいいが視察能力が低い。各車の車長はハッチから頭を出して、砲隊鏡と肉眼で周囲を見張る。

「敵戦車！」

各車に無線が飛ぶ。

姿勢の低い突撃砲が敵に先に発見されることはまずない。

「徹甲弾！」

装填手が七・五センチ徹甲弾を砲尾に押し込む。突撃砲は茂みに隠れたまま、砲手は慎重に照準をつける。

「フォイエル！」

発砲の衝撃で車体はわずかに後ろに引っ張られる。

「命中！」

敵戦車が燃え上がり戦車兵が転がり出る。

突撃砲の奇襲に敵はまったくどこから撃たれたのか分からないようだ。大隊のブッフマイスター中尉は二両の敵戦車を破壊した。

プロニノの森の戦いは二時間つづき、ドイツ軍は森とロバチ川につづく道路を奪取した。

攻撃は翌日もつづき、この日はピエッマン中尉が一両のT34を血祭りに上げ、残りの敵戦車は撤退した。歩兵は突撃砲の支援を受けて、ソ連軍への攻撃をつづけた。

ホルムへの解囲攻撃は、五月五日の朝五時に再開された。突撃砲大隊の第二中隊が先頭に立った。率いるのはホッヘンハウゼン中尉である。第四一一歩兵連隊の兵士が付きしたがう。一時間半後、ついに突撃砲はホルム市街の外縁に到達した。一〇五日間の包囲の後、ついにホルムは解放されたのである。

イリメニ湖〜セリゲル湖間に指向されたソ連軍の攻勢は粉砕された。北方軍集団南翼の脅威は取り除かれた。この戦線はきわめていびつな形のまま、一応の安定を取りもどし、この後二年間にわたって両軍の睨み合いがつづくのである。

第19章　ルジェフの消耗戦

ソ連軍の冬季大攻勢によりモスクワ攻略が頓挫しただけでなく、守勢にまわらざるを得なかったドイツ軍であったが、春の訪れと共に戦力を回復、「ザイドリッツ作戦」を発動してルジェフ付近のソ連軍に襲い掛かった！

一九四二年七月～一〇月　中央軍集団の戦い

中央軍集団の戦線

一九四一年一二月のソ連軍大攻勢は、ドイツ軍のモスクワ攻略作戦を頓挫させただけでなく、その戦線を崩壊させ大損害を与えた。しかし、ソ連軍の戦力もドイツ軍の息の根を止めるには不十分であり、戦線は一月末には安定した。逆に二月に入るとドイツ軍はソ連軍への反撃を開始した。

その結果、ドイツ第四機甲軍（一九四二年一月一日に第四機甲集団から軍に改編された）と第四軍の間隙部をついてヴィヤジマ周辺に達していた、ソ連第三三軍と第一親衛騎兵軍団は後方連絡線を断たれ、ドイツ第九の戦線深く侵入しルジェフから南方深く侵入していたソ連第三九と第二九軍も、ドイツ軍に包囲された。もっと南方で、ドイツ第四と第二機甲軍の間隙部を突破した、ソ連第一〇軍もスヒニチに立てこもったドイツ軍の抵抗で進撃を阻害された。

農場、森、草原とあらゆるところで両軍の戦闘はつづけられたが、もはや両軍ともに決定的な戦果を上げることはできなかった。損害の累積で両軍ともしだいに戦力は低下し、戦闘は終息に向かった。

二月終わりに、ソ連軍は第五〇軍によってユフノフ付近で、ヴィヤジマへの突破攻撃をくわだてたが失敗に終わった。結局これは、ソ連軍による、この冬最後の攻勢となった。

春の泥濘《ぬかるみ》の季節がやって来て、ドイツ、ソ連両軍の戦闘行動は不可能となったとき、ドイツ軍は、ルジェフ〜グジャック〜ヴィヤジマの三角形の地域を保持して、なんとかロシア中部の戦線を安定させることに成功した。

しかし、ヒトラーが一九四二年夏季攻勢の重点をロシア南部においたため、中央軍集団区は、ドイツ軍にとって補助的な戦線となった。

一九四二年四月、第四機甲軍は中央軍集団の指揮から離れ、六月に南方軍集団に配属換えとなった。また第三機甲軍も編成を解除され、中央軍集団の持つ機甲部隊兵力は激減した。中央軍集団所属部隊は、第二機甲軍隷下に第四、第一七、第一八機甲師団、第四軍隷下に第一九機甲師団、第九軍隷下に第一、第五、第二〇、第二機甲師団であった。

これは北方軍集団に比べればはるかに多いが、南方軍集団のほぼ三分の二でしかなかった。しかも、編成定数が削減されていたため、師団数以上に戦力が劣っていた。これでどのように戦うのか。南方軍集団のような大攻勢は不可能である。このため限定的な攻勢によって、複雑にからみあった戦線を安定させることが企図された。

ザイドリッツ作戦

一九四二年七月、第九軍は「ザイドリッツ作戦」を発動した。この作戦の目的は、ルジェフ付近に突出部を形成していた軍背後の脅威を取り除くことであった。

「ズーン、ズーン、ズーン」

ロシアの大地を激しい砲撃が掘り返す。いつものルーチンのような嫌がらせ砲撃とはちがう。前線の陣地にひそむロシア兵たちは首をすくめた。

七月二日黎明の午前三時、主攻を受け持つ第二三軍団部隊による攻撃が開始された。

オレニノからの攻撃グループは、ふたつに分けられた。

西側のグループは第一機甲師団（クルーガー少将）を中心に、第一〇二歩兵師団（フライスナー中将）と第一一〇歩兵師団（ギルバート中将）が加わったもので、オレニノの西のモストヴァヤから南にベールィに向けて進撃する。

東側のグループは第五機甲師団（フェーン少将）に、騎兵集団（フォン・メーデン大佐）で構成され、オレニノから南に進撃して西グループの側面を守るとともにソ連軍に楔《くさび》を打ち込む。

いっぽう南のベールィからは、エーゼベック集団の第二機甲師団（フォン・エーゼベック少将）と第二四六歩兵師団（ジリイ少将）が、ベールィから北東に進撃して、第二三軍団攻撃部隊と握手をして、ソ連第三九軍を完全に包囲し殲滅《せんめつ》してしまおうというのである。

春の訪れとともに各師団には補充戦車が充当され、師団の戦闘力は大きく改善されていた。

夏季攻勢開始時の戦車戦力は、第二機甲師団は、Ⅱ号戦車が二二両、38（t）戦車が三三両、Ⅲ号戦車短砲身型が二〇

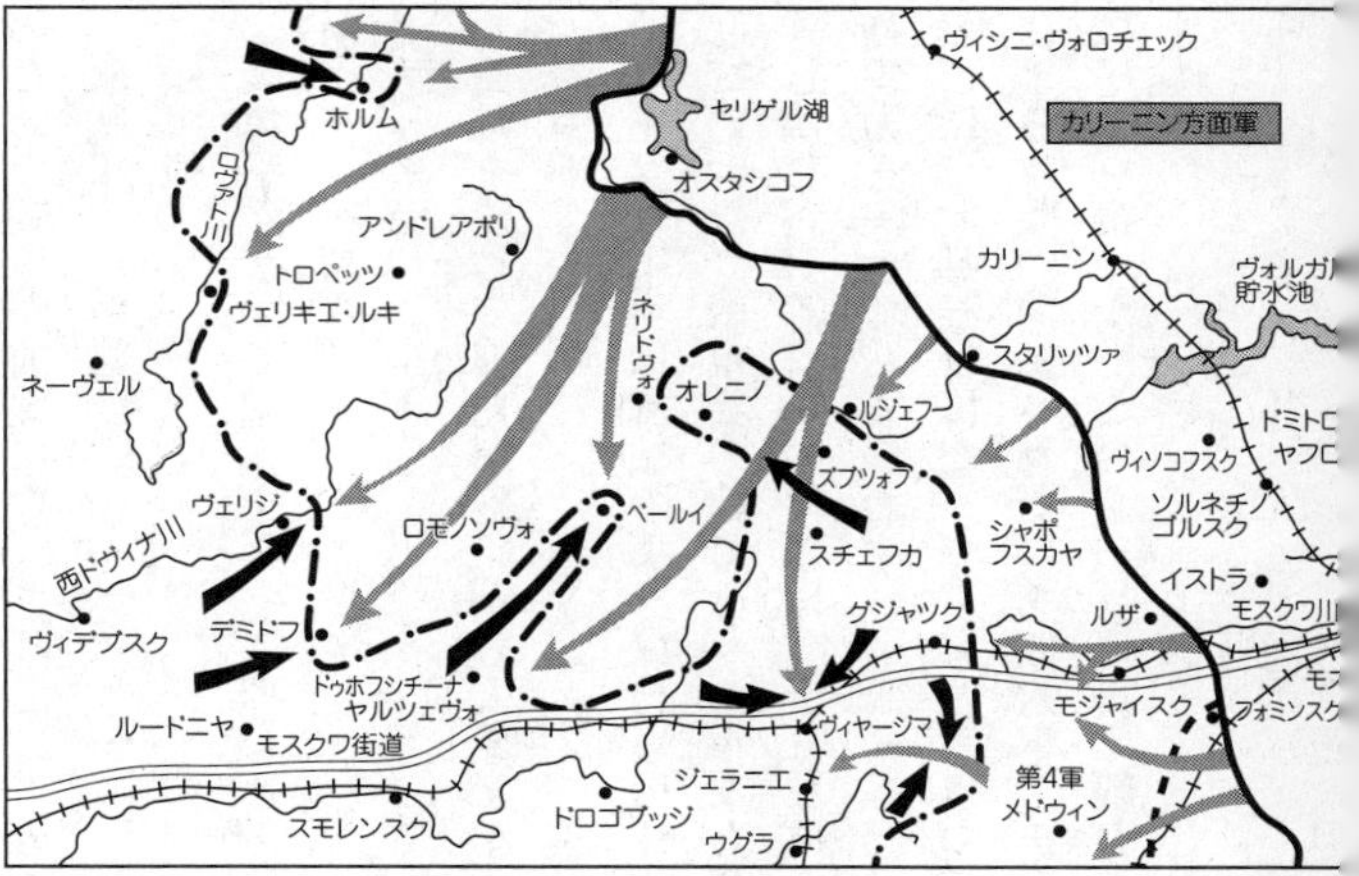

両、Ⅳ号戦車短砲身型が五両、指揮戦車が二両であった。

第五機甲師団は、Ⅱ号戦車が二六両、Ⅲ号戦車短砲身型が五五両、Ⅳ号戦車短砲身型が一三両、指揮戦車が九両であった（第一機甲師団は攻勢開始後の七月一五日の数字しかなく、Ⅱ号戦車が二両、38（t）戦車が一〇両、Ⅲ号戦車短砲身型が二六両、Ⅳ号戦車短砲身型が七両、指揮戦車が四両となっている）。

攻撃初日、第一〇二歩兵師団の攻撃は順調に進捗した。隷下の第八四歩兵連隊はルチェッサ地区に侵入し、第二機甲師団はボッシノの近くのナッチャの十字路を制圧した。

ソ連軍の対応は早く、攻撃初日には反撃

のための戦車が前線に投入された。このため前線では激しい戦車戦が演じられた。

「敵戦車！　距離四〇〇！」

「徹甲弾！」

装塡手が拳固で砲弾を薬室に押し込んだ。発射準備ＯＫのランプが点き、砲手が発射ペダルを踏む。

「ガーン」

衝撃を残して弾丸が砲口から火球となって飛び去る。

「命中！」

ドイツ戦車兵は機械のように自らの任務を遂行し、つぎつぎとソ連軍の戦車を撃破していった。戦車兵の腕ではソ連軍などまだ敵ではなかった。

しかし、ドイツ軍の攻撃は、十分な航空機の支援が得られなかったため、しだいに衝撃力を失ってしまった。

ここで七月五日になって、第四六軍の第二〇機甲師団と第八六、第三二八歩兵師団による攻撃が開始された。第四六軍スチェフカの方向から北西に進み、ソ連第三九軍に圧力を掛けた。このためソ連軍は戦力を分散せざるを得ず、第二三軍の前進は再開された。

1942年夏から秋にロシアで撮影。第2機甲師団第3戦車連隊のⅢ号戦車J初期型。同師団のⅢ号戦車は、まだ42口径の5cm砲装備型だった。

「パンツァー、フォー！」

ソ連軍の抵抗が弱まったため、第一機甲師団の戦車は前進を開始した。第一機甲師団と第一〇二歩兵師団はソ連軍の抵抗線を突破することに成功した。

「側面にかまわず、前進！」

戦車部隊はスタルチからジャルゼボ、ジュワノフカ、シレイノそしてネステルヴォ、ヴィソキノと一本の棒となって前進する。側面援護と後方連絡線の確保は歩兵の役目。

そして、ついに五日のうちには、北から進撃した第一機甲師団の先鋒部隊と、南から進撃し第二機甲師団プシュカリで手を結ぶことができた。第一の作戦目的は達成された。ソ連第三九軍の立てこもる突出部は切断され、ソ連軍は彼らが罠に落ちたのに気が付いた。

ソ連軍は、ドイツ軍のつくり上げたジュワノフカからプシュカリの回廊に攻撃を集中した。

「ウラー！」

「ウラー！」

叫び声を上げて、歩兵と戦車が一団となって押し寄せる。

「徹甲弾！」

「フォイエル！」

戦車に向かって主砲弾が発射され、歩兵には同軸機銃と車体機銃の機関銃火が雨あられと見舞われた。反撃は撃退され、ドイツ軍の回廊は保持された。

ドイツ軍は、オレニノからベールィにいたる回廊に、第一、第二、第五の三コの機甲師団と第一〇二、第二四六歩兵師団を集め、包囲されたソ連軍に対する圧力を強めていった。第二機甲師団は包囲網を突破し、七月七日には包囲網東側の第二〇機甲師団と連絡をつけることに成功した。ソ連第三九軍は、さらに二つに切り刻まれたのである。

切り刻まれた第三九軍部隊は必死で脱出の道をさぐったが、もはやドイツ軍戦線が突破できる見込みはなかった。

一〇日にはソ連軍部隊には崩壊の兆しがあらわれて来た。一一日、西からの第一機甲師団と東からの第八六歩兵師団の攻撃によって、包囲網は完全に崩壊した。

その後二日間、戦闘はつづけられたが、もはやそれは残敵掃討でしかなかった。こうして第九軍の後方の安全は確保され、ドイツ中央軍集団の危険なルジェフ突出部の安全が確保された。

ルジェフ攻防戦

大損害にもかかわらずソ連軍の戦意は落ちることはなかった。ソ連カリーニン方面軍（コーニェフ大将）は、モスクワから西へ向かう鉄道および河川交通の重要拠点であるルジェフを、なんとしても奪取しようとした。七月三〇日、ルジェフ北部への第三〇軍の攻撃が開始された。

ソ連軍は例によって一時間半にもおよぶ攻撃準備射撃をおこない、ドイツ軍の戦線をずたずたに引き裂いた。そのうえ航空優勢はソ連軍のものであった。ソ連軍はここでも、第八七歩兵師団と第二五九歩兵師団の繋ぎ目を狙った。

「ズーン、ズーン」

「バババババ」

激しい砲撃のあと、生き残ったドイツ歩兵が頭を上げると、煙の中から現われたのは、ソ連軍の圧倒的な数の戦車と無数の歩兵の集団であった。ドイツ軍陣地の機関銃が吠え、歩兵をなぎ倒す。しかし、戦車砲が唸り、ドイツ軍火点はつぎつぎ沈黙していった。

両歩兵師団の戦線はその日のうちに突破され、第六軍団は穴埋めのために、最後にかき集めた予備を投入しなければならなかった。予備部隊はフルバッハ大佐の指揮のもとに戦闘団にまとめられた。しかし、その部隊の実態は寄せ集めも寄せ集め、第五八歩兵連隊第一大隊第七四三工兵大隊、第三二八偵察大隊に労働部隊という有り様だった。

そのうえ、道路はほとんど敗走状態で後退する部隊で溢《あふ》れ、戦闘団の前進は困難をきわめた。それでも戦闘団はポルニノの近くで前線に到着し、激しい戦闘のあと、なんとか間隙部を塞ぐことができた。第九軍司令部は、第八七歩兵師団と第二五九歩兵師団の繋ぎ目に第六歩兵師団を送り込んだ。ソ連軍は戦車と歩兵による攻撃をくり返したが、第六歩兵師団の防戦でことごとく撃退され、なんとか戦況を安定させること

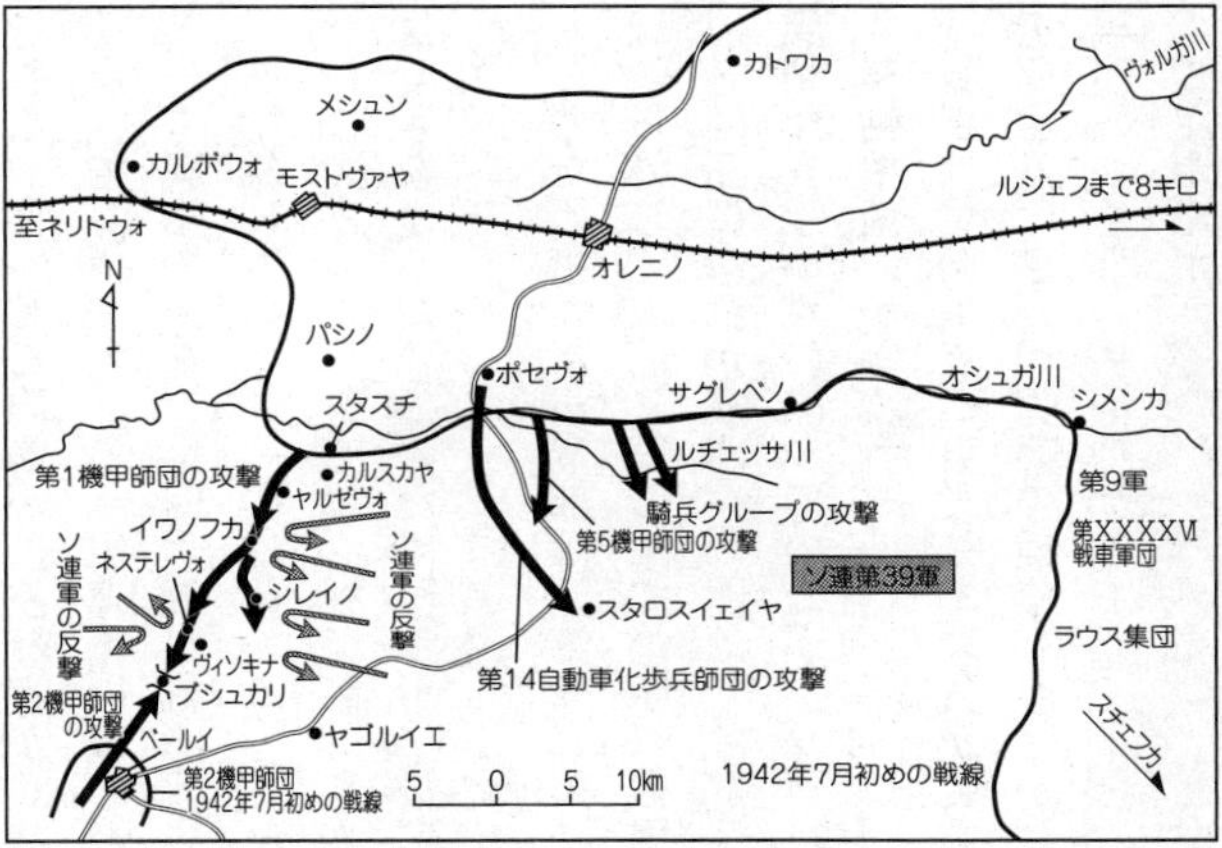

ができた。

しかし、平穏はほんのつかの間であった。八月四日、ソ連軍は再々度のルジェフ攻撃を発起したのである。

攻撃はさらに大規模になり、なんと四コ軍が参加した。第二九軍と第三〇軍が北からルジェフ市そのものに正面から攻撃する一方で、第二〇軍と第三一軍が東からスチェフカ方面に前進して、ルジェフを守るドイツ軍の後方連絡線を切断しようというのである。このうち主攻撃正面となったのは、第二〇軍の戦区で、ここには戦車二コ、騎兵一コ軍団が集中された。

攻撃は朝の六時一五分に開始された。いつものソ連軍のやり方で、激しい砲撃に空襲でドイツ軍のたてこもる陣地は掘り起こされる。とつぜん砲撃が止み静寂が訪れる。生き残った歩兵たちは次に起こることにそなえて身構えた。そうソ連軍の戦車と歩兵の突撃である。ソ連軍は七コ狙撃兵師団と一コ戦車旅団を、第四六機甲軍団戦区の狭い地域に集中させた。

防衛線についていたのは第一六一、第三四二歩兵師団と第一四、第三六自動車化歩兵師団であった。彼らは必死で戦ったが、はるかに優越する敵にとても対抗することはできなかった。このため早くも午後には、ドイツ軍の主防衛線は突破されてしまった。

このため第九軍司令部は、第一、第二、第五機甲師団と第一〇二歩兵師団を守備地域から外し、火消し役として第四六機甲軍団戦区に送り込むことにした。

各師団に命令が飛ぶ。師団はザイドリッツ作戦のあとも休む暇もない。ドイツ軍は深刻な人手不足に陥っていたが、ソ連軍には無尽蔵の資源があるようだ。

「移動準備にかかれ」

戦車は集結地点に集まり、乗員が装備の点検と整備におおわらわとなる。出動は急を要する。燃料、弾薬の補給ももどかしく、機甲師団は出発した。

「パンツァー、マールシュ！」

「ボボボボボ」

1942年中央軍集団戦区で撮影されたⅢ号戦車。どこかの市街地のようだが、激しい戦闘の結果、完全に焦土と化している。

「キュラキュラキュラ」

聞き慣れたエンジン音とキャタピラの擦れあう音が響く。

五日になってソ連第三一軍も、ズブツォフの南東でドイツ軍の第一四自動車化歩兵師団と第一六一歩兵師団の継ぎ目を突破した。ただひとり第三六自動車化歩兵師団だけが陣地を守り抜き、ズブツォフの戦線崩壊を防いでいた。この危険な状況下でソ連軍はさらに、第五軍を投入してスチェフカを直接狙わせた。

このときようやくドイツ軍戦車部隊がズブツォフ地区の南に到着した。ここではまさにいま、第三六自動車化歩兵師団と第三四二歩兵師団が、ソ連軍の第八戦車軍団相手に必死の防戦をつづけているところだった。

「パンツァー、フォー!」

戦車に前進命令が出された。戦車はパンツァーカイル（楔形）隊形を取って、ソ連戦車の大群に立ち向かっていった。

「距離四〇〇」

「徹甲弾」

「フォイエル!」

横合いからの突然のドイツ戦車の殴り込みに、ソ連軍の戦車部隊は混乱し、つぎつぎと撃ち取られていった。戦車部隊の活躍で、ドイツ軍はなんとか戦線を安定させることができた。ドイツ軍にとって重要な補給ルートである、ルジェフ〜シュシェフカ間の鉄道線路は守りとおされた。

さらに第一、第二機甲師団と第七八、第一〇二歩兵師団は前進して敵をおし返した。第二機甲師団は八月九日だけで、六四両のソ連軍装甲戦闘車両を破壊した。

戦車だけでなく地上部隊も奮戦した。意外な存在が、第一〇対空連隊である。対空連隊といえば飛行機を撃つのが仕事、しかし、彼らが装備していたのは、戦車キラーとしても有名な八・八センチ砲であった。後にティーガーIの主砲ともなる八・八センチ砲は初めから対空、対地両任務に対応できる両用砲で、これまでも数多くの戦場でドイツ軍の危機を救って来た。

連隊はいつもは頭上を狙う砲身を水平にして敵戦車を狙う。

「フォイエル！」

距離はまだ一〇〇〇メートルもあるが八・八センチ砲が火を吹いた。

「命中！」

装甲の厚いソ連戦車も、八・八センチ徹甲弾をあびてイワシの缶詰みたいに切り裂かれた。連隊はなんと五〇両以上のソ連戦車を破壊し、敵の突破を許さなかったのである。

突破に失敗したソ連軍の攻撃の中心は、南へと移動した。第三戦車軍が防戦にあったが、ソ連軍はあまりに強大だった。四七コ狙撃兵、五コ騎兵師団、一八コ狙撃兵、三七コ戦車旅団はあまりに多すぎる！　第九軍の右翼と第三戦車軍の左翼は後退せざるを得なかった。八月二二日、スチェフカの東のカルマノヴォはソ連軍の手に落ちた。

しかし、戦闘は激しくソ連軍の損害も大きかった。彼らの進撃もここまでで、結局、彼らは目標とした鉄道線路にまで到達することはできなかった。このためコーニェフ大将は、ふたたび攻撃の重点を北に移すことにした。

ルジェフには夜昼なくソ連軍の砲爆弾が降りそそぎ、町は完全に廃墟となった。ソ連第二九、第三〇軍は、ヴォルガ川北岸のドイツ軍陣地に圧力を掛けつづけた。二二日、ここで頑張りつづけたのは第六、第八七、第一二九歩兵師団だった。これら三コの歩兵師団は、この日、師団史にのこる激しい防衛戦闘をおこなった。しかし、彼らは徐々に圧迫されて後退せざる得なかった。損害は極めて大きく、ソ連軍は二四日には第六、第八七師団を分断した。

結局、第八七歩兵師団は、ヴォルガ川をわたって南に撤退するしかなかった。ドイツ軍のルジェフ突出部は、毎日毎日やせ細るばかりだった。二六日にはドイツ軍の防衛線は市の外縁にまで押し込められてしまった。

ルジェフ防衛線の指揮官となったのは、グロスマン少将であった。少将の指揮下にはありとあらゆる部隊がかき集められた。

第六歩兵師団の第一八、第三七歩兵連隊と、第一二九歩兵師団の第四八二歩兵連隊と第四三〇歩兵連隊第一大隊、第六、第一二九歩兵師団の砲兵連隊、軍集団直属の第八〇八、第八八四砲兵大隊、軍集団直属の第五六一対戦車大隊、第四対空連隊、第四九対空連隊第二大隊。

虎の子の機甲兵力は第一八〇突撃砲大隊。なによりも貴重だったのは、急遽、南方から派遣されたグロースドイッチュランド機甲擲弾兵師団の一部であった。グロースドイッチュランドは南方軍集団の第四機甲軍に所属してヴォロネジを攻略しドン川下流域に行動しているところを、ルジェフ防衛のため引き抜かれたのである。

第九軍司令官のモーデル大将は、グロスマン少将に対して一歩も退かずルジェフを防衛することを命じた。

「グロスマン、司令部をルジェフから後退させることは許さん。事務員、コックの最後の一兵にいたるまで銃を持って戦うのだ！」

モーデルの断固たる督戦によってルジェフは持ち堪えた。

四週間にわたって戦いはつづいた。ドイツ国防軍一の優良装備を持つグロースドイッチュランド機甲擲弾兵師団（グロースドイッチュランド戦車大隊を編成に持つ）は、九月一〇日、第七二歩兵師団とともに、ルジェフの南方アレシェヴォ、ドゥヴァキノ付近で攻勢に転じ、ソ連軍を押しもどした。そして、危険な戦線を九月いっぱい持ち堪えた。

やがてソ連軍の攻勢は下火となった。ソ連第二九軍は、一〇月初めにふたたびルジェフ攻略のため、第五二、第二五、第二二〇、第三六九、第三七五狙撃兵師団、第三〇戦車旅団、第三二対戦車旅団を投入して総攻撃を掛けた。しかし、ドイツ軍の防衛部隊は断固として戦い抜き、一歩も退かなかった。

一〇月第二週、ソ連軍の攻撃は中止された。打ちつづくルジェフ攻略戦で、このときまでにカリーニン方面軍は、四六〇両の戦車を失っていた。防衛するドイツ軍同様、攻撃するソ連軍も消耗しつくし、中央軍集団戦区の戦火はしばし停止されたのである。

あとがき

このたびはタンクバトルⅡをお読み頂き、ありがとうございました。

本書はタンクバトルⅠに続くものです。すでにタンクバトルⅠをお読み頂いた方はご存じかもしれませんが、本書は戦車戦を描いた平易な戦史書です。

本書はご承知の通り、潮書房光人社より発行されている『丸』誌上に掲載された「タンクバトル」を元にしています。しかし、このたび単行本収録にあたっては、物語りの構成上、連載記事では収録することのできなかった各所の戦場に関しても、あらたな章を設けて書き下ろしています。また連載当時に比べたら破格の数の写真を収録し、当時の現場の雰囲気を知ることができるよう努めています。

そういう意味では、連載当時より戦史としての流れを鳥瞰しやすくなったのではないかと思います。

今回収録された戦車戦の範囲は、北アフリカの砂漠戦の後半と一九四二年冬から夏の終わりまでのロシアの戦いを追加しました。

この時期の戦車戦は、砂漠ではイギリス軍に対するアメリカ戦車の大量供与で、ドイツ戦車が数的にはもちろん質的優位もぐらつき始めました。そして物量主義者モントゴメリーの登場が、戦車対戦車の騎士道的対決に終止符を打ったのです。

一方ロシアでは、ドイツ、ロシアともに大損害の出血によろめきつつ、多数の戦車がぶつかり合う激しい戦車戦が続きました。質的にはまだソ連戦車が優位ではあったものの、ドイツ戦車が強化され、互角になり始めた、そして戦車兵の腕前はまだドイツ軍の方が上回っていた、といったところでしょうか。

さてこの後も戦争は続き、戦車戦は激しくなるばかりです。この先どんな戦いが行なわれるか、架空戦記ではありませんので、うそをつくわけにはいきません。ですからこの先どうなるか戦争の結果はわかってはいるわけですが、でもきっとまだまだおもしろいエピソードがあると思います。

それらが、これから先タンクバトルⅢ、Ⅳにまとめられることを筆者ともども(笑)ご期待下さい。また、ご意見ご感想をお聞かせ頂ければ幸いです。

　末筆ではありますが、本書を出版する上でご協力いただいた、皆々様に心から御礼申し上げます。

　とくにいつもいつも見事なイラストを描いて下さいます当代随一のミリタリーイラストレーターの上田信氏、筆者を叱咤激励しながら辛抱強く応援して下さいました潮書房光人社の高城直一氏、『丸』本誌上への連載の機会を設けて下さいました竹川真一編集長、その他多くのご協力を頂きました皆々様に御礼申し上げます。

平成一五年四月

齋木伸生

文庫版あとがきに代えて
――北アフリカで戦った戦車たち

◆ドイツ軍

本巻で中心となっているのは、一九四二年初めから終わりまで、ほとんど一年間にわたる、北アフリカでのドイツ・イギリス軍の死闘である。ドイツ軍は名将ロンメルの率いるアフリカ軍団、そこに第一五、第五軽／第二一の二コの機甲師団が隷属していた。彼らは一九四一年三～四月に北アフリカに到着したが、当時の彼らが装備していた戦車は以下のようなものであった。

・第一五機甲師団
Ⅱ号戦車、四五両。Ⅲ号戦車（五センチ）、七一両。Ⅳ号戦車、二〇両。指揮戦車、一〇両。

・第五軽師団

Ⅰ号戦車、二五両。Ⅱ号戦車、四五両。Ⅲ号戦車（五センチ）、七一両。Ⅳ号戦車、二〇両。指揮戦車、七両。

しかし、第一巻に描かれたような激しい戦いの結果、多くの車両が失われた。一九四二年一月五日、トリポリに輸送船団が到着し、アフリカ軍団に五四両もの戦車が補給された。それによってアフリカ軍団の戦車戦力は向上するが、それでも一月二〇日に彼らがキレナイカ奪回に動き出す直前の戦力は次のようなものに過ぎなかった。

・第一五機甲師団

Ⅱ号戦車、一二両。Ⅲ号戦車、六一両。Ⅳ号戦車、七両。指揮戦車、一両。

・第二一機甲師団

Ⅱ号戦車、七両。Ⅲ号戦車、一六両。Ⅳ号戦車、三両。指揮戦車、二両。

それにしても、これはまたずいぶん戦力が低下したものである。この数字で両師団で極端に戦力差があるが、これは新着の戦車がほとんど第一五機甲師団に配備されたからである。それと、このときの数字は保有数ではなく稼働数なので、実際の保有数はもう少し多いはずだ。ただし、一通りの戦力の整備を終えて行動を開始したわけだから、そんなに極端に多数の車体が修理中であったとは思えない。

もうひとつわかっているのは、一九四二年五月にロンメルがガザラで大攻勢を発動する直前、五月二五日の戦力である。それは新たな船団の到着があり、以下のように増大していた。

・第一五機甲師団

Ⅱ号戦車、二九両。Ⅲ号戦車（短）、一三一両。Ⅲ号戦車（長）、三両。Ⅳ号戦車（短）、二二両。指揮戦車、四両。

・第二一機甲師団

Ⅱ号戦車、二九両。Ⅲ号戦車（短）、一〇七両。Ⅲ号戦車（長）、一五両。Ⅳ号戦車（短）、一九両。指揮戦車、四両。

◎Ⅰ号、Ⅱ号戦車

では数量に続いて内容も見ることにしよう。このとき彼らにはどんな戦車が配備されていたのだろうか。ここにはサブタイプまでの詳しい形式はないが、ひとつはっきりわかるのは、Ⅰ号戦車が消えて無くなっていることである（ただし、生き残った車体が簿外に残された可能性はある）。

Ⅰ号戦車といえば、第二次世界大戦期のドイツ軍の、一番目の制式戦車である。とはいえ実際のところこれは、本来訓練用車両となることが予定されていた車体だ。このため武装は機関銃だけで、装甲も薄っぺらでしかない。はっきり言って戦闘車両としての価値はほとんどない車両だ。

ちなみにアフリカ軍団では、I号戦車の車体を流用して製作された、I号指揮戦車も使用された。北アフリカ向けに改修した、熱帯（Tropisch）型は一一両生産されたことが知られる。

さらにはI号戦車にチェコ製の四・七センチ対戦車砲を搭載した、I号四・七センチ対戦車自走砲なんかもアフリカに送られていた。第六〇五戦車駆逐大隊に二七両で、すでに一九四一年中に一三両を消耗し、残る車両も一九四二年にすべて失われたようだ。

なお対戦車自走砲つながりということでここに書いてしまうが、もうひとつ北アフリカに送られた対戦車自走砲に、五tハーフトラック七・六二センチFK36（r）対戦車自走砲というものがある。これは五tハーフトラックに装甲戦闘室を設けて、ロシア軍から捕獲した七・六二センチ野砲を搭載した珍品だ。九両が製作され、第六〇五戦車駆逐大隊に配属され、ガザラの戦い等で使用された。

もうひとつ対戦車自走砲つながりで、ここに書いてしまおう。それが、マーダーⅢ七・六二センチPaK36（r）対戦車自走砲だ。これは38（t）戦車にロシア製の七

・六二センチ対戦車砲（といっても元は前述の野砲と同じ砲）を搭載したものだ。北アフリカには六六両が送られ、一九四二年七月から一一月の間に到着した。これらは第一五機甲師団の第三三、および第三九戦車駆逐大隊に配備された。その威力はアフリカでは、八・八センチ対空砲に匹敵するものとして恐れられた。

次はⅡ号戦車である。Ⅱ号戦車は、第二次世界大戦期のドイツ軍の、二番目の制式戦車である。ところが実際のところこの戦車も、せいぜい訓練用兼実用戦車の軽戦車でしかなかった。ただし武装は二センチ機関砲を装備していたので、ある程度の火力戦闘能力があった。装甲防御力も強靭とはいえなかったが、A～C型は増加装甲が追加されて前面一四・五＋二〇ミリで、F型は基本装甲が最高三五ミリと装甲防御力を強化増厚されていた。

アフリカ軍団には、この両者が配備されており、偵察だけでなく不足する戦車戦力の穴埋めにも使われた。ただどちらにしても補助的な存在でしかない。ちなみにⅡ号戦車系列としては、改設計した車体に一五センチ歩兵砲を搭載した、Ⅱ号一五センチ自走歩兵砲などという珍品もあった。これは一二両が生産され、第七〇七および第七〇八重歩兵砲（自走式）中隊に配属された。一九四二年二～四月に北アフリカに到着し、エル・アラメインの戦いまで使われたことが知られる。

なおこのⅡ号一五センチ自走歩兵砲には各種の問題があり、その後これに代わる車両が供給されている。それがフランス軍から捕獲したロレーヌ牽引車を改造した、ロレーヌ・シュレッパー自走一五センチ榴弾砲である。アフリカ向けに四〇両が生産されることになったが、最終的に生産数は九二両になった。予定した四〇両すべては届かなかったようだ。エル・アラメインの戦いに参加したことが知られる。

◎Ⅲ号戦車

アフリカ軍団の本来の主力戦車は、Ⅲ号戦車であった。Ⅰ号、Ⅱ号があくまでも訓練用ないし、本格的な戦車完成までのストップギャップでしかなかったのにたいして、初めから主力戦車とすべく開発されたのが、このⅢ号戦車であった。Ⅲ号戦車は、火力、防御力、機動力をバランス良く備えた、世界最初の主力戦車といってても過言ではなかった。

ただし当初その主砲は三・七センチ砲と貧弱だった。これは、ロトロフィットも含めてE型以降、五センチ砲が搭載されるようになった。この砲の砲身長は四二口径、五一〇〇メートルで五四ミリ（三〇度傾斜した装甲板にたいして、以下ドイツ軍同じ）、五〇〇メートルで四六ミリ、一〇〇〇メートルで三六ミリの装甲貫徹が可能だった。数が限られるが高速徹甲弾なら、一〇〇〇メートルで一〇〇ミリ、五〇〇メートルで五九ミリになる。
各部の装甲厚は、E型以降車体、砲塔前側面ともに三〇ミリになり、H型以降（それ以前のタイプもレトロフィット）、前面には三〇ミリの増加装甲板が装備されている。これがJ型では車体、砲塔の基本設計が変更され、車体砲塔前面装甲は五〇ミリに強化されている。三〇＋三〇ミリより薄くなったが、一枚板なので強度は増しているのだ。

アフリカ軍団に配備されたⅢ号戦車は、当初の戦力指標に記されているように、最初からすべて五センチ砲を装備したタイプであった。攻撃力としては緒戦期のイギリス戦車には、対等以上に戦うことができた。ただし重装甲のマチルダを除いては。防御力もイギリス軍の二ポンド砲相手なら、おおむね十分であった。

さて二番目と三番目の戦力指標には、ひとつ違いがある、それがⅢ号戦車（短）（長）の表記である。これはⅢ号戦車の攻撃力強化のため、主砲を同じ五センチ砲でも六〇口径の長砲身に変更したタイプである。フランス戦の戦訓で装備化が図られたもので、一九四一年の三月に試作車が完成している。六〇口径砲の搭載は、J型の生産の途中、一九四一年一二月から開始され、その後これを搭載した車体はL型に分類されるようになった。

六〇口径砲は、一〇〇メートルで六七ミリ、五〇〇メートルで五七ミリ、一〇〇〇メートルで四四ミリの装甲貫徹が可能で、高速徹甲弾なら一〇〇メートルで一三〇ミリ、五〇〇メートルで七〇ミリの装甲貫徹ができた。たいして違わないようだが、たとえば四〇ミリの装甲を貫徹するのは、四二口径砲では五〇〇メートル強だったものが、六〇口径砲では一〇〇〇メートル強となったといえばそのメリットはよくわかるだろう。何よりもイギリス軍がマーク3スペシャルと呼んだことが、その脅威の証明になろう。

ちなみにⅢ号系列といえば、車体に固定戦闘室を設けて七・五センチ榴弾砲を搭載した、歩兵支援用のⅢ号突撃砲が有名である。北アフリカにはその初期生産型のひとつのD型三両が送られた。これらは北アフリカ向けに改修した、熱帯（Tropisch）型となっていた。第二八八特殊部隊に配属されて、ビル・ハケイム、アクロマ、そしてエル・アラメインで戦ったことが知られる。

◎Ⅳ号戦車

もうひとつドイツ軍に配備されていた戦車が、Ⅳ号戦車である。これは主力戦車のⅢ号戦車を、支援する戦車として開発されたものでより強力な武装を搭載していた。ただし強力といっても、その目的は敵陣地つぶし等が主任務の榴弾砲だった。このため対戦車戦闘能力は高くはなかった。実際アフリカ軍団での配備状況を見てもわかるように、数量的にもあくまでも主力のⅢ号戦車を補う存在でしか無いことがわかる。

Ⅲ号戦車とほぼ同規模で、防御力、機動力はほぼ同性能だが、最大の特徴が主砲に七・五センチ砲を搭載していたことだった。ただしこの砲は、前に出たⅢ号突撃砲同様、砲身の短い榴弾砲であったが。このためその貫徹力は、一〇〇メートルで四一ミリ、五〇〇メートルで三九ミリ、一〇〇〇メートルで三五ミリと五センチに劣っていた。ただし、特殊な成型炸薬弾を使用すれば、距離にかかわらず七〇～一〇〇ミリ(弾種による)の貫徹力が得られた。

各部の装甲厚は、D型以降車体、砲塔前面三〇ミリ、防盾三五ミリ、側面二〇ミリが基本装甲で、さらにD型後半からは、前面には三〇ミリ、側面には二〇ミリの増加装甲板が装備されている。これがF型では車体、砲塔の基本設計が変更され、車体砲塔前面装甲は五〇ミリ、側面は三〇ミリに強化されている。

アフリカ軍団に当初配備されたⅣ号戦車は、すてべてがD／E型であったことが知られる。その後の補充はF型であろう。攻撃力はⅢ号戦車に劣っているにしても、まあ緒戦期のイギリス戦車とは、十分戦うことができた。ただしやはりマチルダを除いてだが。防御力も同様だ。

さてⅣ号戦車は戦力指標には現われていないが、一九四二年五月にはアフリカ軍団に一〇両のⅣ号戦車F2型が届けられている（一両はイタリアで故障して後送）。F2型というのは、Ⅳ号戦車F型の武装強化型である。これは独ソ戦の、いわゆるT34ショックの結果開発されたもので、これまでの短砲身の榴弾砲から、四三口径と長砲身化されたカノン砲が装備されていた。

F型の車体をほとんどいじることなく製作され、区別のためF2型と呼ばれるようになった。しかし、実はこの名称は一九四二年三月から七月まで使用されただけで、その後これらはすべてG型に含めることとされた。というわけで、ちょうどアフリカに到着したときはF2型だったのだが、エル・アラメイン戦のころはG型になったわけだ。といっても形式分類だけの話で、前線で戦う兵士にはあまり関係のない話だが。

そして、戦力指標ではⅢ号戦車同様に、Ⅳ号戦車（短）（長）と表記されるようになる。四三口径砲は、一〇〇メートルで九八ミリ、五〇〇メートルで九一ミリ、一〇〇〇メートルで八二ミリ、一五〇〇メートルで七二ミリ、二〇〇〇メートルでも六三ミリの装甲貫徹が可能で、これはこれまでとはまさに異次元の威力といえる。高速徹甲弾ならもっと強力だが、イギリス戦車相手にそこまでの能力は必要ない。イギリス軍がマーク4スペシャルと呼んだが、まさに本当にスペシャルで恐れたことがわかる。

◆イギリス軍

ドイツ軍の機甲部隊が、わずか二コ師団に過ぎず、しかもアフリカ戦を通して出ずっぱりだったのにたいして、イギリス軍の事情はちょっと異なる。そうイギリス軍は補給や再編成の都合で、逐次入れ替えが行なわれているのだ。といっても、全然聞いたことの無い部隊が次々投入されるというのではなく、だいたいは顔なじみの部隊という感じだが。

具体的にはロンメルのキレナイカ奪回戦では第一機甲師団、ガザラの戦いでは第一、第七機甲師団、マルサ・マトルー、ルワイサット丘の戦いでは第一機甲師団、アラム・ハルファの戦いでは第一、第七、第一〇（八）機甲師団、エル・アラメイン決戦では同じく第一、第七、第一〇（八）機甲師団である。

各機甲師団は二コ機甲旅団を主力に編成されることになっているが、いろいろ異動がある。おおよそは、第一機甲師団には第二、第二二機甲旅団（〜八月）、第二三機甲旅団（七月〜）、第七機甲師団には第四、第二二機甲旅団（九月〜）、第一〇機甲師団には第八、第二四機甲旅団（第八機甲師団から）、第九（ただし第二ニュージーランド師団に貸し出し）が隷属している。

機甲師団には、巡航戦車、近接支援戦車（榴弾砲装備型）が配備された。イギリス軍機甲師団の戦車装備数は、あくまでも定数だが、巡航戦車一八三両、近接支援戦車一八両となっていた。本文で見たように当時のイギリス軍には、アメリカから援助された戦車の配備が進められていた。アメリカ軍の戦車は当然巡航戦車ではないが、それらは巡航戦車扱いで配備が行なわれた。

戦車の配備状況は部隊によって、また時期によって異なっていた。たとえば、ガザラの戦いでの第二、第四機甲旅団はM３軽戦車とM３中戦車、第二二機甲旅団は巡航戦車とM３中戦車であった。エル・アラメイン決戦時の第二三機甲旅団には、バレンタイン歩兵戦車やそれをベースにした、二五ポンド自走砲ビショップが配備されていた。

紛らわしいことに、イギリス軍にはこれ以外に戦車旅団という部隊もある。機甲師団が戦車を中核とした機械化戦闘、機動戦闘を主任務としたのにたいして、こちらは基本的には歩兵支援を主任務とした部隊だ。このため戦車旅団には、歩兵戦車が装備されている。ガザラの戦いに第一戦車旅団、第三二軍戦車旅団、トブルク防御戦に第三二軍戦車旅団、マルサ・マトルー、ルワイサット丘の戦いに第一戦車旅団、エル・アラメイン決戦では同じく第一戦車旅団が参加している。

◎イギリス製戦車

　では次にイギリス軍に配備されていた、戦車の内容を見ることにしよう。既述のようにイギリス軍には、イギリス軍独特の戦車分類である、巡航戦車と歩兵戦車が配備されていた。巡航戦車とはわかりにくいが、機動力による敵戦線の突破と、追撃を主任務にした戦車で、他国でいえば中戦車ないし主力戦車にあたる車体だ。ただし、巡航という名前からわかるように機動力が重視されており、その分軽量化や防御力が軽視されていた。

　しかし、ドイツ軍戦車の火力、装甲と対抗する必要から、逐次火力、装甲が強化されることになる。本書に書かれた時期はクルセーダー作戦が終わったその後の時期であり、イギリス軍の巡航戦車としては、Mk.Ⅵ巡航戦車クルセーダーが主力ということになる（それ以前の巡航戦車系列も生き残ってはいるにせよ）。

　Mk.Ⅵ巡航戦車クルセーダーは、巡航戦車を支援する重巡航戦車構想から生まれた（正確にはその保険として開発された）、新型巡航戦車であった。一九三九年六月（実はまだ試作車も完成していなかった）には量産が発注され、一九四〇年五月に最初の生産車体が完成している。武装はこれまでと同じ二ポンド砲のままだったが、前面装甲は四〇ミリ（さらに四九ミリ）に強化されていた。機動性は良好だったが、信頼性に難があった。非力な武装は後に六ポンド砲に強化され、エル・アラメイン決戦に参加している。また榴弾砲を搭載した近接支援戦車型も生産された。

主武装の二ポンド砲というのはわかりにくいが、これはイギリス軍が伝統的に砲弾の重さを名称にしたからだ。この砲の口径は四〇ミリ、砲身長は五二口径で、九一メートルで四九ミリ（三〇度傾斜した装甲板にたいして）、四五七メートルで三七ミリ、九一四メートルで二七ミリの装甲貫徹が可能だった。高速徹甲弾なら、四五七メートルで五四ミリ、九一四メートルで四一ミリになる。これはドイツ軍の短砲身五センチに少し劣るもので、やはり威力不足というべきだ。

続くイギリス製巡航戦車が、Ｍk.Ⅲ歩兵戦車バレンタインである。え、歩兵戦車？巡航戦車じゃないじゃない。それが何でここで取り上げられるかといえば、戦車不足に悩むイギリス軍は、これを代用巡航戦車として使用したわけである。もともと巡航戦車をベースに開発されていたので、まあなんとかなったわけだ。

バレンタインはまた不思議な経緯で開発された戦車だった。というのもこれはイギリスの有名な軍事メーカー、ヴィッカース・アームストロング社が、プライベートベンチャーで開発した車体だからである。戦車不足に悩むイギリス軍当局は、これに飛びつきなんとまだ設計段階にあった、一九三九年六月に生産を発注している。

設計が完了したのは一九三九年一〇月で、一九四〇年四月から生産が開始された。武装は巡航戦車と同じく二ポンド砲だが、歩兵戦車らしく前面装甲は六五ミリもあった。

速力こそ遅かったものの、機械的信頼性が高く好評だった。やはり非力な武装は後に六ポンド砲に強化されている。前述したように、二五ポンド自走砲ビショップのベースになった。また、第一戦車旅団はエル・アラメイン決戦では、バレンタイン地雷処理戦車を使用した。

◎アメリカ製戦車

この時期のイギリス軍は、時間が過ぎるにしたがってアメリカ製戦車が主力となっていく。まず最初がM3軽戦車だ。戦前アメリカの戦車開発は停滞していたが、ドイツ軍のポーランド電撃戦に刺激され、急ぎ開発されたのがM3軽戦車だ。一九四〇年七月に制式化されたものの、生産開始は一九四一年三月となった。

それまで開発されていたM2A4軽戦車の発展型で、前面装甲が三八・一ミリに強化されていた。武装には三七ミリ砲を装備している。所詮軽戦車であり特筆すべき性能ではなかったが、なんといっても信頼性の高さがイギリス戦車との違いだった。三七ミリ砲（M6、M3原型に装備されたM5砲は若干威力が劣る）は、砲身長五三・五口径、四五七メートルで三六ミリ（垂直）、高速徹甲弾なら、四五七メートルで六一ミリの装甲貫徹が可能だった。三七ミリ砲としては優秀だが、やはり小口径ゆえ威力不足というべきだ。

続いてM３中戦車である。これは戦車開発に遅れたアメリカの、完全にストップギャップとして開発された車体だった。当時七五ミリ砲を旋回砲塔には装備できなかったため、車体に限定旋回式に装備するという裏技を使っている。一九四〇年六月に開発が開始され、一九四一年四月から生産が開始された。

それまで開発されていたM２Ａ１中戦車の車体を流用し、車体右側スポンソンに七五ミリ砲を装備し、二階建式に搭載された旋回砲塔には三七ミリ砲を装備した。このため非常に背が高く、これを嫌ったイギリス軍は少しでも背を低くするために、新型砲塔を開発、装備した。

そして、アメリカ仕様をリー、イギリス仕様をグラントと呼び分けた。前面最大装甲厚は五〇・八ミリである。

七五ミリ砲は砲身長二八・五口径、五〇〇メートルで六〇ミリ（三〇度傾斜した装甲板にたいして）、一〇〇〇メートルで五三ミリ、高速徹甲弾なら、五〇〇メートルで六五ミリ、一〇〇〇メートルで五五ミリの装甲貫徹が可能だった。これはⅢ号戦車の五センチ砲と同等か上回るものだ。ただ問題はそれが限定旋回式だったことである。ドイツ軍はこの欠点を利用して左右に回り込んだ。もともと対戦車用には旋回砲塔の三七ミリ砲を充てるつもりだったが、こちらは威力が低くて役に立たなかった。

単行本　平成十四年四月　「タンクバトルⅡ」　光人社刊
文庫本　平成二十六年三月　「エル・アラメインの決戦」改題　光人社刊
文庫本　令和六年十月改題　「タンクバトル　エル・アラメインの決戦」　潮書房光人新社刊

NF文庫

タンクバトル　エル・アラメインの決戦　新装版

二〇二四年十月二十三日　第一刷発行

著　者　齋木伸生

発行者　赤堀正卓

発行所　株式会社　潮書房光人新社

〒100-8077　東京都千代田区大手町一-七-二

電話／〇三-六二八一-九八九一(代)

印刷・製本　中央精版印刷株式会社

定価はカバーに表示してあります

乱丁・落丁のものはお取りかえ致します。本文は中性紙を使用

ISBN978-4-7698-3378-9　C0195

http://www.kojinsha.co.jp

NF文庫

刊行のことば

第二次世界大戦の戦火が熄《や》んで五〇年――その間、小社は夥しい数の戦争の記録を渉猟し、発掘し、常に公正なる立場を貫いて書誌とし、大方の絶讃を博して今日に及ぶが、その源は、散華された世代への熱き思い入れであり、同時に、その記録を誌して平和の礎とし、後世に伝えんとするにある。

小社の出版物は、戦記、伝記、文学、エッセイ、写真集、その他、すでに一、〇〇〇点を越え、加えて戦後五〇年になんなんとするを契機として、「光人社NF（ノンフィクション）文庫」を創刊して、読者諸賢の熱烈要望におこたえする次第である。人生のバイブルとして、心弱きときの活性の糧《かて》として、散華の世代からの感動の肉声に、あなたもぜひ、耳を傾けて下さい。

＊潮書房光人新社が贈る勇気と感動を伝える人生のバイブル＊

NF文庫

写真 太平洋戦争 全10巻〈全巻完結〉
「丸」編集部編
日米の戦闘を綴る激動の写真昭和史――雑誌「丸」が四十数年にわたって収集した極秘フィルムで構築した太平洋戦争の全記録。

海軍夜戦隊史〈部隊編成秘話〉
渡辺洋二
月光、彗星、銀河、零夜戦隊の誕生第二次大戦末期、夜の戦闘機たちは斜め銃を武器にどう戦い続けたのか――海軍搭乗員と彼らを支えた地上員たちの努力を描く。

新装解説版 特攻
森本忠夫
組織的自殺攻撃はなぜ生まれたのか特攻を発動した大西瀧治郎の苦渋の決断と散華した若き隊員たちの葛藤――自らも志願した筆者が本質に迫る。解説／吉野泰貴。

新装版 タンクバトル エル・アラメインの決戦
齋木伸生
灼熱の太陽が降り注ぐ熱砂の地で激戦を繰り広げ、最前線で陣頭指揮をとった闘将と知将の激突――英独機甲部隊の攻防と結末。

決定版 零戦 最後の証言 3
神立尚紀
苛烈な時代を戦い抜いた男たちの「ことば」――二〇〇〇時間のインタビューが明らかにする戦争と人間。好評シリーズ完結篇。

復刻版 日本軍教本シリーズ 「輸送船遭難時ニ於ケル軍隊行動ノ参考 部外秘」
佐山二郎編
大和ミュージアム館長・戸高一成氏推薦！ 船が遭難したときにはどう行動すべきか。機密書類の処置から救命胴衣の扱いまで。

＊潮書房光人新社が贈る勇気と感動を伝える人生のバイブル＊

NF文庫

大空のサムライ　正・続
坂井三郎
出撃すること二百余回――みごと己れ自身に勝ち抜いた日本のエース・坂井が描き上げた零戦と空戦に青春を賭けた強者の記録。

紫電改の六機　若き撃墜王と列機の生涯
碇　義朗
本土防空の尖兵となって散った若者たちを描いたベストセラー。新鋭機を駆って戦い抜いた三四三空の六人の空の男たちの物語。

私は魔境に生きた　終戦も知らずニューギニアの山奥で原始生活十年
島田覚夫
熱帯雨林の下、飢餓と悪疫、そして掃討戦を克服して生き残った四人の逞しき男たちのサバイバル生活を克明に描いた体験手記。

証言・ミッドウェー海戦　私は炎の海で戦い生還した！
橋本敏男
田辺彌八ほか
空母四隻喪失という信じられない戦いの渦中で、それぞれの司令官、艦長は、また搭乗員や一水兵はいかに行動し対処したのか。

『雪風ハ沈マズ』　強運駆逐艦 栄光の生涯
豊田　穣
直木賞作家が描く迫真の海戦記！　艦長と乗員が織りなす絶対の信頼と苦難に耐え抜いて勝ち続けた不沈艦の奇蹟の戦いを綴る。

沖縄　日米最後の戦闘
米国陸軍省 編
外間正四郎 訳
悲劇の戦場、90日間の戦いのすべて――米国陸軍省が内外の資料を網羅して築きあげた沖縄戦史の決定版。図版・写真多数収載。